理化检测技术与应用丛书

金相检验技术与应用

组　编　中国中车股份有限公司计量理化技术委员会

主　编　于跃斌　李平平

副主编　潘安霞　吴建华

参　编　王秀红　杜　丹　沈海琴　刘晓琴

　　　　王大臣　但启安　刘元森　曾省建

机械工业出版社

本书全面系统地介绍了金属材料的金相检验内容、方法和要求等，其主要内容包括：金属学及热处理基础、金相检验基础、钢的宏观检验技术、钢的显微组织评定、铸钢的金相检验、铸铁的金相检验、零件表面处理后的金相检验、焊接件的金相检验、工模具钢及特种钢的金相检验、非铁金属和粉末冶金材料的金相检验、金相检验常见问题。本书提供了丰富的金相图片和相关失效案例，实用性和针对性强。本书采用现行的相关国家标准和行业标准，内容由浅入深，注重理论与实践相结合，具有较强的工程应用价值。

本书可供金相检验、热处理工艺、材料设计等相关专业的技术人员使用，也可作为轨道交通金相检验人员的培训教材，同时也可供相关专业的在校师生阅读参考。

图书在版编目（CIP）数据

金相检验技术与应用/中国中车股份有限公司计量理化技术委员会组编；于跃斌，李平平主编. —北京：机械工业出版社，2024.4
（理化检测技术与应用丛书）
ISBN 978-7-111-75405-3

Ⅰ.①金…　Ⅱ.①中…　②于…　③李…　Ⅲ.①金相组织-检验
Ⅳ.①TG115.21

中国国家版本馆 CIP 数据核字（2024）第 058079 号

机械工业出版社（北京市百万庄大街 22 号　邮政编码 100037）
策划编辑：陈保华　　　　　　　　　　　责任编辑：陈保华　王春雨
责任校对：龚思文　丁梦卓　闫　焱　　　封面设计：马精明
责任印制：常天培
北京科信印刷有限公司印刷
2024 年 4 月第 1 版第 1 次印刷
184mm×260mm · 19.75 印张 · 488 千字
标准书号：ISBN 978-7-111-75405-3
定价：86.00 元

电话服务　　　　　　　　　　　网络服务
客服电话：010-88361066　　　机　工　官　网：www.cmpbook.com
　　　　　010-88379833　　　机　工　官　博：weibo.com/cmp1952
　　　　　010-68326294　　　金　书　网：www.golden-book.com
封底无防伪标均为盗版　　　机工教育服务网：www.cmpedu.com

丛书编委会

主　任	于跃斌
副主任	靳国忠　王育权　万升云　徐浩云　刘仕远
委　员	徐罗平　宋德晶　吴建华　邹　丰　林永强
	刘　君　刘景梅　朱长刚　商雪松　谈立成
	陈　庚　王会生　伍道乐　王日艺　蔡　虎
	陶曦东　王　建　周　菁　安令云　王立辉
	姜海勇　隆孝军　王文生　潘安霞　李平平
	陈晓彤　宋　渊　汪　涛　仇慧群　王耀新
	殷世军　唐晓萍　杨黎明

前　言

　　理化检验工作是一项理论性和实践性都很强的工作，是保证材料与零件质量极其重要的手段，也是研究和发展新材料、新工艺、新产品的基础技术，对于提高机械工业产品的内在质量和企业竞争力，以及开拓市场和提高用户满意度都是十分重要的。金相检验作为理化检验的重要组成部分，贯穿产品从原材料、半成品、成品到产品失效的整个生命周期，它通常以各类标准为参照对象，每个标准都有相对独立的主题和领域，可供材料、工艺、设计、检测等相关技术人员参考。随着新材料、新工艺、新装备的不断涌现和用户要求的不断提升，标准的制定和修订工作在各行各业发展迅速，旨在更好地服务于生产和用户。

　　金相检验主要应用的技术有三种：①显像技术，揭示材料的显微组织、断口形貌特征、各种缺陷形貌特征、表面状态等；②衍射技术，分析材料的晶体结构、晶体缺陷及晶体位向关系等；③微区成分分析技术，研究材料的基体、第二相、夹杂物及腐蚀产物的组成，以及材料中微量元素对材料性能的影响等。金相学的研究便是随着分析手段的不断进步，对金属的组织结构取得了更加深刻的认识，可以说电子显微镜的出现对金相学的发展产生了深远的影响。

　　尽管金相检验行业发展了 150 余年，但由于显微组织的复杂性和多样性，金相检验还是必须由一些经验丰富的金属材料专业人士来完成。随着图像处理技术的发展，检测人员通常将金相图与标准图进行比对，或者对金相图进行预处理，使其特征凸显，再由人工完成显微组织的识别。长期以来，整个行业面临着低层次劳动强度高、人才梯队断代、检测效率偏低、重复性高且稳定性较差、经验依赖性强等诸多难题。因此，彩色金相、图像分析、定量金相、人工智能等技术均是金相行业中长期发展的关注重点。

　　为了帮助相关人员深入理解各类检验标准，建立材料—工艺—组织—性能之间良好的匹配关系，编者在借鉴国内外相关资料的基础上，根据目前金相检验人员的实际情况和需求编写了《金相检验技术与应用》。本书系统地阐述了金属材料金相检验的方法、手段及相关标准，在层次安排上由浅入深，注重理论与实践相结合，详细讲解了金属学及热处理基础知识、金相宏观和微观检验技术及不同材料体系和工艺体系的金相检验内容，同时还引入了600 余幅金相图片和50 余个案例分析，可帮助读者更加深刻地了解金相检验在工程失效分析中的重要作用。本书可供金相检验、热处理工艺、材料设计等相关专业的技术人员使用，也可作为轨道交通金相检验人员的培训教材，同时还可供相关专业的在校师生阅读参考。

本书由于跃斌、李平平担任主编，潘安霞、吴建华担任副主编，参加编写工作的还有王秀红、杜丹、沈海琴、刘晓琴、王大臣、但启安、刘元森、曾省建。其中，第1章由李平平编写，第2章由杜丹编写，第3章由曾省建编写，第4章由刘晓琴编写，第5章由但启安编写，第6章由沈海琴、李平平编写，第7章由潘安霞、吴建华编写，第8章由王大臣编写，第9章由刘元森、于跃斌编写，第10章由王秀红编写，第11章由李平平编写。

本书在编写过程中，参考了国内外同行的大量文献和相关标准，在此谨向有关人员表示衷心的感谢！由于编者水平有限，错误之处在所难免，敬请广大读者批评指正。

李平平

目 录

第 1 章

金属学及热处理基础

工程材料通常按材料组成物质的属性特点划分为三大类：金属材料、陶瓷材料、高分子材料，也可由三类材料相互组合成复合材料。实践和研究表明：决定材料性能最根本的因素是组成材料的各元素的原子结构，原子间的相互作用、相互结合，原子或分子在空间的排列分布和运动规律，以及原子集合体的形貌特征等。21 世纪，金属材料在生产生活的各个领域仍占有主要地位，但陶瓷材料、高分子材料、复合材料在某些领域已逐渐代替金属材料，虽然整体用量较小，但对国民经济和社会的发展起到了重大作用。

纯金属和合金在固态下通常都是晶体。当温度和压力改变时，其内部组织或结构会发生变化，从一种相状态转变为另一种相状态，这种转变称为固态相变。相变前后，新相和母相之间必然存在某些差别，这些差别将表现在晶体结构、化学成分、表面能、应变能或界面能中的一项或几项。金属材料的固态相变种类很多，掌握其规律就可以采取诸如加热、冷却等热处理措施控制相变过程，以获得预期的组织、结构和性能，最大限度地发挥金属材料的潜力。

理化检验是研究和发展新材料、新工艺、新产品的基础技术，是确保产品内在质量、评价产品性能、推动科学技术进步的重要手段和科学依据。金相检验技术作为理化检验的重要组成部分，经历了从经典金相检验（光学金相检验）到现代金相检验的发展过程，是检测材料质量及失效分析的重要工具。

1.1 纯金属与合金的晶体结构

1.1.1 原子结构与键合

1. 原子结构

原子由原子核及分布在原子核周围的电子组成。原子核内有质子和中子，原子核的体积很小，却集中了原子的绝大部分质量。电子沿一定的轨道绕着原子核旋转，这一轨道是由四个量子数所确定的，分别为主量子数、次量子数、磁量子数和自旋量子数。四个量子数中最重要的是主量子数 n，它是确定电子离核远近和能量高低的主要参数。

原子核外电子的分布与四个量子数有关，且服从两个基本原理：一个原子中不可能存在四个量子数完全相同的两个电子（泡利不相容原理）；电子总是优先占据能量低的轨道，使系统处于最低的能量状态（最低能量原理）。依据上述原理，电子从低的能量水平至高的能量水平，依次排列在不同的量子状况下。原子核外电子的排列随原子序数的增加呈周期性变化，把所有元素按相对原子质量及电子分布方式排列的表称为化学元素周期表。

图 1-1 所示为部分原子结构中的电子分布状况，图 1-2 所示为电子填入轨道的顺序。需要注意的是，电子排列并不总是按上述规则依次排列的，特别是在原子序数比较大，d 和 f 能级开始被填充的情况下，相邻壳层的能级有重叠现象。

2. 原子结合键

材料的许多性能在很大程度上取决于原子结合键。根据结合力的强弱可把结合键分为两大类：一次键（强键），包括离子键、共价键和金属键；二次键（弱键），包括范德瓦耳斯键和氢键。

（1）金属键　典型金属原子结构的特点是其最外层电子数很少，且原属于各个原子的价电子极易挣脱原子核的束缚而成为自由电子，并在整个晶体内运动，即弥漫于金属正离子组成的晶格之中而形成电子云。这种由金属中的自由电子与金属正离子相互作用所构成的键合称为金属键，如图 1-3 所示。绝大多数金属均以金属键方式结合，它的基本特点是电子的共有化。

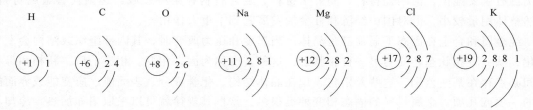

图 1-1　部分原子结构中的电子分布状况

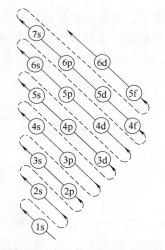

图 1-2　电子填入轨道的顺序

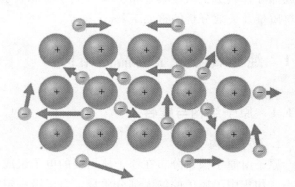

图 1-3　金属键

由于金属键既无饱和性又无方向性，因而每个原子有可能同更多的原子相结合，并趋于形成低能量的密堆结构。当金属受力变形而改变原子之间的相互位置时不至于破坏金属键，这就使金属具有良好的延展性，并且由于自由电子的存在，金属一般都具有良好的导电和导热性能。

（2）离子键　大多数盐类、碱类和金属氧化物主要以离子键的方式结合。这种结合的实质是金属原子将最外层的价电子给予非金属原子，使自身成为带正电的正离子，而非金属原子得到价电子后使自身成为带负电的负离子，正负离子依靠它们之间的静电引力结合在一起。因此，这种结合的基本特点是以离子而不是以原子为结合单元。离子键要求正负离子做相间排列，并使异号离子之间吸引力达到最大，而同号离子间的斥力为最小，故离子键无方向性和饱和性。因此，决定离子晶体结构的因素就是正负离子的电荷及几何因素。离子晶体中的离子一般都有较高的配位数。图 1-4 所示为 NaCl 离子键。

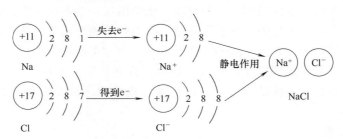

图 1-4　NaCl 离子键

一般离子晶体中正负离子静电引力较强，结合牢固。因此，其熔点和硬度均较高。另外，在离子晶体中很难产生自由运动的电子，所以它们都是良好的电绝缘体。但当处在高温熔融状态时，正负离子在外电场作用下可以自由运动，此时即呈现离子导电性。

（3）共价键　相邻原子间可以共同组成一个新的电子轨道，两个原子中各有一个电子共用，利用共享电子对来达到稳定电子结构的化学键称为共价键。金刚石是典型的共价键结合。碳的四个价电子与其周围的四个碳原子组成四个公用电子对，达到八个电子的稳定结构。共价结合时由于电子对之间的强烈排斥力，使共价键具有明显的方向性。因为共价键晶体中各个键之间都有确定的方位，配位数比较小，共价键的结合极为牢固，故共价晶体具有结构稳定、熔点高、质硬脆等特点。由于束缚在相邻原子间的"共用电子对"不能自由运动，共价结合形成的材料一般是绝缘体，其导电能力较差。图 1-5 所示为 SiO_2 的共价键。

（4）范德瓦耳斯键　范德瓦耳斯键属于物理键，系一种次价键，没有方向性和饱和性。它普遍存在于各种分子之间，对物质的性质，如熔点、沸点、溶解度等的影响很大，它的键能通常比化学键低 1~2 个数量级，远不如化学键结合牢固。例如，将水加热到沸点可以破坏范德瓦耳斯力而使液态水变为水蒸气，然而要破坏氢和氧之间的共价键则需要极高的温度。需要说明的是，高分子材料的相对分子质量很大，其总的范德瓦耳斯力甚至超过化学键的键能，故在去除所有的范德瓦耳斯力作

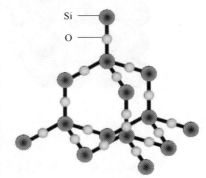

图 1-5　SiO_2 的共价键

用前化学键早已断裂了，所以，高分子材料往往没有气态，只有液态和固态。

范德瓦耳斯力也能在很大程度上改变材料的性质。例如，不同的高分子聚合物之所以具有不同的性能，分子间的范德瓦耳斯力不同是一个重要的因素。

（5）氢键　氢键的本质与范德瓦耳斯键一样，也是靠原子（或分子、原子团）的偶极

吸引力结合起来的，它的键能介于化学键与范德瓦耳斯键之间。氢键在高分子材料中特别重要，纤维素、尼龙和蛋白质等分子有很强的氢键，并显示出非常特殊的结晶结构和性能。

需要说明的是，实际材料中只存在单一结合键的情况并不多见，大部分材料内部原子间的结合往往是各种键合的混合体。

1.1.2 晶体学基础

晶体是原子在三维空间中有规则地呈周期性重复排列的物质，通常具有如下特性：①均匀性，即晶体内部各处宏观性质相同，如密度、化学组成；②各向异性，即晶体中的不同方向上具有不同的性质，如电导率、热膨胀系数；③能自发地形成多面体外形，在理想环境中长成凸多面体，其晶面数（F）、晶棱数（E）和顶点数（V）符合 $F+V=E+2$；④具有确定的、明显的熔点；⑤晶体的理想外形和内部结构都具有特定的对称性；⑥对 X 射线等产生衍射效应。上述性质是由晶体结构最基本的特征（内部原子或分子的排列具有三维空间的周期性）所决定的。

1. 空间点阵和晶胞

在晶体中，由于晶体结构的种类繁多，故人为地将晶体结构抽象为理想的空间点阵。所谓空间点阵，是指由几何点在三维空间做周期性的规则排列所形成的三维阵列。构成空间点阵的每一个点称为阵点或结点。为了表达空间点阵的几何规律，常人为地将阵点用一系列相互平行的直线连接起来形成空间格架，称之为晶格，构成晶格的最基本单元称为晶胞。晶胞在三维空间的重复堆砌就构成了空间点阵。在同一空间点阵中可以选取多种不同形状和大小的平行六面体作为晶胞。图 1-6 所示为空间点阵。

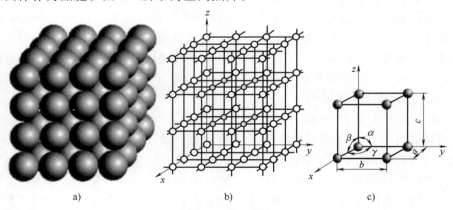

图 1-6　空间点阵

a）原子排列模型　b）晶格　c）晶胞

注意，选取晶胞时应满足以下条件：①选取的平行六面体应反映出空间点阵的最高对称性；②平行六面体内的棱和角相等的数目应最多；③当平行六面体的棱边夹角存在直角时，直角数目应最多；④在满足上述条件的情况下，晶胞应具有最小的体积。

为了描述晶胞的形状和大小，常采用平行六面体的三条棱边的边长 a、b、c（称为点阵常数）及棱间夹角 α、β、γ 共 6 个点阵参数来表达。根据 6 个点阵参数间的相互关系和"每个阵点的周围环境相同"的要求，空间点阵可分为 7 个晶系和 14 种布拉维点阵（见表 1-1 和图 1-7）。

表 1-1　布拉维点阵及对应晶系

布拉维点阵	晶系	布拉维点阵	晶系
简单三斜	三斜	简单四方	四方
		体心四方	
简单单斜	单斜	简单六方	六方
底心单斜		简单菱方	菱方
简单正交	正交	简单立方	立方
底心正交		体心立方	
体心正交		面心立方	
面心正交			

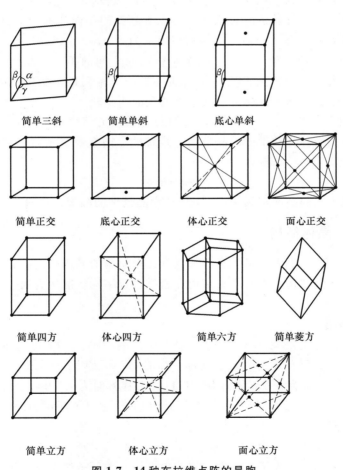

简单三斜　　简单单斜　　底心单斜

简单正交　　底心正交　　体心正交　　面心正交

简单四方　　体心四方　　简单六方　　简单菱方

简单立方　　体心立方　　面心立方

图 1-7　14 种布拉维点阵的晶胞

　　值得注意的是，晶体结构与空间点阵是有区别的。空间点阵是晶体中质点排列的几何学抽象，用于描述和分析晶体结构的周期性和对称性，由于各阵点的周围环境相同，故布拉维点阵只有 14 种类型；而晶体结构则是指晶体中实际质点（原子、离子或分子）的具体排列情况，它们能组成各种类型的排列，因此实际存在的晶体结构类型是无限的。

2. 晶向指数和晶面指数

空间点阵中各阵点列的方向代表晶体中原子列的方向，称为晶向。通过空间点阵中的任意一组阵点的平面代表晶体中的原子平面，称为晶面。人们通常用一种符号（国际上通用的是米勒指数），即晶向指数和晶面指数来分别表示不同的晶向和晶面。

（1）晶向指数　晶向指数是表示晶体中点阵方向的指数，由晶向上阵点的坐标值决定。晶向指数表示为 $[uvw]$，如果某一数为负值，则将负号标注在该数的上方。晶体中原子排列情况相同但空间位向不同的一组晶向称为晶向族，用 $<uvw>$ 表示。例如，立方晶系中的八个晶向是立方体中四个体对角线的方向，它们的原子排列情况完全相同，属于同一晶向族，故用 $<111>$ 表示。

（2）晶面指数　晶面指数是表示晶体中点阵平面的指数，由晶面与三个坐标轴的截距值所决定，晶面指数用 (hkl) 表示，晶面族用 $\{hkl\}$ 表示。

为了更清楚地表明六方晶系的对称性，对六方晶系的晶向和晶面通常采用密勒-布拉维指数表示，晶面指数表示为 $(hkil)$，晶向指数表示为 $[uvtw]$。

（3）晶面间距　晶面间距是指相邻两个平行晶面之间的距离。晶面间距越大，晶面上原子的排列就越密集，晶面间距最大的晶面通常是原子排列最密集的晶面。晶面族 $\{hkl\}$ 指数不同，其面间距亦不相同，通常是低指数的晶面间距较大。

（4）晶带　相交和平行于某一晶向直线的所有晶面的组合称为晶带，此直线称为晶带轴。同一晶带中的晶面称为共带面。晶带用晶带轴的晶向指数表示。晶带轴 $[uvw]$ 与该晶带中任一晶面 (hkl) 之间均满足以下关系：

$$hu+kv+lw = 0$$

凡是满足上述公式的晶面都属于以 $[uvw]$ 为晶带轴的晶带，这称为晶带定律。

1.1.3　纯金属的晶体结构

工业上使用的金属元素中，绝大多数都具有比较简单的晶体结构，其中最常见的晶体结构有三种，即体心立方结构、面心立方结构和密排六方结构。前两者属于立方晶系，后一种属于六方晶系。

1. 面心立方晶格

面心立方晶格，英文缩写为 fcc。铝、铜、金、银、镍、γ-Fe 等金属具有这种晶体结构。在其晶胞中，每个顶点有一个原子，每个面心有一个原子。原子配位数为 12，晶体致密度为 74%，晶胞原子数为 4，滑移面为 $\{111\}$，滑移方向为 $<110>$，滑移系数为 12。三条棱边的边长相等（$a=b=c$），棱间夹角相等（$\alpha=\beta=\gamma$）。图 1-8 所示为面心立方晶胞及点阵。

2. 体心立方晶格

体心立方晶格，英文缩写为 bcc。钾、钼、钨、钒、α-Fe（<912℃）等金属具有这种晶体结构。在其晶胞中，八个原子处于立方体的角上，一个原子处于立方体的中心，角上的八个原子与中心原子紧靠。原子配位数为 8，晶体致密度为 68%，晶胞原子数为 2。图 1-9 所示为体心立方晶胞及点阵。

3. 密排六方晶格

密排六方晶格，英文缩写为 hcp。镁、锌、铍等金属具有这种晶体结构。在其晶胞中，12 个角上各有一个原子，构成六棱柱体，上下底面中心各有一个原子，晶胞内部有三个原

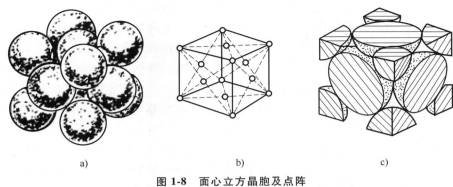

图 1-8 面心立方晶胞及点阵

a）堆垛模型 b）质点模型 c）晶胞原子数

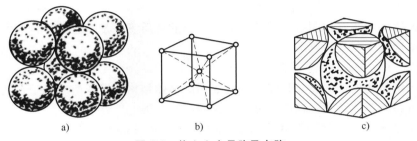

图 1-9 体心立方晶胞及点阵

a）堆垛模型 b）质点模型 c）晶胞原子数

子。每个密排六方晶胞有 6 个原子，配位数为 12，致密度为 74%。图 1-10 所示为密排六方晶胞及点阵。

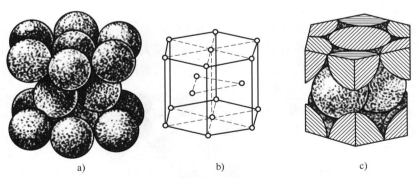

图 1-10 密排六方晶胞及点阵

a）堆垛模型 b）质点模型 c）晶胞原子数

1.1.4 合金相的晶体结构

所谓合金，是指由两种或两种以上的金属或金属与非金属经熔炼、烧结或其他方法组合而成，并具有金属特性的物质。组成合金的基本的、独立的物质称为组元。组元可以是金属或非金属元素，也可以是化合物。例如，应用最普遍的碳素钢和铸铁就是主要由铁和碳所组成的合金，黄铜则为铜和锌的合金。

为了改变和提高金属材料的性能，合金化是最主要的途径。要了解合金元素加入后是如何起到改变和提高金属性能的作用，首先必须知道合金元素加入后的存在状态，即可能形成的合金相及其组成的各种不同组织形态。而所谓相，是指合金中具有同一聚集状态、同一晶体结构和性质，并以界面相互隔开的均匀组成部分。由一种相组成的合金称为单相合金，而由几种不同的相组成的合金称为多相合金。尽管合金中的组成相多种多样，但根据合金组成元素及其原子相互作用的不同，固态下所形成的合金相基本上可分为固溶体和中间相两大类。

固溶体是以某一组元为溶剂，在其晶体点阵中溶入其他组元原子（溶质原子）所形成的均匀混合的固态溶体，它保持着溶剂的晶体结构类型；而如果组成合金相的异类原子有固定的比例，所形成的固相的晶体结构与所有组元均不同，且这种相的成分多数处在组元 A 在组元 B 中溶解限度和组元 B 在组元 A 中的溶解限度之间，即落在相图的中间部位，故称其为中间相。

合金组元之间的相互作用及其所形成的合金相的性质主要是由它们各自的电化学、原子尺寸和电子浓度三个因素控制的。

1. 固溶体

固溶体晶体结构的最大特点是保持着原溶剂的晶体结构。根据溶质原子在溶剂点阵中所处的位置，可将固溶体分为置换固溶体和间隙固溶体两类。

（1）置换固溶体　置换固溶体是指溶质原子位于溶剂晶格的某些结点位置上所形成的固溶体，犹如这些结点上的溶剂原子被溶质原子置换一样，所以称为置换固溶体，如图 1-11a 所示。

金属元素彼此之间一般都能形成置换固溶体。但由于固溶度的大小往往相差很大，所以有的溶质组元的固溶度有一定的限制，这种固溶体称为有限固溶体；有的溶质却能以任意比例溶入溶剂，这种固溶体称为无限固溶体。

影响固溶度的主要因素有：①原子尺寸，组元间的原子半径越相近，固溶体的溶解度越大；②电负性，组元间的电负性差值小，则其固溶度较大，当电负性相差很大时，固溶度就较小；③电子浓度；④晶体结构，晶体结构类型相同，溶质原子能够连续不断地置换溶剂晶格中的原子，直到溶剂原子完全被溶质原子置换完毕，如果组元的晶格类型不同，则组元间的固溶度只能是有限的，最终形成有限固溶体。

（2）间隙固溶体　一些原子半径很小的溶质原子溶入溶剂时，不是占据溶剂晶格的正常结点位置，而是填入溶剂晶格的间隙中，形成间隙固溶体，其结构如图 1-11b 所示。形成间隙固溶体的溶质元素，都是属于半径<0.1nm 的非金属元素，如 H、O、N、C、B，而溶剂元素都是过渡元素。

溶质原子溶入溶剂后，将使溶剂

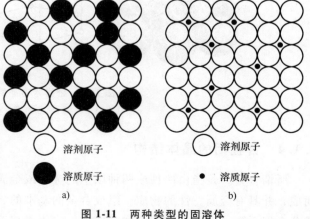

○ 溶剂原子

● 溶质原子

a)

○ 溶剂原子

· 溶质原子

b)

图 1-11　两种类型的固溶体

a）置换固溶体　b）间隙固溶体

的晶格常数改变，并使晶格发生畸变。当溶入的溶质原子越多、溶质原子半径越大时，溶剂晶格畸变也越大。由于溶剂晶格中的间隙有一定限度，所以间隙固溶体都是有限固溶体。

2. 金属间化合物

合金中的另一类相是金属间化合物，它是合金组元间发生相互作用而形成的一种新相，又叫中间相。金属间化合物的晶格类型和性能均不同于任何一组元，一般可以用分子式大致表示其组成。因为在这些化合物中，除了有离子键、共价键外，金属键也参与作用，使它们具有一定的金属性质。Fe_3C（碳素钢中）、CuZn（黄铜中）、$CuAl_2$（铝合金中）等都是金属间化合物。

金属间化合物的类型很多，主要有正常价化合物、电子化合物及间隙相和间隙化合物。

（1）正常价化合物　通常由金属元素和周期表中第Ⅳ~Ⅵ族元素所组成。它们的成分符合原子价规律，具有严格的化合比，成分固定不变，可用化学式表示。这类金属间化合物具有较高的硬度和脆性，其中一部分具有半导体性质。Mg_2Si、Mg_2Zn、MnS等都属于此类金属间化合物。

（2）电子化合物　由第Ⅰ族或过渡金属元素与第Ⅱ~Ⅴ族金属元素形成的金属间化合物。它们不遵守原子价规律，而是按照一定电子浓度的比值形成化合物。电子浓度不同，所形成的金属间化合物的晶体结构也不同。电子化合物可以用化学式表示，但其成分可以在一定的范围内变化。因此，可以把它们看作以化合物为基的固溶体。电子化合物具有很高的熔点和硬度，脆性大。

（3）间隙相和间隙化合物　原子半径甚小的非金属元素（如H、N、C、B）与过渡金属能形成化合物，它们具有金属的性质，即很高的熔点和极高的硬度。当非金属元素的原子半径与金属元素的原子半径之比<0.59时，化合物具有比较简单的晶体结构，称为间隙相；当该比值超过0.59时，其结构很复杂，称为间隙化合物。间隙相具有比较简单的晶体结构，多数为面心立方和密排六方结构，少数为体心立方和简单六方结构。金属原子位于晶格的正常位置上，非金属原子则处在该晶格间隙中，从而构成一种新的晶体结构。间隙相的化学成分可用简单的分子式表示，如M_4X、M_2X、MX或MX_2（M表示金属原子，X表示非金属原子），但其成分可在一定范围内变化。间隙相有极高的熔点和硬度，但脆性大；间隙化合物一般具有复杂的晶体结构。合金钢中常遇到的间隙化合物有M_3C型（如Fe_3C）、M_7C_3型（如Cr_7C_3）、$M_{23}C_6$型（如$Cr_{23}C_6$）、M_6C型（如Fe_4W_2C），其中，M可表示一种金属元素，也可以表示几种金属元素固溶在内。

Fe_3C是Fe-C合金中的一种常见相，是结构比较复杂的金属间化合物。Fe_3C具有复杂的斜方结构，性质硬而脆，晶体结构如图1-12所示。在不锈钢或耐热钢中，也经常出现硬而脆的σ相。σ相也是一种金属间化合物，性质脆而硬，多呈针状形态分布，严重影响材料的性能。

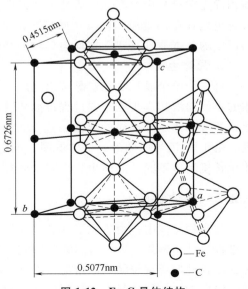

图1-12　Fe_3C晶体结构

（图中标注：0.4515nm、0.6726nm、0.5077nm、○—Fe、●—C、a、b、c）

1.2 纯晶体的凝固和晶体缺陷

1.2.1 纯晶体的凝固

凝固是指物质由液态至固态的转变。液态结构的最重要特征是原子排列为长程无序、短程有序，并且短程有序原子集团不是固定不变的，它是一种此消彼长、瞬息万变、尺寸不稳定的结构，这种现象称为结构起伏，这有别于晶体的长程有序的稳定结构。晶体的凝固通常在常压下进行，由相律可知，在纯晶体凝固过程中，液固两相处于共存状态，自由度等于零，故温度不变。根据热力学第二定律，在等温等压下，过程自发进行的方向是体系自由能降低的方向。晶体凝固的热力学条件表明，实际凝固温度应低于熔点 T_m，即需要有过冷度。

当液态金属过冷至实际结晶温度时，晶核并未立即形成，而是经过一定时间后才开始出现第一批晶核。结晶开始前的这一停留时间称为孕育期。随着时间的推移，已形成的晶体不断长大，与此同时，液态金属中又产生第二批晶核。依次类推，原有的晶体不断长大，同时又不断生出新的晶核。液态金属中不断形核，晶体不断长大，液态金属就越来越少，直到各个晶体相互接触，液态金属消耗完毕，结晶过程随即结束，由一个晶核长成的晶体就是一个晶粒。由于各个晶核是随机形成的，其位向各不相同，所以晶粒的位向也不相同，这样就形成一块多晶体金属。如果在结晶过程中，只有一个晶核形成并长大，那么就形成一块单晶体金属。

1. 形核

晶体的凝固是通过形核和晶体生长两个过程进行的，即固相核心的形成与晶体生长至液相耗尽为止。形核可分为两类：①均匀形核，新相晶核是在母相中均匀地生成的，即晶核由液相中的一些原子团直接形成，不受杂质粒子或外表面的影响；②非均匀（异质）形核，新相优先在母相中存在的异质处形核，即依附于液相中的杂质或外表面形核。实际液相中不可避免地存在杂质和外表面（如容器表面），因而其凝固方式主要是非均匀形核，但是非均匀形核的基本原理是建立在均匀形核的基础上的。

2. 晶体生长

每一个单个晶粒的稳定晶核出现后，晶体马上开始生长。从宏观上看，晶体的生长是晶体的界面向液相逐步推进的过程；但从微观上看，是依靠原子逐个由液相中扩散到晶体表面上，并按晶体点阵规律的要求，逐个占据适当的位置而与晶体稳定、牢靠地结合起来的过程。由于固-液界面的微观结构不同，因此，其接纳液相中迁移过来的原子能力也不同，晶体生长机制也不同。晶体生长机制主要有：二维晶核生长、螺旋位错生长和垂直生长。

1.2.2 晶体缺陷

在实际晶体中，由于原子（或离子、分子）的热运动，以及晶体的形成条件、冷热加工过程和其他辐射、杂质等因素的影响，实际晶体中原子的排列不可能那样规则、完整，常常存在各种偏离理想结构的情况，即晶体缺陷。晶体缺陷对晶体的性能，特别是对那些结构敏感的性能，如屈服强度、断裂强度、塑性、电阻率、磁导率等都有很大的影响。另外，晶体缺陷还与扩散、相变、塑性变形、再结晶、氧化、烧结等有着密切关系。因此，研究晶体缺陷具有重要的理论与实际意义。

根据晶体缺陷的几何特征，可以将它们分为三类：①点缺陷，其特征是在三维空间的各个方向上尺寸都很小，尺寸范围为一个或几个原子尺度，也称零维缺陷，包括空位、间隙原子、杂质或溶质原子等；②线缺陷，其特征是在两个方向上尺寸很小，另外一个方向上延伸较长，也称一维缺陷，如各类位错；③面缺陷，其特征是在一个方向上尺寸很小，另外两个方向上扩展很大，也称二维缺陷，晶界、相界、孪晶界和堆垛层错等都属于面缺陷。在晶体中，这三类缺陷经常共存，它们互相联系、互相制约，在一定条件下还能互相转化，从而对晶体性能产生复杂的影响。

1. 点缺陷

点缺陷如图 1-13 所示，主要有下列几种：

（1）空位 原子由于振动脱离原来的平衡位置而迁移到别处，在原来位置上出现的空结点，称为空位。空位是一种热平衡缺陷，即在一定温度下，它有一定的平衡浓度，温度升高，其浓度增大。根据脱离平衡位置的原子的去处，空位又分为肖特基空位（见图 1-13 中的 2）和弗仑克尔空位（见图 1-13 中的 5）。由于空位的存在，周围的原子偏离了原来的平衡位置，在空位周围出现一个或几个原子间距范围的弹性畸变区，称为晶格畸变。

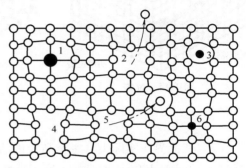

图 1-13 点缺陷

1—大的置换原子 2—肖特基空位
3—异类间隙原子 4—复合空位
5—弗仑克尔空位 6—小的置换原子

（2）间隙原子 处于晶格间隙中的原子叫间隙原子。间隙原子可能是同类原子，也可能是异类原子。异类原子一般都是那些原子半径很小的原子，如钢中的 N、H、C、B。间隙原子往往使晶格产生畸变。

（3）置换原子 占据在基体原子平衡位置上的异类原子称为置换原子。由于置换原子的大小不可能与基体原子完全相同，因此，置换原子也会引起晶格畸变。

2. 线缺陷

晶体中的线缺陷是各种类型的位错。位错是指在晶体中的某处有一列或几列原子发生了有规律的错排现象，致使长度达几百至几万个原子间距，宽约几个原子间距范围内的原子离开了平衡位置而发生有规律的错动。位错主要有刃型位错和螺型位错，如图 1-14 所示。

（1）刃型位错 设想在简单立方晶体中，某一原子面在晶体内部中断，这个原子平面中断的地方就是一个刃型位错，刃口处的原子列称为刃型位错线。刃型位错有正负之分，若多出的半原子面位于晶体上半部，则称为正刃型位错；而若多出的半原子面位于晶体的下半部，则称为负刃型位错。这种分类方法只是为了便于讨论，无实际意义。

（2）螺型位错 设想在图 1-14 所示的立方晶格右端施加一切应力，使右端上、下两部分晶格沿滑移面发生一个原子间距的相对改变，于是就会产生一条已滑移面和未滑移面的边界线，该界线就是螺型位错线。

3. 面缺陷

晶体的面缺陷包括晶体的外表面（表面或自由界面）和内界面两类，其中内界面包括晶界、亚晶界、孪晶界、堆垛层错和相界等。

（1）晶界　晶体结构相同但位向不同的晶粒之间的界面称为晶粒界面，简称晶界。大／小角度晶界如图 1-15 所示。当相邻晶粒的位向差＜10°时，称为小角度晶界；当位向差＞10°时，称为大角度晶界。

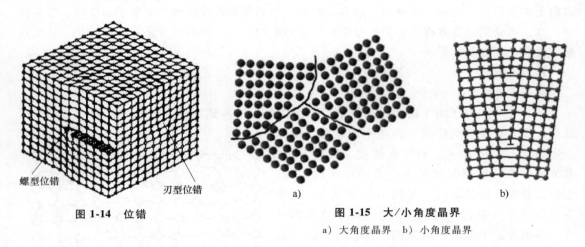

螺型位错　　刃型位错

图 1-14　位错

a)　　　　b)

图 1-15　大／小角度晶界

a）大角度晶界　b）小角度晶界

（2）亚晶界　实际上，每个晶粒内的原子排列并不是十分整齐的，在晶粒内部可以观察到直径为 $10\sim100\mu m$ 的晶块，它们彼此之间的位向差不大（一般不超过 2°），这些晶块之间的内界面就称为亚晶粒间界面，简称亚晶界。晶界与亚晶界如图 1-16 所示。

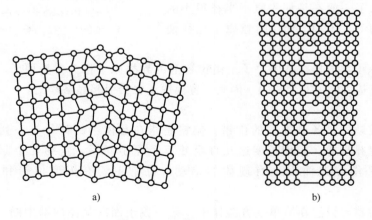

a)　　　　b)

图 1-16　晶界与亚晶界

a）晶界　b）亚晶界

（3）相界　具有不同晶体结构的两相之间的分界面称为相界。相界可分为共格相界（即界面上的原子同时位于两相晶格的结点上的界面）、半共格相界和非共格相界，如图 1-17 所示。

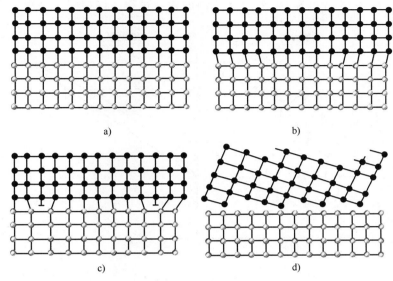

图 1-17　各种形式的相界

a）无畸变共格相界　b）有畸变共格相界　c）半共格相界　d）非共格相界

1.3　合金相图

组成一个体系的基本单元，如单质（元素）和化合物，称为组元。体系中具有相同物理与化学性质且与其他部分以界面分开的均匀部分，称为相。通常把具有 n 个独立组元的体系称为 n 元系，组元数为 1 的体系称为单元系。相律是描述系统的组元数、相数和自由度间关系的法则。相律有多种，其中最基本的是吉布斯相律，其通式为

$$f = C - P + 2$$

式中　C——系统的组元数；

　　　P——平衡共存的相的数目；

　　　f——自由度。

自由度是在平衡相数不变的前提下，给定系统中可以独立变化的、决定体系状态的（内部、外部）因素数目。自由度 f 不能为负数。

应当注意，相律具有如下限制性：①相律只适用于热力学平衡状态，平衡状态下各相的温度应相等（热量平衡），各相的压力应相等（机械平衡），每一组元在各相中的化学位必须相同（化学平衡）；②相律只能表示体系中组元和相的数目，不能指明组元或相的类型和含量；③相律不能预告反应动力学（速度）；④自由度的值不得小于零。在实际生产中，单组元材料极少使用，应用较广泛的是由二组元及多组元组成的多元系材料。在多元系中，二元系是最基本的，也是目前研究最充分的体系。

1.3.1　二元相图

二元相图是最简单的相图，对二元合金来说，通常用横坐标表示成分，纵坐标表示温度。建立相图的方法有试验测定法和理论计算法两种，目前用的相图大部分都是根据试验方

法建立起来的。图 1-18 所示为 Cu-Ni 合金相图的建立过程，该相图就是用热分析方法建立起来的。

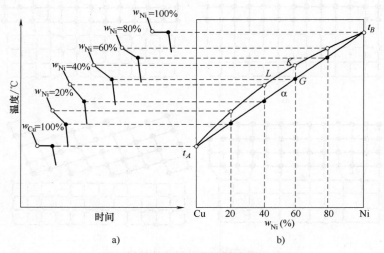

图 1-18 Cu-Ni 合金相图的建立过程

a）Cu-Ni 合金的冷却曲线　b）Cu-Ni 合金相图

合金在结晶过程中，各个相的成分及它们的相对含量都是在不断变化的，为了了解相的成分及其相对含量，就需要应用杠杆定律。根据相律，二元系统两相平衡共存时自由度 $f=1$，若温度确定，自由度 $f=0$，说明在此温度下，两个平衡相的成分也随之而定。以二元 Cu-Ni 合金系为例，杠杆定律证明及力学比喻如图 1-19 所示，在 Cu-Ni 合金相图中，液相线是表示液相的成分随温度变化的平衡曲线，固相线是表示固相成分随温度变化的平衡曲线。合金 I 在温度 t_1 时处于两相平衡状态，如要确定液相 L 和固相 α 的成分，可通过温度 t_1 作一水平线 aob，分别与液相和固相线交于 a 点和 b 点。a、b 两点在成分坐标上的投影 x_1 和 x_2 分别表示液、固两相的成分。设 t_1 温度时，液、固两相的相对质量分数为 w_L 和 $w_α$，计算公式为

$$w_L = \frac{ob}{ab} \times 100\%$$

$$w_α = \frac{ao}{ab} \times 100\%$$

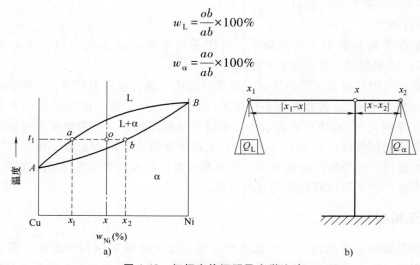

图 1-19 杠杆定律证明及力学比喻

1. 匀晶转变

两组元在液态或固态时均可无限互溶的二元相图称为匀晶相图，Cu-Ni 合金相图就是匀晶相图，匀晶相图合金的结晶过程如图 1-20 所示。这种相图只有两根曲线，上面一条是液相线，下面一条是固相线，两条线把相图分成三个区：液相区 L、固相区 α，以及液、固两相共存区 L+α。结晶时，这类合金都是从液相结晶出单相的固溶体，这种结晶过程称匀晶转变。由图 1-20 可以看出，当合金 Ⅰ（$w_{Ni} = 40\%$ 的 Cu-Ni 合金）自高温缓慢冷却至 t_1 时，开始从液相中结晶出 α 固溶体。当温度继续冷却到 $t_1 \sim t_3$ 时，就有一定数量的 α 固溶体结晶出来，一直到最后一滴液体结晶成 α 固溶体，结晶终了，便得到与原合金成分相同的 α 固溶体。

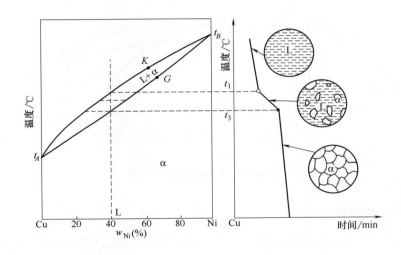

图 1-20 匀晶相图合金的结晶过程

2. 共晶转变

当两组元在液态时无限互溶，而固态时有限互溶，则发生共晶转变，并形成共晶组织，这种二元相图称为二元共晶相图。图 1-21 所示为 Sn-Bi 合金共晶相图。图 1-22 所示为 $w_{Sn} = 10\%$ 的 Sn-Pb 合金平衡结晶过程示意图。

3. 包晶转变

两组元在液态时相互之间能无限互溶，固态时有限互溶并发生包晶转变的二元合金相图称为包晶相图。包晶反应过程中，某一成分范围的合金在冷却时先析出一种固相，随后由液相包围该固相，生成另一种固相。图 1-23 所示为 Pt-Ag 合金包晶相图。

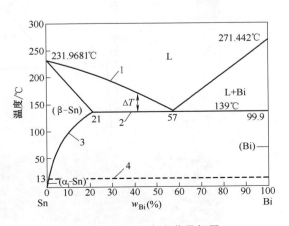

图 1-21 Sn-Bi 合金共晶相图

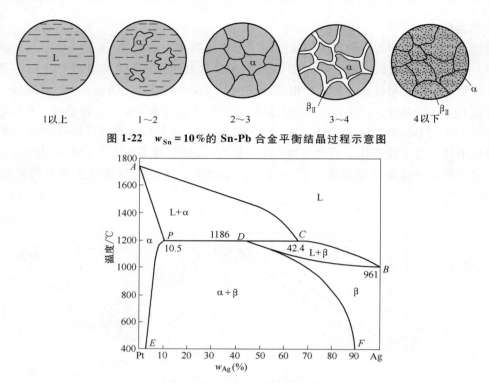

图 1-22 $w_{Sn} = 10\%$ 的 Sn-Pb 合金平衡结晶过程示意图

图 1-23 Pt-Ag 合金包晶相图

1.3.2 铁碳合金相图

铁碳合金相图是通过试验测定的，是反映铁碳合金在结晶过程中温度、化学成分、组织三者之间关系的图解。铁碳合金相图及相组成如图 1-24 所示，它是制订热处理和热加工工

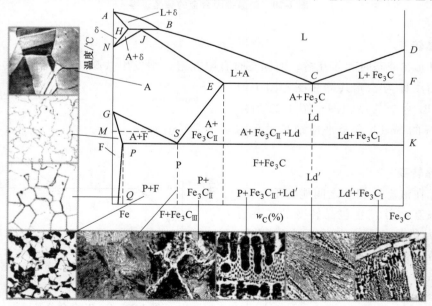

图 1-24 铁碳合金相图及相组成

艺的基本依据。由于 $w_C > 6.69\%$ 的铁碳合金脆性极高，没有实用价值，因此这一相图实际上是铁和渗碳体两个组元构成的相图。铁碳合金相图中的特性点见表 1-2。

表 1-2　铁碳合金相图中的特性点

符号	温度/℃	$w_C(\%)$	说明	符号	温度/℃	$w_C(\%)$	说明
A	1538	0	纯铁的熔点	J	1495	0.17	包晶点
B	1495	0.53	包晶转变时液态合金的成分	K	727	6.69	共析线的端点
C	1148	4.30	共晶点	M	770	0	F(α-Fe) 的磁性转变点
D	1227	6.69	渗碳体的熔点	N	1394	0	γ-Fe $\Longleftrightarrow$ δ-Fe 同素异构转变温度
E	1148	2.11	碳在 A(γ-Fe) 中的最大溶解度	P	727	0.0218	碳在 α-Fe 中的最大溶解度
G	912	0	α-Fe $\Longleftrightarrow$ γ-Fe 同素异构转变温度	Q	600	0.0057	600℃ 时碳在 α-Fe 中的溶解度
H	1495	0.09	碳在 δ-Fe 中的最大溶解度	S	727	0.77	共析点

1.4　钢中的基本组织

碳素钢是指除碳（$w_C \leqslant 2.11\%$）外，仅含有少量的 Mn、Si、S、P、O、N 等元素的钢。这些元素是由于矿石及冶炼等原因引入的，它们对钢的性能有一定影响。碳素钢一般按其含碳量进行划分，$w_C \leqslant 0.25\%$ 称为低碳钢；$0.25\% < w_C \leqslant 0.6\%$ 称为中碳钢；$w_C > 0.6\%$ 称为高碳钢。低合金钢是在碳素钢基础上，加入了一些合金元素的钢。加入的合金元素可弥补碳素钢性能的不足，其目的是提高钢的强度、韧性、塑性、耐磨性等各方面的性能要求。

碳素钢和低合金钢大部分属于亚共析钢，根据热处理工艺不同，会出现多种不同的组织，如铁素体、渗碳体、珠光体、魏氏组织、奥氏体、马氏体、贝氏体、回火马氏体、回火屈氏体、回火索氏体等。

1.4.1　铁素体

铁素体又称纯铁体，具有体心立方结构，用 F 表示；在碳素钢中，铁素体是碳固溶于 α-Fe 中的固溶体；在合金钢中，铁素体则是碳和合金元素固溶于 α-Fe 中的固溶体。碳在 α-Fe 中的溶解度是很低的，在 A_1 温度下，碳溶解度最大值是 0.02%；随着温度下降，碳的溶解度降低至 0.008%。用体积分数为 4% 的硝酸乙醇溶液浸蚀能显示铁素体组织。在光学显微镜下，铁素体呈白亮色多边形，也可呈块状、月牙状、网络状、马牙状等。铁素体强度和硬度低，塑性和韧性好，硬度一般在 100 HBW 左右。图 1-25 所示为几种常见的铁素体形态。

1.4.2　奥氏体

奥氏体具有面心立方结构，用 A 表示。在碳素钢中，奥氏体是碳溶于 γ-Fe 中的固溶体；在合金钢中，奥氏体则是碳和合金元素固溶于 γ-Fe 中的固溶体。由铁碳合金相图可知，在碳素结构钢或一般低合金结构钢中，奥氏体是一个高温相，在高温时才稳定存在。在室温状态下，奥氏体将转变成其他组织。结构钢经淬火后会存在残留奥氏体，它分布在马氏体针间

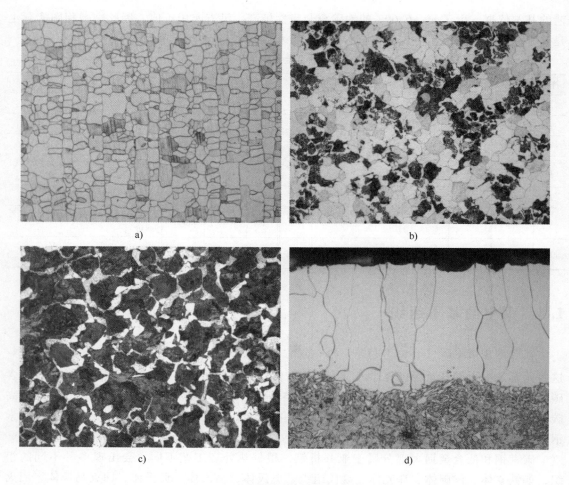

图 1-25　几种常见的铁素体形态

a）块状　100×　b）月牙状（等轴状）　100×　c）网络状　100×　d）马牙状　500×

隙中或分布在下贝氏体针间隙中，不易受浸蚀，在光学显微镜下呈白色。在锻造、轧制时，常要将钢材加热到奥氏体区，以提高塑性，易于加工变形。对高锰钢和奥氏体不锈钢而言，由于加入较多扩大奥氏体区的元素，导致其常温凝固组织即为单相奥氏体。图 1-26 所示为几种常见的奥氏体形态。

1.4.3　渗碳体

渗碳体是一种化合物。在碳素钢中，渗碳体由铁和碳化合而成，分子式为 Fe_3C，其碳的质量分数为 6.69%；在合金钢中，形成合金渗碳体，分子式为（Fe，M）$_x$C。渗碳体硬而脆，硬度在 800HV 以上。用体积分数 4%的硝酸乙醇溶液浸蚀能清晰地显示渗碳体组织，其形态呈白色的片状（针状）、粒状、网络状、半网络状等。一次渗碳体为块状，角不尖锐；共晶渗碳体呈骨骼状；二次渗碳体呈网状；共析渗碳体呈片状。低碳钢缓慢冷却到 Ar_1 以下时，由铁素体中析出的渗碳体为三次渗碳体。三次渗碳体可沿晶析出或在铁素体内呈点粒状析出。图 1-27 所示为几种常见的渗碳体形态。

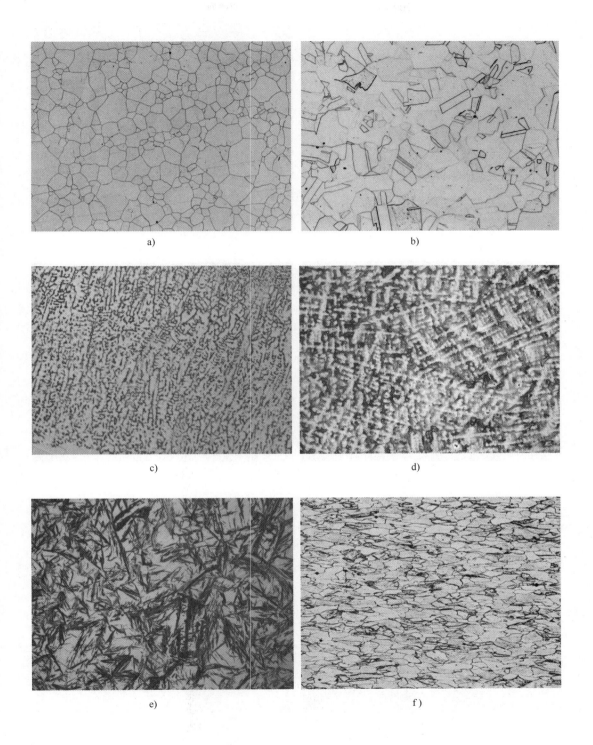

图 1-26　几种常见的奥氏体形态

a）等轴状（无孪晶）　100×　b）等轴状（有孪晶）　100×　c）树枝晶状（焊缝）　50×

d）树枝晶状（铸态）　50×　e）块状（残留奥氏体）　100×　f）冷加工变形　500×

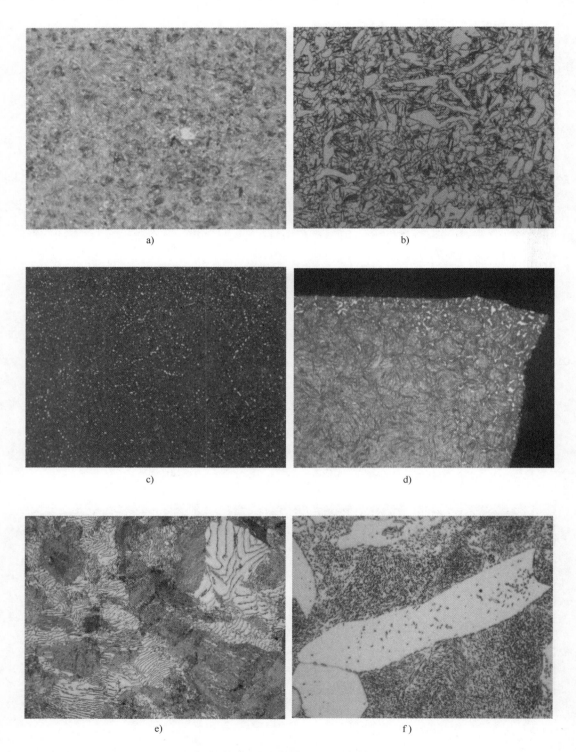

图 1-27　几种常见的渗碳体形态

a）一次渗碳体（轴承钢液析）　500×　b）共晶渗碳体（Cr12MoV）　500×　c）二次渗碳体（GCr15）　500×

d）二次渗碳体（渗碳-尖角效应）　500×　e）共析渗碳体　500×　f）三次渗碳体　500×

1.4.4　珠光体

钢中的珠光体转变，即冷却时由奥氏体（γ）向珠光体（F+Fe₃C，用 P 表示）的转变（A →F+Fe₃C），是最具代表性的共析相变，在热处理实践中极为重要。共析相变是一种典型的平衡转变，其转变产物为符合相图的平衡组织，无论是金属材料还是陶瓷材料都可发生共析相变。钢中产生珠光体转变的热处理工艺称为退火或正火。研究珠光体转变的规律，不仅与为了获得珠光体转变产物的退火和正火等热处理工艺有关，而且与为了避免产生珠光体转变产物的淬火和等温淬火等热处理工艺也有密切的联系。

片状珠光体的组织特征：共析钢加热奥氏体化后缓慢冷却，当温度稍低于 A_1 时，奥氏体将分解为铁素体与渗碳体的混合物，即珠光体，其典型形态呈片状或层状。片状珠光体是由一层铁素体与一层渗碳体交替紧密堆叠而成的。在片状珠光体组织中，一对铁素体片和渗碳体片的总厚度称为下珠光体片层间距，以 S_0 表示，片层方向大致相同的区域称为"珠光体团"或"珠光体晶粒"。在一个奥氏体晶粒内可以形成几个珠光体团。随着珠光体转变温度下降，片状珠光体的片层间距 S_0 将减小。按照 S_0 的大小，工业上常将奥氏体分解为呈片层状交替紧密堆叠的铁素体和渗碳体的组织分为：①片状珠光体，其 S_0 为 150~450nm；②索氏体，其 S_0 为 80~150nm；③屈氏体，其 S_0 为 30~80nm。虽然片状珠光体、索氏体、屈氏体的组织形态在光学显微镜下观察差别较大，但是，在电子显微镜下观察都具有片层状特征，它们之间的差别是片层间距不同，所对应的力学性能也存在明显差异。图 1-28 所示为几种珠光体形态。

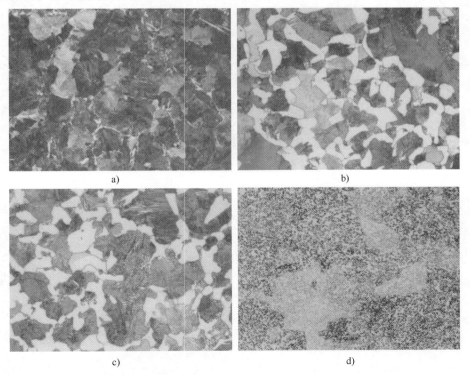

a)

b)

c)

d)

图 1-28　几种珠光体形态

a）屈氏体　500×　b）索氏体　500×　c）片状珠光体　500×　d）粒状珠光体　500×

　　研究指出，在一定温度下形成的珠光体组织中，每个珠光体团内的片层间距不是一个定值，而是在一个中值附近呈统计分布，因此通常所说的片层间距是一个平均值。珠光体的片层间距大小主要取决于珠光体的形成温度。在连续冷却条件下，冷却速度越大，珠光体的形成温度越低，即过冷度越大，则片层间距就越小。

　　另外，钢在球化退火后可获得在铁素体基体上分布着粒状渗碳体的组织，称为"粒状珠光体"或"球状珠光体"。根据钢中的原始组织和退火工艺不同，粒状珠光体的形态也不一样。

1.4.5　魏氏组织

　　亚共析钢在铸造、锻造、轧制、焊接和热处理时，由于高温过热形成粗晶奥氏体。在冷却时，游离铁素体除沿晶界呈网状析出外，还有一部分按切变机制形成铁素体，从晶界并排向晶粒内部生长或在晶粒内部独自析出。这种针片状铁素体分布在珠光体基体上的组织称为魏氏组织，如图 1-29 所示。过共析钢在一定条件下也会形成魏氏组织，但析出相是针状渗碳体，如图 1-30 所示。采用体积分数 4% 的硝酸乙醇溶液浸蚀后能清晰显示魏氏组织。

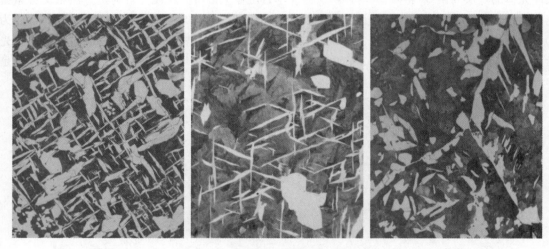

图 1-29　铁素体魏氏组织　500×

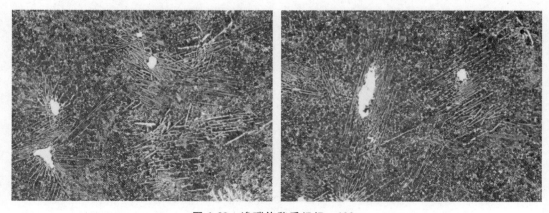

图 1-30　渗碳体魏氏组织　100×

1.4.6 贝氏体

贝氏体是钢的奥氏体在珠光体转变区以下、Ms 点以上的中温区转变产物。它基本上是铁素体与渗碳体两相组织的机械混合物，但形态多样，不像珠光体那样呈层状排列。从金相的形态特征看，大致可将贝氏体分为羽毛状、针状和粒状三类，其中羽毛状为上贝氏体，针状为下贝氏体，粒状为粒状贝氏体。

1. 上贝氏体

上贝氏体是过冷奥氏体在中温（350~550℃）的相变产物。上贝氏体的基本特征是条状铁素体大致平行排列呈羽毛状，在条状铁素体之间存在短杆状渗碳体，如图 1-31 所示。

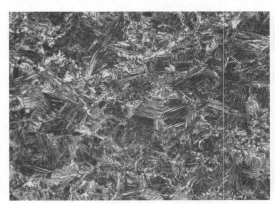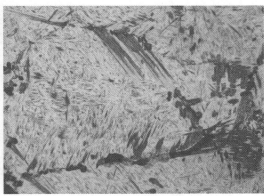

图 1-31 上贝氏体 500×

2. 下贝氏体

下贝氏体是过冷奥氏体在 350℃~Ms 的转变产物。下贝氏体的基本特征是呈针片状，有一定取向，它比淬火马氏体更容易浸蚀，极相似于回火马氏体，在下贝氏体针内有渗碳体存在，渗碳体的排列与针的长轴呈 55°~60°，如图 1-32 所示。图 1-33 所示为下贝氏体的电子显微镜（电镜）形貌。

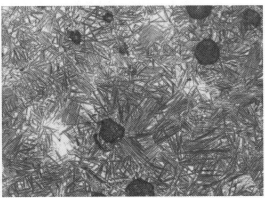

图 1-32 下贝氏体 500×

3. 粒状贝氏体

粒状贝氏体的基本特征是外形相当于多边形的铁素体，在铁素体内存在不规则的小岛状组织。当钢的奥氏体冷却到稍高于上贝氏体形成温度时，析出铁素体，有一部分碳原子通过铁素体/奥氏体相界从铁素体迁移到奥氏体内，使奥氏体不均匀富碳，从而使奥氏体向铁素体的转变被抑止。这些奥氏体区域一般形如孤岛，呈粒状或长条状，分布在铁素体基体上，图1-34所示为粒状贝氏体的显微组织和电镜形貌。根据奥氏体的成分及冷却条件，粒状贝氏体内的奥氏体可以发生三种变化：①可以全部或部分分解为铁素体和碳化物；②可以部分转变为马氏体；③仍然保持富碳奥氏体。

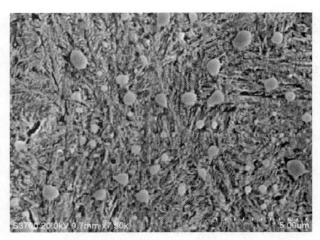

图1-33　下贝氏体的电镜形貌

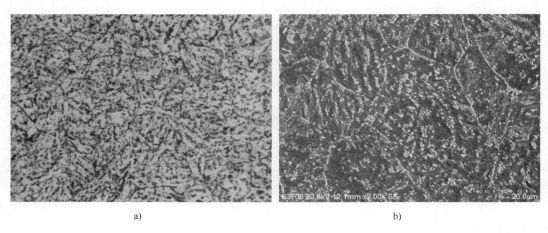

a)　　　　　　　　　　　　　　　　　　　　b)

图1-34　粒状贝氏体的显微组织和电镜形貌（欧洲标准牌号18CrNiMo7-6）

a）显微组织　b）电镜形貌

无碳化物贝氏体是由板条状铁素体单相组成的组织，也称为铁素体贝氏体，形成温度在贝氏体转变温度区的最上部。板条状铁素体之间为富碳奥氏体，富碳奥氏体在随后的冷却过程中也有类似上面的转变。无碳化物贝氏体一般出现在低碳钢中，在硅、铝含量高的钢中也容易形成，在低中合金钢的焊缝中常常可以发现。

1.4.7　马氏体

在碳素钢中，马氏体是碳溶于 α-Fe 中的过饱和固溶体；在合金钢中，马氏体是碳和合金元素溶于 α-Fe 中的过饱和固溶体。马氏体是过冷奥氏体快速冷却时，在 Ms（马氏体转变开始温度）与 Mf（马氏体转变终了温度）之间以切变方式发生转变的产物。当钢的奥氏体以极快速度冷却下来时，过冷奥氏体来不及分解，温度达到 Ms 后，急速转变成马氏体。这时铁和碳原子都来不及扩散，只是由 γ-Fe 的面心立方晶格转变为 α-Fe 的体心立方晶格，即由碳在

γ-Fe 中的固溶体转变为碳在 α-Fe 中的固溶体，故马氏体转变是无扩散的。由于碳在 α-Fe 中的溶解度极小，因此转变的产物是碳在 α-Fe 中的过饱和固溶体，这种过饱和的固溶体称为马氏体。根据马氏体的金相特征，可将马氏体分为低碳的板条马氏体和高碳的针状马氏体。

1. 板条马氏体

大致相同的细马氏体条定向平行排列，组成马氏体束，在马氏体束与束之间存在一定的位向，一颗原始的奥氏体晶粒内可以形成几个不同取向的马氏体束。用体积分数 4% 的硝酸乙醇溶液浸蚀时能清晰地显示板条马氏体的组织特征。

2. 针状马氏体

针状马氏体又称片状马氏体，其基本特征是在一个奥氏体晶粒内形成的第一片马氏体针较粗大，往往横贯整个奥氏体晶粒，将奥氏体晶粒加以分割，使以后形成的马氏体针大小受到限制，因此针状马氏体的大小不一；但针状马氏体的分布有一定的规律，马氏体针基本上按近似 60°角分布；在马氏体针叶中有一中脊面，碳含量越高，越明显，并在马氏体周围伴随有残留奥氏体。由于针状马氏体形成在较低温度，故自回火现象很弱，在用相同试剂浸蚀时，视觉上针状马氏体比板条马氏体明亮。图 1-35 所示为几种典型的马氏体形态。

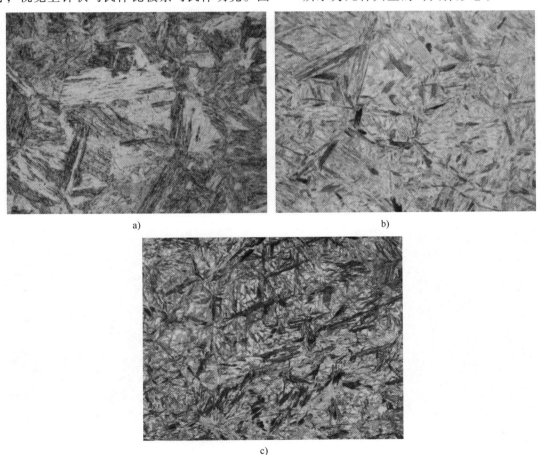

a) b)

c)

图 1-35 几种典型的马氏体形态

a）低碳板条马氏体 500×　b）中碳混合马氏体 500×　c）高碳针状马氏体 500×

1.4.8　回火组织

回火马氏体是淬火钢经低温回火后的产物。回火马氏体的基本特征：仍具有马氏体针状特征，但经浸蚀后显示的颜色比淬火马氏体要深。在光学显微镜下的形貌与下贝氏体相似。马氏体内析出的 ε-碳化物，呈无规则分布。

回火屈氏体是淬火钢经中温回火后的产物。回火屈氏体的基本特征：马氏体针状形态将逐步消失，但仍隐约可见（某些合金钢，特别含铬等元素的合金钢，由于合金铁素体的再结晶温度较高，故仍保持明显的针状形态），回火时析出的碳化物细小，在光学显微镜下难以分辨清楚，只有在电子显微镜下可以看出碳化物的颗粒。

回火索氏体是淬火钢经高温回火后的产物。由于回火温度较高，碳化物进一步聚集长大，故回火索氏体是铁素体+细小颗粒状碳化物，在光学显微镜下能分辨清楚。这种组织有时又称为调质组织，它具有良好的强度和韧性的配合。

淬火钢在回火过程中的转变过程详见 1.5 节内容，图 1-36 所示为几种典型的回火组织（40Cr）。

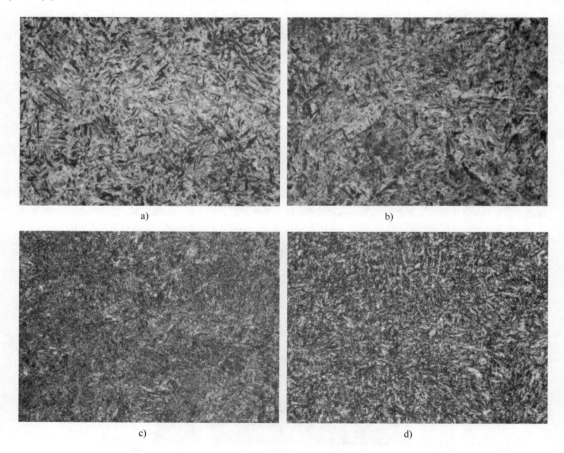

图 1-36　几种典型的回火组织（40Cr）

a）淬火马氏体（<50℃）　500×　b）回火马氏体（约150℃）　500×

c）回火屈氏体（约350℃）　500×　d）回火索氏体（约550℃）　500×

1.5　钢的热处理基础

钢在固态下具有相变，根据 Fe-Fe$_3$C 相图，共析钢在加热和冷却过程中经过 A_1（PSK）线时，发生珠光体与奥氏体之间的相互转变。而亚共析钢经过 A_3（GS）线时，发生铁素体与奥氏体之间的转变，过共析钢经过 A_{cm}（ES）线时，发生 Fe$_3$C 与奥氏体之间的相互转变。A_1、A_3、A_{cm} 称为钢加热或冷却过程中组织转变的临界温度，是平衡临界温度；Ac_1、Ac_3、Ac_{cm} 为钢加热时的实际转变温度；Ar_1、Ar_3、Ar_{cm} 为钢冷却时的实际转变温度。通过控制钢的加热过程和冷却过程，可以控制钢的最终组织状态和获得相应的力学性能，以充分挖掘钢的使用潜能，这就是钢要进行热处理及可以进行热处理的原因。实际上，钢进行热处理时，组织转变并不发生在平衡临界温度上，大多都有一定的滞后现象，把实际转变温度与平衡临界温度之差称为过冷度（冷却时）或过热度（加热时），过冷度或过热度随冷却速度或加热速度的增大而增大。

钢的热处理，就是在一定的介质中，将钢工件以预定的速度加热到预定的温度，保温一定的时间，然后以预定的方法冷却到室温的一种热加工工艺。常用的热处理形式分成三类，即基本热处理、化学热处理和形变热处理。本节内容主要是介绍基本热处理的基本知识。基本热处理主要是指以热作用为主要过程的热处理，即只有热作用对钢的内部组织、结构、状态和性能起决定性的影响，材料的化学成分、形状和尺寸在热处理前后并不发生大的改变。

1.5.1　钢在加热时的转变

对于大多数热处理工艺，需要将钢加热到高于临界点的奥氏体状态，然后以不同的冷却方式（或速度）冷却，获得所要求的组织和性能。

1. 奥氏体形成的基本过程

根据 Fe-Fe$_3$C 相图，任何成分的碳素钢加热到 A_1 线以上时，都会发生珠光体向奥氏体的转变，整个过程由下述四个基本过程组成。

（1）奥氏体晶核的形成　奥氏体晶核在铁素体和渗碳体的相界面处较易形成，在此处形成的原因：相界面处碳原子浓度差较大；原子排列不规则，结构起伏小，应变能也较小；晶体缺陷较多，有利于降低系统自由能。

（2）奥氏体晶粒的长大　奥氏体晶核产生后形成了两个新的相界面（奥氏体与铁素体，奥氏体与渗碳体），由于两个相界面之间的碳浓度差，促使碳由高浓度一侧向低浓度一侧扩散，为了维持原相界面的局部平衡，渗碳体就必须溶入奥氏体，铁素体也必须转变成奥氏体。这样，奥氏体的相界面就自然地向渗碳体及铁素体中推移，使奥氏体晶体不断长大。

（3）残余渗碳体的溶解　奥氏体溶解铁素体的速度要大于溶解渗碳体的速度，当铁素体完全溶解后，仍有一部分渗碳体残留在新形成的奥氏体中，随着加热时间的延长，将逐步溶入奥氏体中，直到全部消失。

（4）奥氏体的均匀化　当残余渗碳体刚溶解完毕时，奥氏体成分是不均匀的，加热速度越大，不均匀性越严重，只有经过长时间保温或连续加热，通过原子扩散，才能得到单相均匀的奥氏体。

图 1-37 所示为共析钢的奥氏体形成过程示意图。

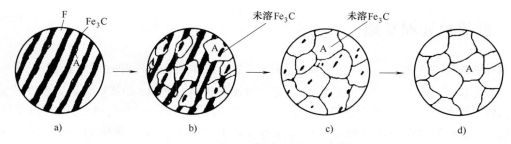

图 1-37　共析钢的奥氏体形成过程示意图

a）A 形核　b）A 长大　c）残余 Fe$_3$C 溶解　d）A 均匀化

2. 影响奥氏体等温形成速度的因素

（1）加热温度和保温时间的影响　加热温度越高，转变的孕育期和完成转变的时间越短，即奥氏体的形成速度越快。在影响奥氏体形成速度的诸多因素中，温度的作用最为显著。在较低温度下长时间加热和较高温度下短时间加热都可以得到相同的奥氏体状况。在制定加热工艺时，应当全面考虑加热温度和保温时间的影响。

（2）碳含量的影响　钢中的含碳量越高，原始组织中渗碳体的数量越多，相界面增加，形核率增大，奥氏体形成速度增高。

（3）原始组织　原始珠光体组织越细，碳化物分散度越大，奥氏体形成速度越快。与粒状珠光体相比，片状珠光体由于渗碳体较薄，相界面较大，因而奥氏体形成速度加快。

（4）合金元素　强碳化物形成元素如 Cr、Mo、W 等，由于碳化物不易分解，降低了碳在奥氏体中的扩散系数，因而降低了奥氏体的形成速度；Co、Ni 则增大碳在奥氏体中的扩散系数，因而可增大奥氏体的形成速度；由于 Si、Al 对扩散系数影响不大，故对奥氏体形成速度影响不大。由此可见，对于含强碳化物形成元素的合金钢，要得到均匀的奥氏体则需要更高的加热温度和更长的保温时间。

3. 奥氏体晶粒大小及其影响因素

（1）奥氏体晶粒度　奥氏体晶粒度是表示奥氏体晶粒大小的一种尺度。钢在奥氏体化后涉及以下三种晶粒度的概念。

1）起始晶粒度，是指加热到临界温度以上，奥氏体形成刚刚完成时的晶粒大小。

2）实际晶粒度，是指在某一实际热处理加热条件下所得到的晶粒大小。

3）本质晶粒度，是指按标准试验方法在 930℃±10℃ 保温足够时间（3～8h）后测定的晶粒大小。

按照冶金行业标准规定，钢中奥氏体晶粒度分为 8 级（1 级最粗，8 级最细），8 级以上者为超细晶粒。为此，按照本质晶粒度试验方法试验后，晶粒尺寸在 5～8 级者为本质细晶粒钢，晶粒尺寸在 1～4 级者为本质粗晶粒钢。

本质晶粒度和实际晶粒度不尽相同，奥氏体的实际晶粒度既取决于钢材的本质晶粒度，又和实际加热条件（温度和时间）有关。对于本质细晶粒钢，当加热温度超过 950～1000℃ 以上时，也可能得到十分粗大的实际晶粒；反之，当本质粗晶粒钢加热到稍高于临界温度时，也可能得到较细的奥氏体晶粒。

从热处理生产角度看，为了获得细小的奥氏体晶粒，宜选用本质细晶粒钢。这样，其晶粒长大倾向小，淬火温度范围宽，生产上容易掌握。例如，渗碳钢需要在 930℃ 高温下长时间渗碳，宜采用本质细晶粒钢，这样利于渗碳后直接淬火。

（2）影响奥氏体晶粒大小的因素　影响加热时奥氏体晶粒长大的因素主要是加热温度、保温时间、加热速度、钢的化学成分、原始组织等。

1）加热温度和保温时间。温度越高、保温时间越长，奥氏体晶粒长得越快、晶粒越粗大。奥氏体晶粒长大速度随着温度的升高呈指数关系增加；而在高温下，保温时间对晶粒长大的影响比低温下要大。

2）加热速度。加热速度越大、过热度越大，奥氏体实际形成温度就越高，由于形核率与长大速度的比值增大，因而可以获得细小的起始晶粒。这也说明，快速加热能获得细小的奥氏体晶粒。

3）钢的化学成分。当钢中的碳含量逐渐增加，但又不足以形成未熔碳化物时，奥氏体晶粒容易长大而粗化。因此，共析钢比过共析钢对过热更为敏感。

当钢中加入强碳、氮化物形成元素（Ti、Zr、V、Nb、Ta）时，由于其化合物能弥散分布在晶界上，有强烈阻止晶粒长大的作用。此外，W、Mo、Cr 等能产生稳定碳化物的元素也有细化晶粒作用。

如前所述，用 Al 元素脱氧的钢，晶粒长大倾向小；用 Si、Mn 元素脱氧的钢，晶粒长大倾向大。P、Mn、O 等元素使晶粒长大倾向增加。

4）钢的原始组织。通常，当原始组织越细或原始组织为非平衡组织时，碳化物分散度越大，所得的奥氏体起始晶粒就越细小，但钢的晶粒长大倾向增加，过热敏感度增大。为此，对于原始组织极细的钢，不宜用过高的加热温度和过长的保温时间，这一点在实际生产中应予以注意。

1.5.2　钢在冷却时的转变

在热处理生产中，加热后钢件的冷却是影响最终组织性能的关键。一般冷却有两种方式：等温冷却和连续冷却，两者均在生产中得到应用。

1. 共析钢过冷奥氏体等温转变图

将奥氏体迅速冷至临界温度以下的一定温度，并在此温度下保持等温，在等温过程中所发生的相变称为过冷奥氏体等温转变。过冷奥氏体等温转变图反映了过冷奥氏体在不同过冷度下等温转变的过程，包括转变开始和终了时间、转变产物和转变量与温度和时间的关系。由于等温转变曲线通常呈"C"形状，故又称 C 曲线，亦称 TTT 曲线。过冷奥氏体等温转变图是利用过冷奥氏体转变产物的组织形态或物理性质发生变化进行测定的，常采用的方法有金相法、膨胀法、磁性法、电阻法和热分析法等。

图 1-38 所示为共析钢过冷奥氏体等温转变图。由图 1-38 可见，把奥氏体过冷到 A_1 以下某一温度，要经过一定时间后形成过冷奥氏体，这段时间称为孕育期。孕育期越长，过冷奥氏体的稳定性越高，转变开始和转变终了所需的时间越长。孕育期和转变速度随等温温度 T（即过冷度 ΔT）而变化。在等温转变曲线的某一温度范围，其孕育期最短，由于形状似人的鼻子，故常称之为"鼻子区"，"鼻子区"的出现与奥氏体和转变产物之间自由能差增加、相变驱动力增大有关。

等温转变曲线可以看作由两个 C 曲线组成。第一条曲线表示珠光体形成过程；第二条曲线表示贝氏体形成过程。曲线中两个突出部分分别是珠光体和贝氏体转变的"鼻子"。为此，共析钢的等温转变曲线可以说是珠光体和贝氏体两条转变曲线分别向下和向上移位，部分重叠形成的。在曲线重叠的温度范围内（约在 550℃）等温，两条曲线可以重叠出现。高于此温度范围时，珠光体转变占优势；低于此温度范围时，则贝氏体转变占优势。

共析钢过冷奥氏体等温转变图具有重大实用价值：用于合理制定钢的热处理工艺；分析钢在热处理后的组织和性能；估计钢的淬透性和选择适当的淬火介质；比较合金元素对钢的淬硬层深度和马氏体转变温度的影响等。

2. 影响过冷奥氏体等温转变的因素

影响过冷奥氏体等温转变的因素主要是奥氏体成分（含碳量、合金元素）、奥氏体状态（钢的原始组织、奥氏体化温度和保温时间）及应力和塑性变形。

（1）含碳量的影响　随着奥氏体含碳量增加，稳定性增加，使 C 曲线右移。为此，在热处理正常加热条件下，亚共析钢

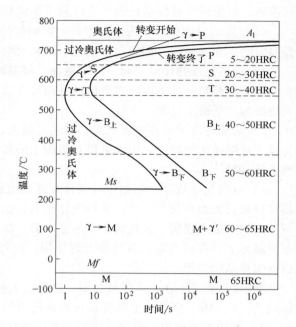

图 1-38　共析钢过冷奥氏体等温转变图

的 C 曲线随含碳量的增加逐渐向右移；过共析钢的 C 曲线随含碳量的增加（由于有未溶渗碳体的存在，促使奥氏体分解）逐渐向左移。共析钢的 C 曲线最靠右，稳定性最高。

（2）合金元素的影响　除 Co 外，所有合金元素的溶入均增加过冷奥氏体的稳定性，使 C 曲线右移。非碳化物或弱碳化物形成元素（如 Si、Ni、Cu、Mn 等）通常只改变 C 曲线的位置，而不改变其形状；在溶入奥氏体的基础上，中强或强碳化物形成元素（如 Cr、Mo、W、V、Ti 等），不仅改变 C 曲线位置，而且促使 C 曲线分裂成上、下两条 C 曲线，其中，上部为珠光体 C 曲线，下部为贝氏体 C 曲线，在两条曲线之间为亚稳定区。

（3）原始组织的影响　原始组织越细，越易得到较均匀奥氏体，使 C 曲线右移，并使 M_s 点下降。

（4）奥氏体化温度和保温时间的影响　奥氏体化温度越高、保温时间越长，碳化物溶解越完全、奥氏体晶粒越粗大，晶界总面积减少、形核减少，因而使 C 曲线右移，推迟珠光体转变。总之，加热速度越快，保温时间越短，奥氏体晶粒越细小，成分越不均匀，未溶第二相越多，则等温转变速度越快，使 C 曲线左移。

（5）应力和塑性变形的影响　在奥氏体状态下承受拉应力将加速奥氏体的等温转变，而施加等向压应力则会阻碍这种转变。对奥氏体进行塑性变形亦有加速奥氏体转变的作用，这是由于塑性变形使点阵畸变加剧，并使位错密度增高，有利于 C 原子和 Fe 原子的扩散和晶格改组。同时，形变还有利于碳化物弥散质点的析出，使奥氏体中碳和合金元素贫化，因而促进奥氏体的转变。

3. 过冷奥氏体连续冷却转变图

过冷奥氏体连续冷却转变图是表示在各种不同冷却速度下，过冷奥氏体转变开始和转变终了的温度和时间的关系图解，或称为 CCT 曲线。过冷奥氏体连续冷却转变图测定较困难，

目前多采用膨胀法或金相硬度法测定。图 1-39 所示为轨道交通常用钢种的过冷奥氏体连续冷却转变图。

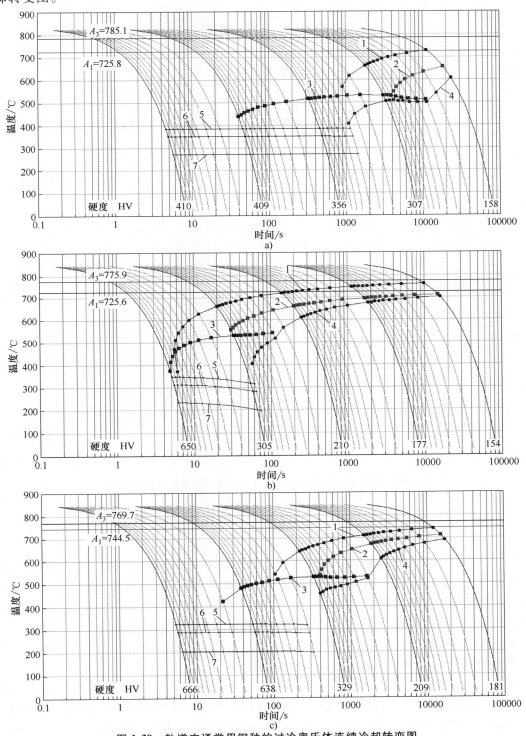

图 1-39　轨道交通常用钢种的过冷奥氏体连续冷却转变图

a）18CrNiMo7-6　b）45　c）42CrMo

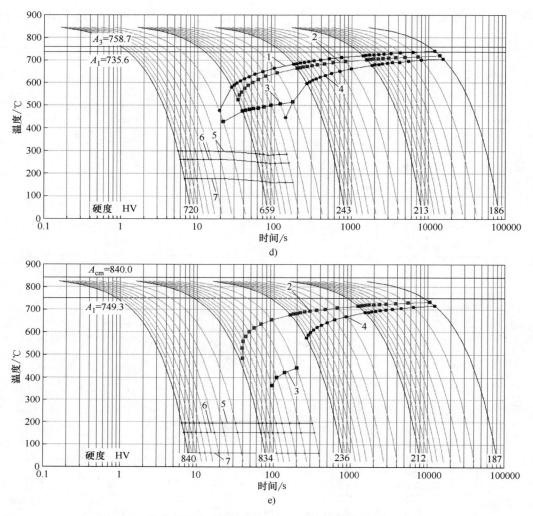

图 1-39　轨道交通常用钢种的过冷奥氏体连续冷却转变图（续）

d）ER8　e）GCr15

1—铁氧体（1%）　2—珠光体（1%）　3—贝氏体（1%）　4—奥氏体（1%）

5—马氏体转变开始　6—马氏体（50%）　7—马氏体（90%）

（1）连续冷却转变图的建立　测定连续冷却转变图一般较测定等温转变图困难，其原因有：①维持恒定冷却速度十分困难，在任何一种均匀介质中都难以维持恒定的冷却速度，并且过冷奥氏体在转变过程中还要释放相变潜热，使冷却速度发生改变，由于冷却速度发生改变，曲线的形状、位置均会改变；②在连续冷却时，转变产物往往是混合的，各种组织的精确定量也比较困难；③在快速冷却时，保证测量时间、温度的精度也很困难。因此，目前仍有许多钢的连续冷却转变图有待进一步精确测定。

通常综合应用膨胀法、端淬法、金相硬度法、热分析法和磁性法来测定连续冷却转变图。端淬法是以往应用较多的方法之一，而快速膨胀仪的问世为连续冷却转变图的测定提供了许多方便。快速膨胀仪所用试样尺寸通常为 3mm×10mm。采用真空感应加热方法加热试样，程序控制冷却速度，在 500~800℃ 范围内平均冷却速度可从 100000℃/min 变化到

1℃/min。在不同冷却速度的膨胀曲线上可确定转变开始（转变量为1%）、各种中间转变量和转变终了（转变量为99%）所对应的温度和时间。将数据记录在温度-时间半对数坐标系中，连接相应的点，便得到连续冷却转变图。为了提高测量精度，常用金相硬度法或热分析法进行定点校对。

（2）过冷奥氏体连续冷却转变图的特点　与等温转变图相比，过冷奥氏体的连续冷却转变图有如下特点：

1）连续冷却转变图都处于同种材料的等温转变图的右下方。这是由于连续冷却转变时转变温度较低、孕育期较长所致。

2）从形状上看，连续冷却转变图不论是珠光体转变区还是贝氏体转变区都只有相当于等温转变图的上半部。

3）碳钢连续冷却时可使中温的贝氏体转变被抑制。

4）合金钢连续冷却时可以有珠光体转变而无贝氏体转变，也可以有贝氏体转变而无珠光体转变，或者两者兼而有之。具体图形由加入钢中合金元素的种类和含量而定。合金元素对连续冷却转变图的影响规律与对等温转变图的影响相似。

（3）钢的临界冷却速度　在连续冷却中，使过冷奥氏体不析出先共析铁素体（亚共析钢）或先共析碳化物（过共析钢高于A_{cm}点奥氏体化），以及不转变为珠光体或贝氏体的最低冷却速度分别称为抑制先共析铁素体或先共析碳化物析出，以及抑制珠光体或贝氏体转变的临界冷却速度。它们可以分别用与连续冷却转变图中先共析铁素体或先共析碳化物析出线，以及珠光体或贝氏体转变开始线相切的冷却曲线所对应的冷却速度来表示。

为获得完全的马氏体组织，冷却速度应大于某一临界值而使过冷奥氏体在冷却过程中不发生分解。在连续冷却时，使过冷奥氏体不发生分解，完全转变为马氏体（包括残留奥氏体）的最低冷却速度称为临界淬火速度。临界淬火速度代表钢件淬火冷却形成马氏体的能力，是决定钢件淬透层深度的重要因素，也是合理选用钢材和正确制定热处理工艺的重要依据之一。

临界淬火速度主要取决于钢的连续冷却转变图的形状和位置。根据钢的成分不同，临界淬火速度可以是抑制先共析铁素体析出的临界冷却速度，也可以是抑制珠光体转变或贝氏体转变的临界冷却速度。凡是使连续冷却转变图右移的各种因素，都将降低临界淬火速度、提高形成马氏体的能力，容易获得完全的马氏体组织。

1.5.3　钢的整体热处理

1. 钢的退火

将钢加热到适当的温度，保温一定时间后缓慢冷却，以获得接近平衡状态组织的热处理工艺称为退火。

图1-40所示为钢的退火和正火加热温度示意图。

（1）完全退火　完全退火是将钢加热到Ac_3以上，保温足够的时间，使组织完全奥氏体化后缓慢冷却，以获得平衡组织的热处理工艺。完全退火的目的是细化晶粒，均匀组织，消除内应力和热加工缺陷，降低硬度，改善切削加工性能和冷塑性变形能力。完全退火温度不宜过高，一般在Ac_3以上20～30℃。退火时间不仅要保证工件心部达到所要求的温度，还要保证工件组织转变所需的时间。退火冷却速度应缓慢，以保证奥氏体在Ac_3以下不大的过冷

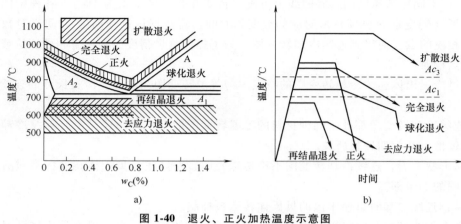

图 1-40　退火、正火加热温度示意图

a）加热温度范围　b）工艺曲线

条件下进行珠光体转变，避免硬度过高。图 1-41 所示为常用结构钢的完全退火组织。

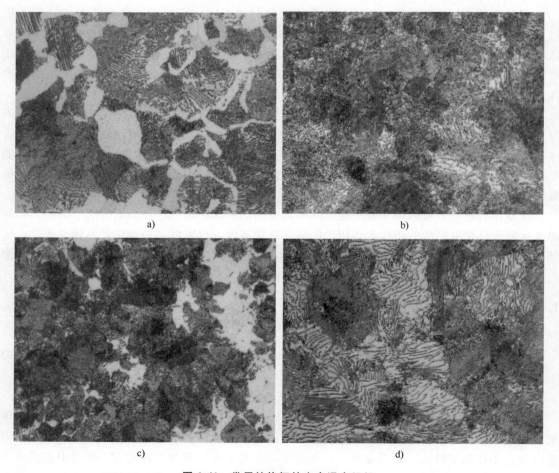

图 1-41　常用结构钢的完全退火组织

a）18CrNiMo7-6　500×　b）12CrNi3　500×　c）40CrNiMo　500×　d）60Si2Cr　500×

（2）不完全退火 不完全退火是将钢加热至 $Ac_1 \sim Ac_3$（亚共析钢）或 $Ac_1 \sim Ac_{cm}$（过共析钢），保温后缓慢冷却，以获得接近平衡组织的热处理工艺。不完全退火的主要目的是降低硬度，改善切削加工性能，消除内应力。由于加热到两相区温度，组织没有完全奥氏体化，仅使珠光体发生相变，重结晶转变为奥氏体。因此，基本上不改变先共析铁素体或渗碳体的形态及分布。图 1-42 所示为常用结构钢的不完全退火组织。

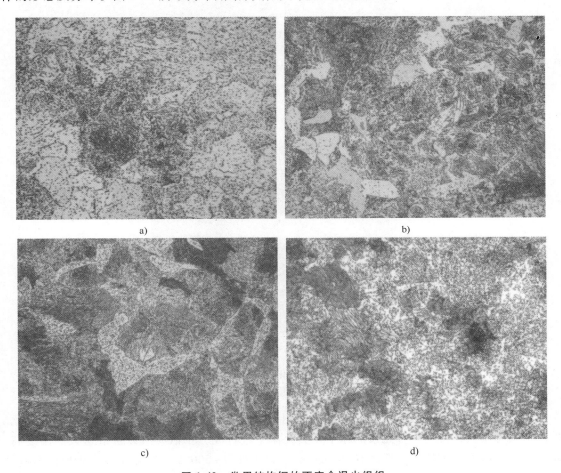

a)

b)

c)

d)

图 1-42 常用结构钢的不完全退火组织

a）18CrNiMo7-6 500× b）40Cr 500× c）42CrMo 500× d）5CrNiMo 500×

（3）球化退火 球化退火是使钢中的碳化物球化，获得粒状珠光体的一种热处理工艺，它实际上属于不完全退火的一种退火工艺。球化退火的目的是降低硬度，改善机械加工性能，获得均匀的组织，改善热处理工艺性能，为以后的淬火作组织准备。过共析钢锻件的锻后组织一般为细片状珠光体，如果锻后冷却不当，还会存在网状渗碳体，不仅使锻件难于加工，而且会增大钢的脆性，淬火时容易产生变形或开裂。因此，锻后必须进行球化退火处理，使碳化物球化以获得粒状珠光体组织。常用的球化退火工艺主要有三种：一次球化退火、等温球化退火、往复球化退火。

图 1-43 所示为 GCr15 不同球化退火工艺下的显微组织，可见等温球化退火和往复球化退火明显比普通球化退火获得的组织均匀。

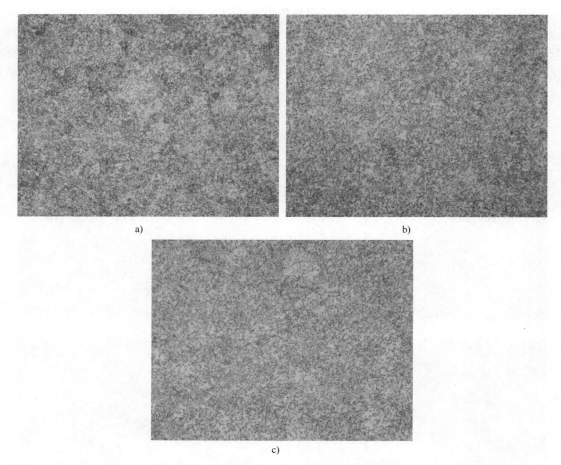

a)

b)

c)

图 1-43　GCr15 不同球化退火工艺下的显微组织

a）普通球化退火　500×　b）等温球化退火　500×　c）往复球化退火　500×

（4）扩散退火　扩散退火又称为均匀化退火，其目的是消除晶内偏析，使成分均匀化。扩散退火的实质是使钢中各元素的原子在奥氏体中进行充分扩散，所以扩散退火的温度高，时间长。扩散退火加热温度选择在 Ac_3 或 Ac_{cm} 以上 150～300℃，保温时间通常是根据钢件最大截面厚度按经验公式计算，一般不超过 15h。保温后随炉冷却，冷却至 350℃ 以下可以出炉。

工件经扩散退火后，奥氏体晶粒十分粗大，因此，必须再进行一次完全退火或正火处理，以细化晶粒，消除过热缺陷。图 1-44 所示为 ZG25CrNiMo 扩散退火（980℃保温 5h）前后的显微组织。

（5）去应力退火　去应力退火的目的是消除铸、锻、焊、冷冲件中的残余应力，以提高工件的尺寸稳定性，防止变形和开裂。去应力退火是将工件加热至 Ac_1 以下某个温度（一般在 500～650℃），保温一定时间后缓慢冷却，冷至 200～300℃ 后出炉，空冷至室温。

（6）再结晶退火　再结晶退火是将冷变形后的金属加热到再结晶温度以上，保温适当时间后使变形晶粒重新转变为新的等轴晶粒，同时消除加工硬化和残余应力的热处理工艺。再结晶退火温度高于再结晶温度，而再结晶温度除与金属的化学成分有关外，还与它的冷变

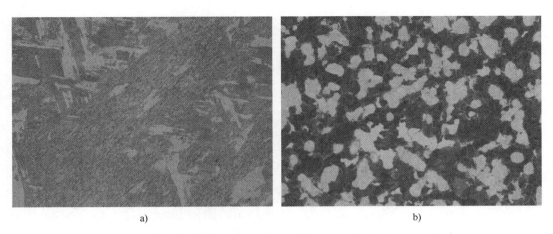

图 1-44　ZG25CrNiMo 扩散退火前后的显微组织
a）铸态　25×　b）扩散退火　25×

形量有关。一般钢材的再结晶退火温度为 650 ~ 700℃，保温 1 ~ 3h，然后空冷至室温。图 1-45 所示为再结晶模拟示意图。

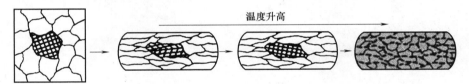

温度升高

图 1-45　再结晶模拟示意图

2. 钢的正火

正火是将钢加热到 Ac_3（对亚共析钢）或 Ac_{cm}（对过共析钢）以上适当的温度，保温一定时间，使钢完全转变为奥氏体后进行空冷，以得到珠光体类型组织的一种热处理工艺。

正火与完全退火相比，两者的加热温度相同，但正火的冷却速度较快，转变温度较低。因此，亚共析钢正火后析出的铁素体量较退火时少，而珠光体量较多，并且它的片间距较小；而过共析钢正火可以导致先共析网状渗碳体的析出。正火后，钢的强度、硬度和韧性也比退火的高。

需要说明的是，由于钢的合金化，等温转变图向右显著偏移，极大地提高了钢的淬透性，这使得很多合金钢在正火时并不能得到珠光体组织，而是得到贝氏体、马氏体、珠光体等混合组织。另外，正火得到什么样的组织还与样品的尺寸有关。图 1-46 所示为常用结构钢的正火组织。

3. 钢的淬火

淬火是将钢件加热到 Ac_3 或 Ac_1 以上某一温度，保持一定时间，然后以适当速度冷却，获得马氏体和（或）贝氏体组织的热处理工艺。

（1）淬火前的准备

1）核对工件数量、材质及尺寸，检查工件有无裂纹、磕碰伤、锐边、尖角及锈蚀等影响淬火质量的缺陷。

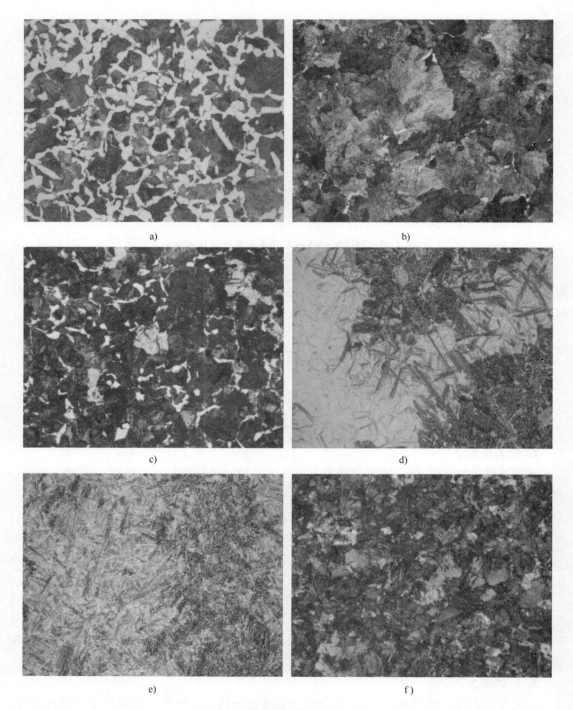

图 1-46 常用结构钢的正火组织

a）45 500× b）65 500× c）40Cr 500× d）42CrMo 500× e）20Cr2Ni4 500× f）GCr15 500×

2）根据图样及工艺文件，明确淬火的具体要求，如硬度、局部淬火范围等。

3）根据淬火要求，选用合适的工装夹具或进行适当的绑扎，在易产生裂纹的部位，采用适当的防护措施，如用铁皮或石棉绳包扎及堵孔等。

4）表面不允许氧化、脱碳的工件，应在盐浴炉或保护气氛炉、真空炉中加热，或采用涂料保护，也可将工件装入盛有木炭或已用过的铸铁屑的铁箱中，加盖密封。

5）大批工件应进行首件或小批量试淬，认可后方可进行批量生产，并在生产过程中经常抽检。

（2）装炉

1）允许不同材质、但具有相同加热温度的工件装入同一炉中加热。

2）入炉工件均应干燥、无油污及其他脏物。

3）当截面大小不同的工件装入同一炉时，大件应放在炉膛里面，大、小工件分别计算保温时间。

4）装炉时用钩子、钳子或工装堆放，不得将工件直接抛入炉内，以免碰伤工件或损坏设备。

5）细长工件应尽量在井式炉或盐浴炉中垂直吊挂加热，以减少变形。

6）在箱式炉中装炉加热时，一般为单层排列，工件间隙为10～30mm。小件允许适当堆放，但保温时间应酌情增加。

（3）加热

1）加热方式：碳钢及合金钢工件，一般可直接装入淬火温度或比规定的淬火温度高20～30℃的炉中加热；高碳高合金钢及形状复杂的工件应作预热。

2）加热温度选择：亚共析钢为$Ac_3+(30～50)$℃；共析及过共析钢为$Ac_1+(30～50)$℃；合金钢淬火加热温度应适当提高。空气炉中的加热温度应比盐浴炉中适当提高10～30℃；真空炉加热可取淬火温度下限；亚温淬火以略低于Ac_3温度为佳；形状复杂、截面变化大、易变形开裂的工件，一般可选择淬火加热温度下限；中低碳钢淬火可略高于淬火加热温度上限；采用冷速较慢的淬火介质冷却，淬火加热温度应取上限。等温淬火、分级淬火一般取淬火加热温度范围上限或略高于上限。

3）工件加热时间的计算：炉中的工件应在规定的加热温度范围内保持适当的时间，保证必要的组织转变和扩散。加热时间是指从工件装炉合闸通电加热至出炉的整个加热过程保持的时间。

加热时间与工件的有效厚度、钢种、装炉方式、装炉量、装炉温度、炉的性能及密封程度等因素有关。

工件加热时间计算公式为

$$\tau = K\alpha D$$

式中　τ——加热时间（min）；

　　　K——反映装炉时的修正系数，通常取1.0～1.3；

　　　α——加热系数（min/mm），可根据钢种与加热介质、加热温度选取；

　　　D——工件有效厚度（mm）。

4）有效厚度的选择（也适用于退火和正火）：①圆棒形工件以直径计算；②扁平工件以厚度计算；③实心圆锥体工件按离大端1/3高度处的直径计算；④对于垫圈类工件，设H为工件的高度或厚度，D为工件的外径，d为工件的内径，当$H \leq 1.5(D-d)/2$时，以H为有效厚度；⑤对于套类工件，当$H \geq 1.5(D-d)/2$时，则取$1.5(D-d)/2$为有效厚度，当

$D/d \geqslant 7$，而 $d \leqslant 50$ 时，按外径计算；⑥阶梯轴或截面有突变的工件按较大直径或较大截面计算；⑦当工件形状较复杂时，应以工件的主要部分有效厚度计算。

（4）冷却方法及冷却剂的选择

1）冷却类型主要有以下几种。

① 水冷：用于形状简单的碳素钢工件，主要是调质件。

② 油冷：合金钢、合金工具钢工件大都采用油冷。

③ 延时淬火：工件在浸入冷却剂之前先在空气中降温以减少热应力。

④ 双介质淬火：工件一般选择浸入水中冷却，待冷却到马氏体转变开始温度附近，然后立即浸入油中缓冷，在水中冷却的时间一般按工件的有效厚度（3~5mm/s）计算。

⑤ 马氏体分级淬火：钢材或工件加热奥氏体化，随之浸入稍高或稍低于钢的上马氏体点的液态介质（盐浴或碱浴）中，保持适当时间，待工件的内、外层都达到介质温度后取出空冷，以获得马氏体组织的淬火工艺，也称为分级淬火。用于合金工具钢及小截面碳素工具钢，可减少变形和开裂。

⑥ 热浴淬火：工件只浸入 150~180℃ 的硝盐或碱中冷却，停留时间等于总加热时间的 1/3~1/2，最后取出在空气中冷却。

⑦ 贝氏体等温淬火：钢材或工件加热奥氏体化，随之快速冷却到贝氏体转变温度区域（260~400℃）等温保持，使奥氏体转变为贝氏体的淬火工艺，有时也称等温淬火。该工艺可用于要求变形小、韧性高的合金钢工件。

2）冷却操作方法根据工件形状不同而不同。

① 对于形状复杂的易变形工件，可采用空气预冷或降温预冷后再淬入冷却剂。

② 轴类工件应垂直淬入冷却剂。

③ 长板状工件应横向侧面淬入冷却剂。

④ 套筒和薄壁圆环状工件，应沿轴向淬入冷却剂。

⑤ 截面相差很大的工件，应将截面大的部分先淬入冷却剂。

⑥ 有凹面的工件应将凹面向上淬入冷却剂。

⑦ 单面有长槽工件，槽口向上，倾斜 45° 淬入冷却剂。

⑧ 在保证所要求的硬度的条件下，工件淬入冷却剂后可不作摆动，或只作淬入方面的直线移动，以减少变形。

3）供选用的冷却剂如下。

① 净水或 5%~15%（质量分数）食盐水，水温<40℃；热水爆盐-油冷淬火时，水爆时间不大于 1.5s；水-油双介质淬火时，水冷时间按工件有效厚度（3~5mm/s）计算；水-空气淬火时，工件直径 ≤30mm 则为 2mm/s，工件直径 ≥30mm 时为 1mm/s。水面不允许有浮油。

② 10 号或 20 号机械油，油温 30~80℃ 使用。

③ 50%（KNO_2）+50%（$NaNO_2$），使用温度为 150~550℃（为了安全起见，硝盐浴炉使用温度一般控制在 500℃ 以下）。

④ 85%（KOH）+15%（$NaNO_2$），另加 4%~6%（H_2O），使用温度为 150~170℃。

⑤ 过饱和三硝催化剂：25%（$NaNO_3$）+20%（$NaNO_2$）+20%（KNO_3）+35%（H_2O），使用温度为 10~70℃。

⑥ 8%~12%水溶性聚合物（PQA）淬火剂可供合金结构钢淬火，中碳钢、高碳钢可采用 3%~6%（PQA），弹簧钢淬火可采用 10%~12%（PQA），温度 80℃。

⑦ 对于水溶性聚合物（PQG）淬火剂，碳素钢淬火采用 2%~3%（PQG），合金钢淬火采用 8%~10%（PQG）液，温度 ≤80℃。

⑧ 对于今禹 8-20 水溶性淬火介质，2%~5%（质量分数）今禹 8-20 可取代盐水、碱水；5%~8%（质量分数）今禹 8-20 相当于三氯、三硝淬火液；8%~10%（质量分数）今禹 8-20 相当于 15%的 60 级（PAG）淬火液；10%~12%（质量分数）今禹 8-20 相当于 15%~18%的 40 级或 15%的 30 级（PAG）淬火液；12%~15%（质量分数）今禹 8-20 相当于超速淬火油；允许水温 0~70℃。

（5）操作注意事项

1）淬火工件在冷却至室温应及时清洗及回火，以防工件开裂和腐蚀。

2）硝盐浴、碱浴应经常捞渣，特别是工件用盐浴炉加热时，应每班清除带入的盐渣。

3）使用盐浴加热时，一切工件、工装夹具等必须充分干燥。

4）带有硝盐的工件、工装夹具不准进入淬火盐浴炉。

（6）钢的淬硬性、淬透性

1）钢的淬硬性。钢在理想条件下进行淬火所能达到的最大硬度能力称为淬硬性。淬硬性仅与钢中的含碳量有关。

2）钢的淬透性。在规定条件下，决定钢材淬硬深度和硬度分布的特性称为淬透性，钢的淬透性大小取决于钢的临界冷却速度。等温转变图位置越靠右，则临界冷却速度越小，淬透性就越大。合金元素（除钴以外）都能提高钢的淬透性。测定淬透性的方法很多，以往常采用 U 形曲线法，应用较多的是端淬试验法。淬透性是设计制造零件、合理选用钢材和正确制定热处理工艺的重要依据。

图 1-47 所示为直径 35mm 的 45 钢油淬后不同位置的显微组织。图 1-48 所示为直径 85mm 的 40CrNiMo 钢油淬后不同位置的显微组织。图 1-49 所示为直径 330mm 的 42CrMo 钢油淬后不同位置的显微组织。

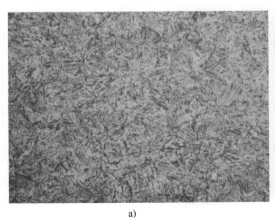
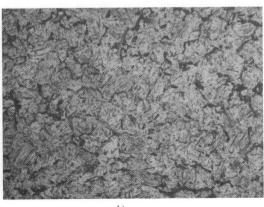

a)   b)

图 1-47 直径 35mm 的 45 钢油淬后不同位置的显微组织

a）1mm　500×　b）3mm　500×

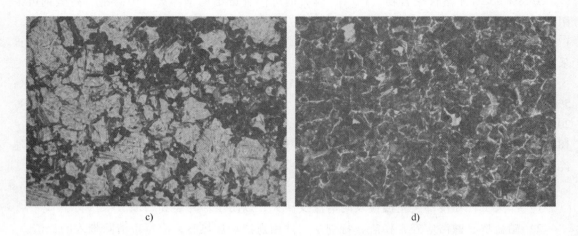

图 1-47　直径 35mm 的 45 钢油淬后不同位置的显微组织（续）

c）4mm　500×　d）8mm　500×

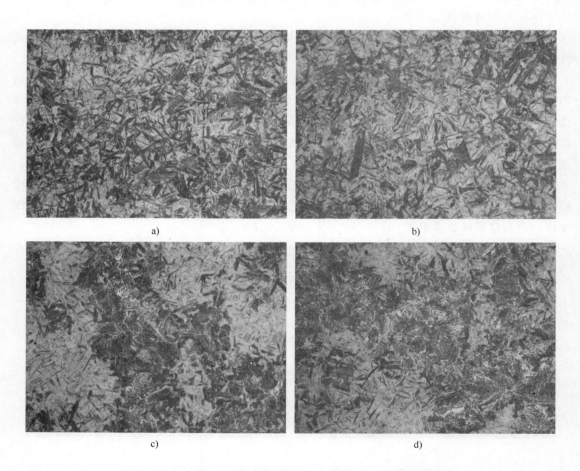

图 1-48　直径 85mm 的 40CrNiMo 钢油淬后不同位置的显微组织

a）1mm　500×　b）3mm　500×　c）25mm　500×　d）40mm　500×

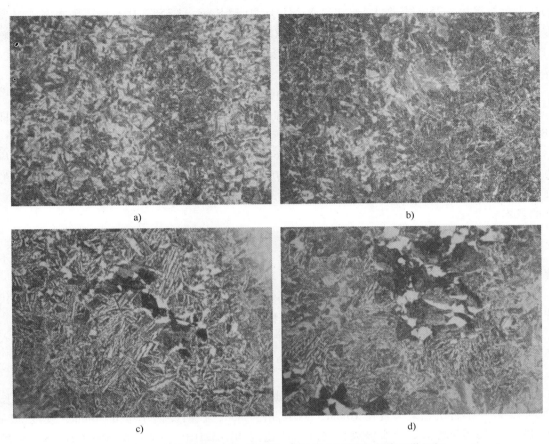

图1-49 直径330mm的42CrMo钢油淬后不同位置的显微组织

a) 5mm 500× b) 15mm 500× c) 60mm 500× d) 140mm 500×

（7）钢的淬火应用实例

1）防止45钢淬裂的措施。45钢淬火出现开裂的敏感尺寸是5~11mm，这正是水淬可以完全淬透的尺寸，最易开裂的尺寸是6~9mm，裂纹皆起源于最先入水或表面缺陷部位形成马氏体处。具体防止措施如下。

① 避免危险尺寸。稍微改变易产生应力集中的部位，如加大倒角尺寸及圆角尺寸，采用适当方式装夹工件，实行每两件重叠在一起淬火，或设计辅助夹具，增加危险尺寸处淬火时的厚度，均可避免淬火裂纹。若能另选材料或改变尺寸与结构，也能避免淬火裂纹。

② 改进工艺。较低的淬火加热温度，较短的保温时间，既可减小热应力，又可减小组织应力。45钢轴套采用850℃×30min油冷，二次加热650℃×10min，810℃×10~15min水冷至100~160℃，再放入回火炉520℃×60~90min空冷。亚温淬火：箱式电阻炉770~780℃，保温时间按1.2min/mm计算，水冷；盐浴炉（780±10）℃加热，保温0.2~0.3min/mm，在25%（$NaNO_3$）+ 20%（$NaNO_2$）+20%（KNO_3）+35%（H_2O）三硝水溶液（密度为1.40~1.45g/cm^3）淬火至200℃取出空冷；提高加热温度，淬火加热温度提高至860℃，箱式炉加热，保温时间按1min/mm计算，在25~30℃油中冷却。

③ 改变淬火介质。0.2%聚乙烯醇淬火介质，180~200℃的55%（KNO_3）+45%（$NaNO_2$）

硝盐中分级淬火，25%（NaNO₃）+20%（NaNO₂）+20%（KNO₃）+35%（H₂O）三硝水溶液（密度为 $1.40 \sim 1.45 \mathrm{g/cm^3}$）中淬火，冷却至200℃左右取出空冷，采用3%~6%水溶性聚合物（PQA）淬火剂，或采用2%~3%水溶性聚合物（PQG）淬火剂，或采用2%~5%今禹8-20淬火介质，水温不超过70~80℃。

2）控制40Cr钢零件热处理畸变、裂纹的强韧化工艺。

① 减少40Cr钢齿条调质热处理的畸变。40Cr钢齿条调质处理采用常规热处理工艺，即（850±5）℃×30s/mm，冷却介质为（20±5）℃柴油。（650±5）℃×2h变形超过技术要求。

改进工艺：（850±5）℃×30s/mm，油冷；600~680℃×（2~3）h高温回火后油冷，其热应力较小，冲击韧度值较高。为了进一步减少热应力，再进行（430±5）℃×（4~8）h后空冷的补充回火；尺寸变化由常规工艺的0.02~0.08mm降至0.006~0.010mm，满足了较高精度零件的技术要求。

② 40Cr钢液淬工艺。40Cr钢半轴调质曾经采用油淬，经常出现"淬不硬"的现象。

改进工艺：840℃×90min，淬入5%~10%（质量分数）盐水冷却，580℃×2h回火，不管含铬量如何变化，都不会发生淬裂，调质处理后可获得稳定而均匀的力学性能。

③ 40Cr钢热水爆盐-油冷淬火工艺。低淬透性合金钢采用热水爆盐-油冷淬火法，可代替碱浴淬火，获得比油淬高的硬度和较厚的淬硬层深度。

40Cr钢采用850℃×20min盐浴炉加热，淬入85℃热水爆盐，水爆时间小于1.5s，转入35℃的N22油中冷却。

④ 40Cr钢零件亚温淬火工艺应用如下。

应用一：40Cr钢D型轴亚温淬火控制热处理的畸变工艺。40Cr钢D型轴，全长120mm，有多个台阶，最大直径10mm，最小直径6mm，径向变形小于0.20mm，硬度50~55HRC，采用等温淬火、分级淬火，硬度只能达到48~52HRC，变形0.20~0.30mm。采用空气炉预热450℃×30min，直接入中温盐浴炉（795±5）℃×5min，油淬，180℃×2h硝盐槽回火，径向圆跳动为0.05~0.06mm，硬度52~53HRC。

应用二：40Cr钢支架轴亚温淬火解决开裂。40Cr钢支架轴具有多个台阶，采用850℃×50min淬水，580℃×90min油冷回火，开裂率达24%，采用3%~5%（质量分数）聚乙烯醇淬火仍出现大批纵向裂纹。

采用（790±5）℃×80min，水淬，（540±10）℃×90min，油冷，硬度25~32HRC，彻底解决了开裂问题。

图1-50所示为42CrMo钢不同温度下保温2h后水淬得到的显微组织。图1-51所示为18CrNiMo7-6钢不同温度下保温2h后水淬得到的显微组织。

4. 钢在回火时的转变

回火是将淬火钢加热到 Ac_1 以下的某一温度，保温一定时间，随后以适当方式冷却至室温的一种热处理工艺。工件淬火后一般不直接应用，必须及时回火，其理由为淬火后工件塑性低、脆性大，而且因有较大内应力，组织也不稳定，容易引发变形及开裂。为此，回火的主要目的是减少或消除内应力，提高组织与尺寸稳定性，减少变形和防止开裂，并赋予工件最终的力学性能。

（1）碳素钢在回火时的转变 钢在淬火后获得的组织处于平稳状态，通过回火加热，由于原子的扩散能力增强，相应地发生如下几种转变。

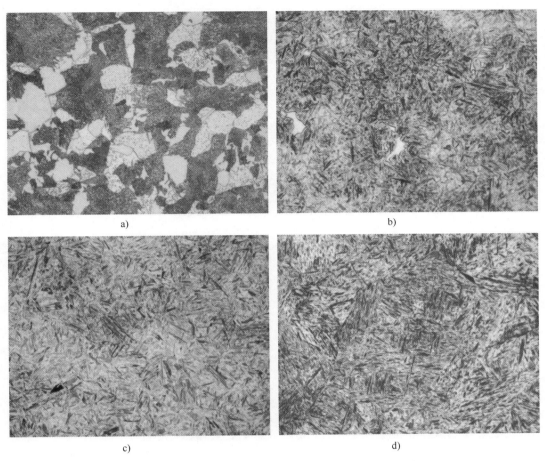

图 1-50　42CrMo 钢不同温度下保温 2h 后水淬得到的显微组织

a）750℃　500×　b）775℃　500×　c）850℃　500×　d）1000℃　500×

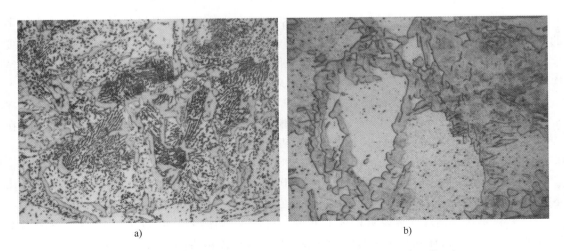

图 1-51　18CrNiMo7-6 钢不同温度下保温 2h 后水淬得到的显微组织

a）750℃　500×　b）775℃　500×

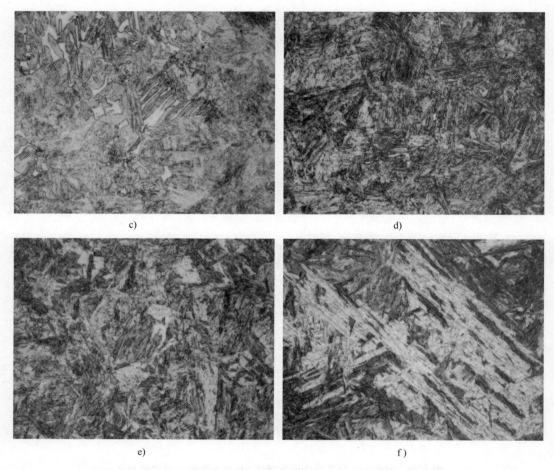

图 1-51　18CrNiMo7-6 钢不同温度下保温 2h 后水淬得到的显微组织（续）

c) 800℃　500×　d) 825℃　500×　e) 850℃　500×　f) 1000℃　500×

1) 马氏体中碳的偏聚。当回火温度在 25~100℃ 时，处于回火准备阶段，发生碳原子的偏聚。对于低碳板条马氏体，其中的碳原子、氮原子在位错线附近产生偏聚。而对于高碳片状马氏体，此时碳原子发生集群化，形成预脱溶原子团，进而形成长程有序化或调幅结构。当 $w_C < 0.25\%$ 时，低碳马氏体钢中则不出现碳原子集群。

2) 马氏体分解。当回火温度在 100~250℃ 时，为回火第一阶段，发生马氏体分解。在 $w_C = 0.2\%$ 的钢中，低碳马氏体中的碳原子继续偏聚而不析出。而在高碳马氏体中，在 100℃ 左右时，马氏体内共格析出 ε-碳化物（呈针状），使马氏体基体中的 w_C 达到 0.2% ~ 0.3%，此时的马氏体组织称为回火马氏体。

3) 残留奥氏体的转变。当回火温度在 200~300℃ 时，为回火的第二阶段。残留奥氏体本质上与过冷奥氏体相同，过冷奥氏体可能发生的转变，残留奥氏体都可能发生。

① 残留奥氏体向珠光体及贝氏体的转变。将淬火钢加热到 Ms 以上、A_1 以下各个温度等温保持，残留奥氏体在高温区将转变为珠光体，在中温区将转变为贝氏体。

② 残留奥氏体向马氏体的转变发生在以下两个过程。

一是等温转变成马氏体。若将淬火钢加热到低于 Ms 的某一温度等温保持，则残留奥氏体有可能等温转变成马氏体。试验证实，此时在 Ms 以下发生的转变是受马氏体分解所控制的马氏体等温转变，即在已形成的马氏体发生分解以后，残留奥氏体才能等温转变为马氏体。虽然这种等温转变量很少，但对精密工具及量具的尺寸稳定性将产生很大的影响。

二是二次淬火。前面已经述及，淬火时冷却中断或冷速较慢均将使奥氏体不易转变为马氏体，而使淬火至室温时的残留奥氏体量增多，即发生奥氏体热稳定化现象。奥氏体热稳定化现象可以通过回火加以消除。将淬火钢加热到较高温度回火，若残余奥氏体比较稳定，在回火保温时未发生分解，则在回火后的冷却过程中将转变为马氏体。这种在回火冷却时残留奥氏体转变为马氏体的现象称为"二次淬火"。二次淬火现象的出现与否与回火工艺密切相关。例如，淬火高速钢中存在大量的残留奥氏体，若加热到560℃保温，在冷却过程中残留奥氏体将转变为马氏体，即在560℃保温过程中发生了某种催化，提高了残留奥氏体的 Ms 点，增强了向马氏体转变的能力。若在560℃回火后冷至250℃并停留5min，残留奥氏体又将变得稳定，在冷至室温的过程中将不再发生转变，即在250℃保温过程中发生了反催化（稳定化），降低了残留奥氏体的 Ms 点，减弱了向马氏体转变的能力。这种催化与反催化可以反复进行多次。

4）碳化物的析出与转变。当回火温度在250~400℃时，为回火的第三阶段，由于温度已较高。此时，对于低碳钢，在碳原子的偏聚区将直接形成渗碳体（θ-碳化物）；而在 $w_C >$ 0.6%的高碳钢中，在（112）、（110）晶面上及马氏体晶界上将析出片状渗碳体（θ-碳化物），当温度达到400℃时，渗碳体开始聚合、变粗并球状化，但铁素体中仍保留马氏体晶体的外形。

5）渗碳体的聚集长大和 α 相再结晶。当回火温度在400℃以上时，为回火的第四阶段，由于温度高，铁原子的扩散能力增强。

回火温度在400~600℃时，由于马氏体分解、碳化物转变及其聚集球化，使 α 相的晶格畸变大大减少，因此内应力消除，但仍能保留马氏体外形。

回火温度在500~600℃时，渗碳体溶解形成细小、弥散的合金碳化物（二次硬化仅在含 Ti、Cr、Mo、V、Nb、W 的钢中出现）。

回火温度在600~700℃时，α 相发生再结晶和晶粒长大，球状渗碳体（Fe_3C）粗化。此时，在中碳钢和高碳钢中再结晶被抑制，形成等轴铁素体。

（2）淬火钢在回火时的性能变化

1）硬度。淬火钢的硬度随回火温度的升高而降低。碳含量高的碳钢在 ε-碳化物析出时硬度略有上升。含有强碳化物形成元素的合金钢，在形成特殊碳化物时产生"二次硬化"，使硬度升高。高速钢等高合金钢中残留奥氏体量较多，而且十分稳定，其中一部分残留奥氏体在回火后虽未充分分解，但在冷却后由于转变为马氏体，所以钢的硬度升高。

2）强度和塑性。碳素钢在较低温度下回火后的强度略有升高，但塑性基本不变。当回火温度进一步提高时，强度下降而塑性提高。

3）韧性。碳素钢在250~400℃回火后，冲击韧度下降，出现脆性，这种脆性称第一类回火脆性或回火马氏体脆性。对于铬镍等合金钢，在450~600℃回火后韧度再次降低，由此产生的脆性称为第二类回火脆性或高温回火脆性。

（3）回火脆性　有些淬火钢在一定温度范围内回火后出现冲击韧度下降的现象称为回

火脆性。回火脆性有两种类型：第一类回火脆性及第二类回火脆性。

1）第一类回火脆性（回火马氏体脆性）。碳素钢在 200~400℃ 温度范围内回火，会出现室温冲击韧度下降的现象，出现的脆性即第一类回火脆性或回火马氏体脆性。对于合金钢，第一类回火脆性发生的温度范围稍高，约在 250~450℃。目前还不能用热处理方法或合金化方法完全消除第一类回火脆性，但可以采取以下措施来减轻第一类回火脆性：①降低钢中的杂质元素含量；②用 Al 脱氧或加入 Nb、V、Ti 等合金元素以细化奥氏体晶粒；③加入 Mo、W 等能减轻第一类回火脆性的合金元素；④加入 Cr、Si 以调整发生第一类回火脆性的温度范围，使之避开所需的回火温度；⑤采用等温淬火工艺代替淬火+回火工艺。

2）第二类回火脆性（高温回火脆性或可逆回火脆性）。某些合金钢在 450~650℃ 温度范围内回火或回火后缓慢冷却通过上述温度范围时，会出现冲击韧度降低的现象。这类已造成脆性的钢材如果重新加热到预定的回火温度（稍高于造成脆化的温度范围），然后快冷至室温，脆性就会消失。因此，第二类回火脆性又称可逆回火脆性。造成第二类回火脆性的原因与 Sn、Sb、As、P 等杂质元素在原奥氏体晶界偏聚有关。一般，合金元素是在奥氏体化过程中向晶界偏聚的，而杂质元素则是在脆化处理过程中向晶界偏聚的。研究发现，合金元素（Ni、Cr、Mn 等）与杂质元素（P、Sb、As、Sn 等）协同在晶界偏聚，对高温回火脆性的影响更为显著。此外，Mo 对抑制高温回火脆性有显著作用。为此，钢中常加入 Mo（质量分数为 0.3%~0.5%）。但 Mo 的加入量不宜过多，否则易形成 Mo_2C，反而使产生回火脆性的倾向增加。

抑制第二类回火脆性的主要措施：钢中加入 Mo 等合金元素；在回火脆性温度以上温度回火后快冷；在淬火回火处理中增加一次在两相区（α+γ）温度的加热淬火处理。这样获得的极细奥氏体晶粒可使杂质原子在晶界偏聚分散减少。

图 1-52 所示为 42CrMo 钢淬火后在不同温度下保温 2h 后空冷得到的显微组织。图 1-53 所示为 20Cr2Ni4 钢淬火后在不同温度下保温 2h 后空冷得到的显微组织。

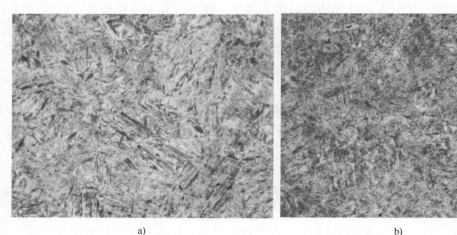

a)   b)

图 1-52　42CrMo 钢淬火后在不同温度下保温 2h 后空冷得到的显微组织

a）180℃　500×　b）300℃　500×

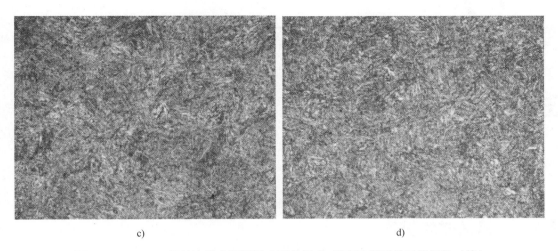

c)　　　　　　　　　　　　　　　d)

图 1-52　42CrMo 钢淬火后在不同温度下保温 2h 后空冷得到的显微组织（续）

c）400℃　500×　d）500℃　500×

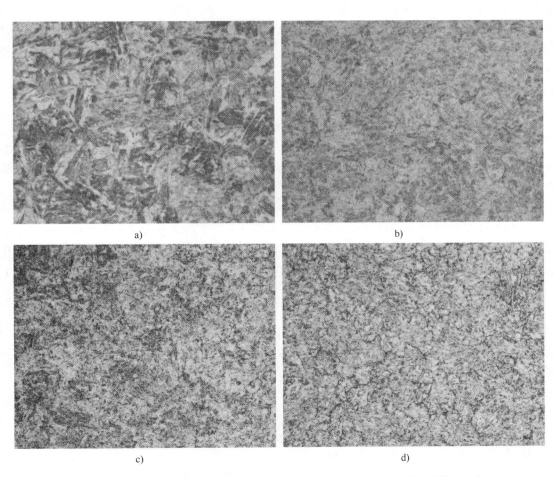

图 1-53　20Cr2Ni4 钢淬火后在不同温度下保温 2h 后空冷得到的显微组织

a）180℃　500×　b）300℃　500×　c）400℃　500×　d）500℃　500×

第 2 章

金相检验基础

2.1 金相试样的制备

金相试样的制备主要包括取样及磨制，如果取样的部位不具备典型性和代表性，其检查结果将无法得出正确的结论，而且会造成错误的判断。金相试样截取的方向、部位及数量，应根据金属制造的方法、检验的目的、技术条件或双方协议的规定选择有代表性的部位进行切取。金相试样的制备、磨抛及浸蚀参照 GB/T 13298—2015《金属显微组织检验方法》的有关规定进行。

2.1.1 金相试样的选取及截取

1. 纵向取样

纵向取样是指沿着钢材的锻轧方向取样，如图 2-1 所示的水平方向。主要检验内容：非金属夹杂物的变形程度、晶粒畸变程度、塑性变形程度、变形后的各种组织形貌、热处理组织的全面情况等。

2. 横向取样

横向取样是指垂直于钢材锻轧方向取样，如图 2-1 所示的垂直方向。主要检验内容：金属材料从表层到中心的组织、显微组织状态、晶粒度级别、碳化物网、表层缺陷深度、氧化层深度、脱碳层深度、腐蚀层深度、表面化学热处理及镀层厚度等。

3. 缺陷或失效分析取样

截取缺陷分析的试样，应包括零件的缺陷部分在内。例如，包括零件断裂时的断口，或者取裂纹的横截面，以观察裂纹的深度及周围组织的变化情况。取样时应注意不能使缺陷在磨制时被损伤甚至消失。

失效分析试样取样方式实例如图 2-2、图 2-3 所示。

试样尺寸以检验面面积小于 $400\mathrm{mm}^2$，高度 $15\sim20\mathrm{mm}$ 为宜。

试样可用手锯、砂轮切割机、显微切片机、化学切割装置、电火花切割机，以及剪切、

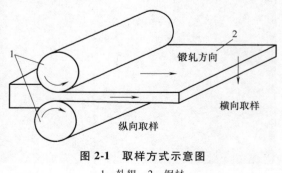

图 2-1 取样方式示意图
1—轧辊 2—钢材

锯、刨、车、铣等方法截取，必要时也可用气割法截取。硬而脆的金属可以用锤击法取样。不论用哪种方法切割，均应注意不能使试样因变形或过热导致组织发生变化。对于使用高温切割的试样，必须除去热影响部分。

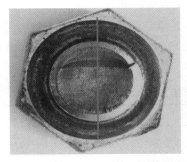

图 2-2　螺栓断口金相试样剖面截取位置

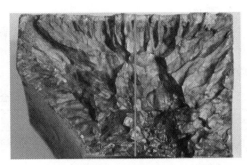

图 2-3　铸钢件断口金相试样剖面截取位置

2.1.2　金相试样的夹持及镶嵌

在金相试样的制备过程中，有些试样直接磨抛（研磨、抛光）有困难，可采用夹持或镶嵌，这样不但磨抛方便，而且可以提高工作效率及试验结果准确性。

金相试样的夹持是将试样放在钢圈或小钢夹等夹具装置内，然后用螺钉和垫块加以固定。该方法操作简便，适合夹持形状规则的试样。

对于形状不规则的试件、小直径线材与薄板、细小工件、表面处理与渗、镀、涂层试样，以及表面脱碳的材料等不适合夹持的试样，可利用树脂进行镶嵌。

样品镶嵌的常用方法有热压镶嵌法和冷浇注镶嵌法。

1）热压镶嵌法：将聚氯乙烯、聚苯乙烯或电木粉加热至一定温度并施加一定压力和保温一定时间，使镶嵌材料与试样紧固地黏合在一起，然后进行试样研磨，热压镶嵌需要用镶嵌机来完成。

2）冷浇注镶嵌法：由于热压镶嵌法需要加热和加压，对于淬火钢及软金属有一定影响，故对于这类材料可采用冷浇注镶嵌法。冷浇注镶嵌法适用于不允许加热的试样、硬度较低或熔点低的金属，以及形状复杂、多孔性试样等，或在没有镶嵌设备的情况下应用。实践证明，采用环氧树脂较好，常用配方为环氧树脂90g，乙二胺10g，还可以加入少量增塑剂（邻苯二甲酸二丁酯）。按以上配比搅拌均匀，注入事先准备好的金属或塑料模型内，模型内先将试样安置妥当，待加工面朝下，浇注2~3h后即可凝固脱模。

2.1.3　金相试样的磨制及抛光

金相试样经切割或镶嵌后，需要进行一系列的研磨工作才能得到光亮的磨面。研磨的过程包括磨平、磨光、抛光三个步骤。

1. 磨平（即粗磨）

试样截取后，第一步进行粗磨，粗磨一般在平磨砂轮上进行。磨料粒度的粗细对试样表面粗糙度和磨削效率有一定影响。粗磨时，还应注意冷却，防止组织变化。

2. 磨光（即细磨）

试样经粗磨后，表面已基本平整，但还需要进一步去除较深的磨痕及表面加工变形层，以便为抛光做好准备。细磨时，由粗到细依次采用不同粒度的水砂纸或金相砂纸进行机械细磨或手工细磨，每更换一道砂纸，试样应转动90°，并彻底去除前一道磨痕。细磨时，需要注意用水冷却，避免磨面过热。

3. 抛光

为去除磨面上细磨留下的细微磨痕及表面变形层，并最终获得光滑、无划痕的镜面，需要对试样进行抛光。常用的金相试样抛光方法有机械抛光和电解抛光，见表2-1。常用的电解抛光液和规范见表2-2。

表 2-1　金相试样抛光方法

抛光方法	机械抛光	电解抛光
作用原理	依靠抛光微粉的磨削和滚压作用，把金相试样表面抛光成光滑的镜面	采用电化学溶解作用，使试样达到抛光的目的
主要设备	抛光机、抛光织物及抛光磨料	电解抛光装置和电解抛光液（常用的电解抛光液和规范见表2-2）
特点	抛光效率高，抛光后表面质量好	可以显示材料的真实组织
适用范围	全部金相显微镜观察的试样	适用于极易加工变形的合金，如奥氏体型不锈钢、高锰钢等；不适用于偏析严重的金属材料、铸铁及夹杂物检验的试样
操作要点	在抛光初期，试样上的磨痕方向应与抛光盘转动的方向垂直，以利于较快地抛除磨痕。在抛光后期，需要将试样缓缓转动，这样有利于获得光亮平整的磨面，同时能防止夹杂物及硬质相产生曳尾现象	抛光时应先接通电源，然后夹住试样，将试样放入电解液中，此时应立即正确地将装置电流调整至额定抛光电流，并给予电解液以充分地搅拌与冷却或加热。抛光完毕后，必须先将试样自电解液内取出，然后切断电源，并将试样迅速移入水中冲洗吹干

表 2-2　常用的电解抛光液和规范

抛光液名称	成　分/mL		规　范	用　途
高氯酸-乙醇水溶液	乙醇 水 高氯酸（$w=60\%$）	800 140 60	30～60V 15～60s	碳素钢、合金钢
高氯酸-甘油溶液	乙醇 甘油 高氯酸（$w=30\%$）	700 100 200	15～50V 15～60s	高合金钢、高速钢、不锈钢
高氯酸-乙醇溶液	乙醇 高氯酸（$w=60\%$）	800 200	35～80V 15～60s	不锈钢、耐热钢
铬酸水溶液	水 铬酸	830 620	1.5～9V 2～9min	不锈钢、耐热钢
磷酸水溶液	水 磷酸	300 700	1.5～2V 5～15s	铜及铜合金
磷酸-乙醇水溶液	水 乙醇 磷酸	200 380 400	25～30V 4～6s	铝、镁、银合金

2.1.4　金相试样的浸蚀

在某些合金中，由于各相组成物的硬度差别较大，或由于各相本身色泽显著不同，抛光状态下能在显微镜中分辨出它的组织。但大部分的显微组织均需要经过不同方法的浸蚀才能显示出各种组织，实验室普遍采用的方法主要有化学浸蚀法和电解浸蚀法，见表2-3。常用金相化学浸蚀剂见表2-4，常用电解浸蚀剂见表2-5。

表2-3　金相试样的浸蚀方法

浸蚀方法	化学浸蚀法	电解浸蚀法
作用原理	利用化学试剂的溶液，借助化学或电化学作用显示金属的组织。其中，单相合金或纯金属为化学溶解过程；两相合金为电化学腐蚀过程；多相合金为用多种浸蚀剂浸蚀的电化学溶解过程	利用电解抛光开始时电解抛光特性曲线的浸蚀段：由于各相之间与晶粒之间的析出电位不一，在微弱电流的作用下各相的浸蚀深浅不同，因而能显示各相的组织
适用范围	易进行浸蚀的单相纯金属、单相合金、两相或多相合金	具有较高化学稳定性的合金，如不锈钢、耐热钢、镍基合金、经强力塑性变形后的金属等
浸蚀剂	酸类、碱类、盐类、溶剂等，详见表2-4	见表2-5
浸蚀要点	磨面浸蚀前：必须冲洗清洁，去除污垢 浸蚀中：完全浸入浸蚀剂中（对于大型工件和大试样可采用揩擦法浸蚀） 适度浸蚀后：应迅速用清水及乙醇冲洗，再用热风吹干 保存：放入干燥器内存放	电解浸蚀时，因外加电源电位要比组织差异形成的微电池电位高很多，化学浸蚀时自发产生的氧化还原作用大大降低。导电不良和不导电的组元，如碳化物、硫化物、氧化物、非金属夹杂物等没有明显的溶解，在试样被浸蚀的表面形成组织浮凸

表2-4　常用金相化学浸蚀剂

浸蚀剂名称	成　分		适　用　范　围
硝酸乙醇溶液	硝酸 乙醇	1～5mL 100mL	淬火马氏体、珠光体、铸铁等
苦味酸乙醇溶液	苦味酸 乙醇	4g 100mL	珠光体、马氏体、贝氏体、渗碳体
盐酸苦味酸乙醇溶液	盐酸 苦味酸 乙醇	5mL 1g 100mL	回火马氏体及奥氏体晶粒
盐酸硝酸乙醇溶液	盐酸 硝酸 乙醇	10mL 3mL 100mL	高速钢回火后晶粒、渗氮层、碳氮共渗层
氯化高铁盐酸水溶液	氯化高铁 盐酸 水	5g 50mL 100mL	奥氏体-铁素体型不锈钢、奥氏体型不锈钢
混合酸甘油溶液	硝酸 盐酸 甘油	10mL 20mL 30mL	奥氏体型不锈钢、高铬镍耐热钢

（续）

浸蚀剂名称	成 分		适 用 范 围
氯化高铁盐酸水溶液	氯化高铁 盐酸 水	5g 15mL 100mL	纯铜、黄铜及其他铜合金
过硫酸铵水溶液	过硫酸铵 水	10g 100mL	纯铜、黄铜及其他铜合金
氢氧化钠水溶液	氢氧化钠 水	1g 100mL	铝及铝合金
硫酸铜盐酸水溶液	硫酸铜 盐酸 水	5g 50mL 50mL	高温合金
赤血盐氢氧化钠水溶液	赤血盐 氢氧化钠 水	5g 5g 100mL	碳化钛镀层

表 2-5　常用电解浸蚀剂

电解液成分		规范			适用范围
		电流密度/ （A/cm²）	时间/s	阴极材料	
硫酸亚铁 硫酸铁 水	3g 0.1g 100mL	0.1~0.2	30~60	不锈钢	中碳钢、高合金钢、铸铁
铁氰化钾 水	10g 90mL	0.2~0.3	40~80	不锈钢	高速钢
草酸 水	10g 100mL	0.1~0.3	40~60	铂	耐热钢、不锈钢
三氧化铬 水	10g 90mL	0.2~0.3	30~70	不锈钢	高合金钢、高速钢
三氧化铬 水	1g 100mL	6	3~5	铝	铜合金
氢氟酸 水	1.8mL 100mL	30~45	20	铝	铝合金
氢氧化钠 水	10g 90mL	4	20	不锈钢	不锈钢

　　随着科技的进步，一些特殊金相组织显示方法也有较快的发展，例如，采用恒电位浸蚀可以对合金中的各组成相进行有选择的显示，如高合金钢中的MC、M₃C等各类碳化物，高镍合金钢中的σ相等；用阴极真空法能得到一般浸蚀方法难以显示的组织形态；薄膜干涉显示法在彩色金相研究中应用十分广泛，具体方法有化学染色、真空镀膜、离子溅射镀膜、热染等；磁性组织显示法是利用钢铁磨面上磁场的不均匀来显示金相组织，这种方法主要用于磁畴及磁性材料的研究，也常用于鉴定非磁性材料中微量铁磁性质点的存在。

2.1.5　现场金相检验技术

某些大型的机件或构件，如大型齿轮、轴类、管道等进行组织无损检验时，可直接在工件上选定检验点，进行磨光、抛光、浸蚀等过程。

选择粒度适宜的小砂轮，装入电动手磨机并紧固。开启电动手磨机，将工件上待检测的部位磨平；然后在电动手磨机的磨头上粘贴金相砂纸贴片，在被检测部位细磨，并由粗到细更换几种不同粒度的贴片，直到细磨完成；最后在磨头上粘贴抛光布贴片，并加研磨膏抛光，直至被检测部位光亮为止。观察组织时，用棉花蘸上少许化学浸蚀剂，在被检测部位轻轻擦拭，浸蚀完毕后，用乙醇冲淋并用吹风机吹干。

观察组织时可用便携式金相显微镜，对于无法用金相显微镜观察的部位，制样后采用覆膜的方法将需要观察处用薄膜复制出来，带到实验室观察。如需摄影，可在金相显微镜上安装拍照装备。

2.2　金相显微镜

2.2.1　金相显微镜概述

随着科学事业的发展，显微镜已日益成为各个领域的科学工作者不可缺少的重要工具之一。观察不透明物体的反射照明显微镜一般统称为金相显微镜。人类在很久以前就开始采用各种方法来研究纯金属和合金的性质、性能与组织之间的内在联系，以便找到保证纯金属与合金的质量和制造新型合金的方法。但直到显微镜问世以后，人类才具备对金属材料深入研究的条件。现代的金相显微镜已发展到相当完善和先进的程度，已成为金相组织分析中最基本、最重要和应用最广泛的研究方法之一。

1. 金相显微镜的放大原理

金相显微镜是由两块透镜（物镜与目镜）组成，并借助物镜、目镜两次放大图像，得到较高的放大倍数，金相显微镜的光学成像图解如图 2-4 所示。

（1）金相显微镜的放大倍数　按照几何光学定律，物镜 ob 将位于焦点 F_{ob} 左方的物体 O 放大成为一个倒立的实像 O'，当用目镜 ok 观察时，目镜重新又将 O' 放大成倒立的像，即在目镜中所看到的像，其放大倍数按以下方法计算。

经物镜放大后的像（O'）的放大倍数 M_{ob} 为

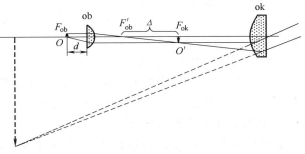

图 2-4　金相显微镜的光学成像图解

d—物体与物镜的距离　F'_{ob}—物镜在第一次
放大过程中形成的焦点

$$M_{ob} = \frac{\Delta}{F_{ob}} \tag{2-1}$$

式中　Δ——光学镜筒长，通常为 160mm 左右；

F_{ob}——物镜焦距（mm）。

经目镜将 O' 再次放大的放大倍数 M_{ok} 为

$$M_{ok} = \frac{250}{F_{ok}} \qquad (2-2)$$

式中　F_{ok}——目镜焦距（mm）。

所以，金相显微镜的总放大倍数为

$$M = M_{ok} M_{ob} = \frac{\Delta}{F_{ob}} \frac{250}{F_{ok}} \qquad (2-3)$$

由式（2-3）可知，放大倍数与物镜和目镜的焦距乘积成反比。放大倍数较高时，物体与物镜靠得很近，因而射到物镜上的光束不是近轴光束，而是非常扩散的光束，为了使成像的质量好，物镜便由数个透镜组成。每台金相显微镜都备有若干套目镜和物镜，以便得到不同的放大倍数。

（2）金相显微镜的鉴别率　金相显微镜的鉴别率是指其对于所观察的物体上彼此相近的两点产生清晰像的能力，它可用式（2-4）表示。

$$d = \frac{\lambda}{N \cdot A} \qquad (2-4)$$

式中　d——两点间的距离（μm），在显微镜中此两点的像可以区别；

　　　λ——波长（μm）；

　$N \cdot A$——数值孔径。

由式（2-4）可以看出，物镜的数值孔径及波长对于金相显微镜的鉴别率是有影响的，数值孔径越大、波长越短，则金相显微镜的鉴别率越高。这时在金相显微镜中就可以看到更细的颗粒。

（3）数值孔径　数值孔径通常以 $N \cdot A$ 表示，它表征物镜的集光能力。物镜的数值孔径越大，则表示透镜面积越大，成像对比度越高。这说明金相显微镜的鉴别能力主要取决于进入物镜的光线所张开的角度，即取决于其孔径角的大小。因此，实际应用中主要采用缩短物镜焦距的方法来达到增加孔径角的目的。

$$N \cdot A = \eta \sin\psi \qquad (2-5)$$

式中　η——介质的折射率；

　　　ψ——孔径角的一半（°）。

由式（2-5）可知，数值孔径的大小不仅与孔径角大小有关，还与光所通过介质的折射率有关。介质的折射率大，则物镜的数值孔径大，即鉴别率相应提高。

2. 金相显微镜的光学系统

金相显微镜根据光路形式的不同，可以分为正置式和倒置式金相显微镜两种，虽然结构上有差异，但其基本组成是相同的，即由光学放大系统、照明系统和机架结构三大部分组成。以倒置式金相显微镜为例，金相显微镜的组成如图2-5所示。

（1）物镜　物镜是金相显微镜最主要的部件，它是由许多种类的玻璃制成的不同形状的透镜组所构成的。位于物镜最前端的平凸透镜称为前透镜，其功能是放大图像，在它以下的其他透镜均是校正透镜，用以校正前透镜所引起的各种光学缺陷（如色差、像差、像弯曲等）。

物镜按其光学性能又可分为消色差、平面消色差、复消色差、平面复消色差、光复消色差物镜和供特殊用途的显微硬度物镜、相衬物镜、球面及非球面反射物镜等。这些物镜是为了尽可能消除物镜的各种光学缺陷或适应在特殊条件下工作时的应用。

（2）目镜　目镜主要功能是将物镜已放大的图像进行再放大。目镜又可分为普通目镜、校正目镜和投影目镜等。

普通目镜是由两块平凸透镜组成的。在两个透镜中间、目透镜的前交叉点处安置一个光圈，其目的是为了限制金相显微镜的视场，即限制边缘的光线。

校正目镜（或称补偿目镜），它具有色"过正"的特性（过度的校正色差），以补偿物镜的残余色差，它还能补偿（校正）由物镜引起的光学缺陷。该目镜只与复消色差和半复消色差物镜配合使用。

图 2-5　金相显微镜的组成

1—目镜和目镜镜筒　2—镜筒　3—顶部端口与相机
4—盖板（未使用）　5—入射光转盘　6—左侧端口盖板
7—手动 DIC 物镜棱镜盘　8—LED 灯外壳
9—带物镜的物镜转轮　10—样品载物台

投影目镜专门供照相时使用，用来消除物镜造成的曲面像。

（3）照明系统　金相显微镜中主要有两种物体照明的方法，即 45°平面玻璃反射和棱镜全反射。这两种方法都是为了能使光线进行垂直转向，并投射在物体上，起这种作用的结构称为"垂直照明器"。在金相工作中的照明方式分为明场照明和暗场照明两种。

明场照明是金相分析中常用的一种照明方式。垂直照明器将来自光源的水平方向光线转成垂直方向的光线，再由物镜将垂直或近似垂直的光线照射到金相试样平面，然后由试样表面上反射来的光线，又垂直地通过物镜给予放大，最后由目镜再予以第二次放大。如果试样是一个镜面，那么最后的映像是明亮一片，试样的组织将呈黑色映像衬映在明亮的视域内，因此称为"明场照明"。

暗场照明的光线经聚光镜获得平行光束，经环形光阑（或遮光反射镜）后变成环形光束，再由暗场环形反射镜垂直反射。环形光线不经物镜而直接照射到罩在物镜外面的曲面反射镜上，以极大的倾角反射到试样表面上。当试样表面为平整镜面时，射到试样上的光线仍已极大的倾角反射回来，它们不通过物镜，故目镜筒内看到一片黑暗；如果试样表面有凹凸不平的显微组织或夹杂物时，会造成光线的漫反射，部分漫反射光线通过物镜，使黑暗的背景上显示出明亮的映像。

此外，还可以通过平面玻璃的反射得到正射照明，其映像的亮度和衬度较棱镜要弱和差，但其所得到的鉴别能力却远比棱镜反射高；采用与显微的光轴构成 30°（或 30°以上）角度的光线照明试样的方法，称为"斜射照明"。由光学原理可知，当斜射照明时，由于物镜的孔径角可更充分地利用，以及可有更多的衍射光进入物镜，故能提高分辨率，呈现更多的组织细节，并使图像具有凹凸感。如果调节平面玻璃反光装置的角度，或调节孔径光阑中心使之偏向一边，以改变入射光方向，则也可得到斜射照明。

3. 其他光学系统组成

金相显微镜的光学系统除了以上组成外，还有光阑、滤色片等重要辅助工具。

（1）光阑　在金相显微镜中常安置有孔径光阑和视域光阑，孔径光阑的大小对显微组织的分辨率和物像清晰度及衬度的影响较大；视域光阑处在孔径光阑之后，经光学系统后造像于金相磨面上。通过调节视域光阑能改变观察视域的大小，从而提高映像衬度。视域光阑越小，映像的衬度越佳。因此，调整孔径光阑和视域光阑都是为了改进映像的质量，实际使用中，应根据映像的分辨能力和衬度的要求调节。

（2）滤色片　滤色片是金相显微镜摄影时的一个重要辅助工具，其作用是吸收光源发出的白光中波长不合需要的光线，而只让所需波长的光线通过，以得到一定色彩的光线，从而得到能明显表达各种组织组成物的金相照片。

滤色片的主要作用如下：

1）对彩色图像进行黑白摄影时，使用滤色片可增加金相照片上组织的衬度，或提高某种带有色彩组织的细微部分的分辨能力。如果检验目的是分辨某一组成相的细微部分，则可选用与所需鉴别的相具有同样色彩的滤色片，使该色的组成相能充分显示。

2）校正残余色差。滤色片常与消色差物镜配合，用来消除物镜的残余色差。因为消色差物镜对于黄绿光区域校正比较完善，所以在使用消色差物镜时应加黄绿色滤色片；因为复消色差物镜对波长的校正都极佳，故可不用滤色片或用黄绿、蓝色等滤色片。

3）提高分辨率。光源波长越短，物镜的分辨能力越高，因此使用滤色片可得到较短波长的单色光，提高分辨力。

2.2.2　金相显微镜在金相检验中的应用

针对金相样品的物理特性，一般的金相显微镜主要包括明场、暗场、偏振光（正交偏光）和微分干涉相衬四种，按照现代仪器"模块化设计，积木式结构"的设计思想，这四种功能并不一定固化在每一台金相显微镜上，而是以明场作为基本核心，可以将其他功能像"搭积木"一样组合到该金相显微镜上。例如，最基本的有明场和暗场功能，插入起偏器和检偏器后就增加了偏振光功能，再插入沃拉斯顿棱镜就又增加了微分干涉相衬功能。

1. 明场观察

明场照明是金相研究中主要的观察方法。入射光线垂直地或近似垂直地照射在试样表面，利用试样表面反射光线进入物镜成像。如果试样是一个镜面，在视场内是明亮的一片，试样在明亮的视场内，谓之"明场照明"，原理及效果如图 2-6 所示。

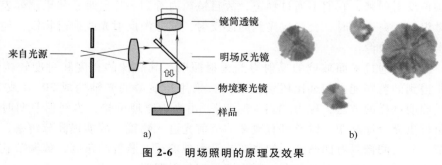

a)　　　　　　　　　　　　　　　b)

图 2-6　明场照明的原理及效果

a）原理　b）石墨明场图像　250×

使用调节方法：①调焦使所观察的像清晰；②缩小视场光阑，使视场中看到视场光阑像；③调节视场光阑，使之位于视场中央；④打开视场光阑，使其边缘像刚好消失在视场外；⑤拔去目镜，从目镜管中可观察到物镜后面通光孔，调节孔径光阑大小，使其直径约为物镜后面通光孔直径的 2/3；⑥进一步微调焦使像清晰。

2. 暗场观察

通过物镜的外周照明试样，照明光线不入射到物镜内，就可以得到试样表面绕射光而形成的像。如果试样是一个镜面，由试样上反射的光线仍以极大的倾斜角向反方向反射，不可能进入物镜，在视场内是漆黑一片，只有试样凹凸之处才能有光线反射进入物镜，试样上的组织将以亮白影像映衬在漆黑的视场内，如同夜空中的星星，谓之"暗场照明"，原理及效果如图 2-7 所示。

暗场调节的方法：①将暗场反射聚光镜及环型反射镜安装在显微镜上；②调节暗场反射聚光镜使其焦点刚好在试样表面上；③在暗场观察时，应将孔径光阑开大（作为视场光阑），视场光阑可调节作为孔径光阑，可控制环状光束的粗细；④调焦使像清晰。

在使用暗场时应注意下列事项：①为了在暗场观察中阻止目镜周围的光线入射，要尽可能使用挡光板；②物镜顶端及试样表面的尘埃和缺陷也会造成乱反射，影响暗场镜检效果，因此必须清洁此两表面。

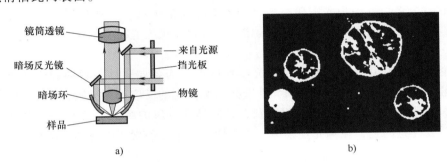

a)

b)

图 2-7　暗场照明的原理及效果

a）原理　b）石墨暗场图像

3. 偏振光观察

太阳光、电灯光都是自然光（或天然光），自然光的振动在各个方向上是均衡的，都垂直于传播方向，若将光的振动局限在垂直于传播方向的平面内的某一个方向上，则这时的光就变成了偏振光，如图 2-8 所示。

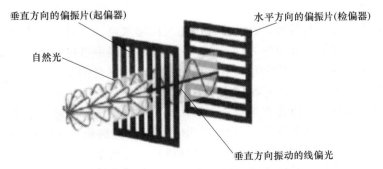

图 2-8　起偏器将自然光变为偏振光

通常有两种获得偏振光的方法：①采用偏振棱镜——常用尼科耳棱镜获取；②采用人造偏振片——目前显微镜普遍采用人造偏振片。偏振光装置由能将自然光变为偏振光的起偏器和检验光线是否为偏振光的检偏器组成，如图2-9所示。

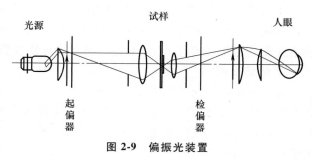

图2-9 偏振光装置

（1）起偏器的调整 要使从垂直照明器半透反射镜上反射进入目镜的光线强度最高，且仍为直线偏振光，应调整入射偏振光的振动面使之与水平面平行。可将抛光后很光亮的不锈钢试样置于载物台上，除去检偏器后，在目镜中观察聚焦后试样磨面上反射光的强度，转动起偏器，可以看到反射光强度发生微弱的明暗变化，当反射光最强时，即达到起偏器的正确位置。

（2）检偏器的调整 起偏器调整好后插入检偏器。如欲调节两者为正交位置，则仍可用不锈钢抛光试样，聚焦成像后转动检偏器，当目镜中完全消光时即为正交偏振位置。有时，在偏振光金相观察和摄影时，尚需将偏振器从正交位置略加调整，使检偏器再做小角度偏转，以增加摄影衬度，其转动角度由分度盘读数表示出来。

（3）试样制备 在偏振光下研究的金相磨面要光滑无痕，且要求样品表面无氧化皮及非晶质层存在，由于机械抛光很难达到要求，所以用于偏振光研究的试样多采用电解抛光或腐蚀抛光。

（4）偏振光的应用 金属材料按其光学性能可分为各向同性与各向异性两类。各向同性金属一般对偏振光不灵敏，而各向异性金属对偏振光的反应极为灵敏，因此偏振光常被用于金相组织的研究（如多相合金的相鉴别、各向异性金属的组织显示）及非金属夹杂物的鉴别等。需要注意的是，在偏光观察中，方向性是个重要因素，因此必须认真调整起偏器和目镜十字线。

4. 微分干涉相衬观察

微分干涉相衬是利用偏光干涉原理，光源发出一束光线经聚光镜射入起偏器，形成一束偏振光，经半透反射镜射入沃拉斯顿棱镜后，产生一个具有微小夹角的寻常光（O光）和非常光（e光）的相交平面；再通过物镜射向试样，反射后再经沃拉斯顿棱镜合成一束光，通过半透反射镜后在检偏器上O光与e光重合产生相干光束，在目镜焦平面上形成干涉图像，微分干涉相衬装置原理如图2-10所示。它可观察试样表面的微小凹凸和裂纹，且影像呈立体感，观察效果更逼真。

当相干光束的光程差为零时，视场中出现均匀的暗灰色，此时若将沃拉斯顿棱镜作垂直于光轴方向的平移，则相干光束的光程差将随之变化，视场中将出现均匀的干涉色，由于试样表面所产生的附加光程差，将出现具有立体感的浮雕像（见图2-11）。

微分干涉相衬装置调节方法：①先按一般明场观察调节使像清晰；②插入起偏器，转动起偏器，使零级干涉时视场内为全黑背景；③使沃拉斯顿棱镜沿光轴上下移动，调节至物镜的后焦面与相干平面重合（出现干涉条纹）；④使沃拉斯顿棱镜平面移动，此时背景色连续变化为灰、红、黄、蓝、绿等各种颜色，对试样进行对比观察。

使用微分干涉相衬装置时的注意事项：①由于微分干涉检测灵敏度高，要特别注意检查

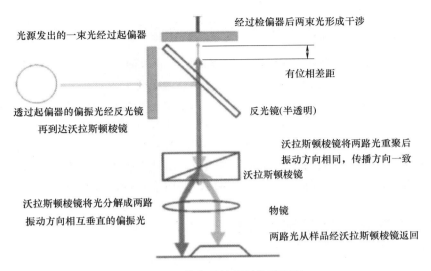

经过检偏器后两束光形成干涉

光源发出的一束光经过起偏器

有位相差距

透过起偏器的偏振光经反光镜
再到达沃拉斯顿棱镜

反光镜(半透明)

沃拉斯顿棱镜将两路光重聚后
振动方向相同,传播方向一致
沃拉斯顿棱镜

沃拉斯顿棱镜将光分解成两路
振动方向相互垂直的偏振光

物镜

两路光从样品经沃拉斯顿棱镜返回

图 2-10 微分干涉相衬装置原理

试样表面有无污物;②由于在检测灵敏度上有方向性,最好使用旋转载物台。

2.2.3 金相显微镜的操作与维护

金相显微镜属于精密光学仪器,因此一定要细心操作、精心维护,保证仪器的正常使用。

1. 金相显微镜的操作

1)操作者必须充分了解仪器的结构原理、性能特点及使用方法,严守操作规程。

2)操作时双手要保持干净,试样的观察表面应用乙醇冲洗并吹干。

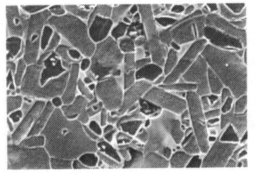

图 2-11 微分干涉相衬效果

3)操作金相显微镜时,对镜头要轻拿轻放,不用的镜头应随时放入盒中,不能用手触摸镜头的透镜表面。

4)调整焦距时,应先轻轻转动粗调旋钮,使物镜和观察面尽量靠近,并从目镜对焦,然后轻轻转动微调旋钮,直到调节成像清晰为止。在调节中必须避免金相显微镜的物镜和试样磨面碰撞,以免损坏镜头。

5)金相显微镜使用完毕后,应将电压调低,然后切断电源。

2. 金相显微镜的维护

1)金相显微镜的工作地点必须干燥、少尘、少振动,仪器不应放在阴暗潮湿的地方,也不应受阳光暴晒。

2)不宜靠近具有挥发性、腐蚀性等的化学药品,以免处于腐蚀环境。

3)在金相显微镜工作时,当镜头不慎沾污到样品上残留的液体、油污时,应立即用擦镜纸擦净。

4)不常使用的物镜、目镜一般应放在干燥皿中,如有灰尘可用吹灰球吹净,然后用擦镜纸擦净。

5）阴暗潮湿对金相显微镜危害很大，会造成部件生锈、发霉，以致报废。金相显微镜使用环境应注意防潮。

6）光路部分不可随意拆卸，机械部分应经常加注润滑油脂，以保证正常运转。

金相研究一般在室温下进行，但是大多数金属和合金随着温度的上升或下降会有组织的改变，高温金相研究也得到相应的发展。高温金相试验基于金属和合金能在真空加热和保温过程中发生相变后，原始相和形成相的比容不同、膨胀系数不同，因而在磨面上形成浮凸或凹沟的原理，以观察（或录像观察）到高温组织及相变过程。高温金相应用于观察组织在高温下的晶粒长大、加热时高温相的形成和冷却时高温相向低温相的转变等相变过程，钢与铸铁在真空高温加热时石墨溶解过程，以及高温蠕变时组织的高温断裂研究。

2.3 金属材料常见分析测试技术

2.3.1 扫描电子显微镜及其应用

1. 扫描电子显微镜的成像原理

扫描电子显微镜简称为扫描电镜（常用 SEM 表示），其成像原理是在加速电压的作用下，将电子枪发出的电子束经过电磁透镜系统以光栅状扫描方式照射到样品表面，产生各种与样品表面状态相关的电子信号，然后加以收集和处理，从而获得样品表面微观形貌放大图像。图 2-12 所示为扫描电镜电子光学系统示意图。

2. 扫描电子显微镜的应用

随着科学技术的迅猛发展，扫描电镜的性能在不断改善和提高，应用功能不断扩大，如扫描电镜与能谱（EDS）组合，可以进行样品组成和含量分析。同时，扫描电镜具备样品制备简单、可多角度观察、景深大、图像的放大倍数连续可调及观察样品表面形貌的同时可作微区成分分析的特点，现已广泛应用于材料、冶金、生物、考古等各个领域。在材料分析领域，扫描电镜逐渐成为新材料、新工艺等众多研究中不可缺少的分析测试仪器。

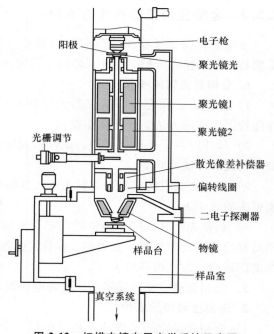

图 2-12 扫描电镜电子光学系统示意图

（1）断口分析　材料的断裂往往发生在其组织最薄弱的区域，断裂学常常通过对断口的形态分析，研究判断断裂起因、断裂性质、断裂方式、断裂机制、断裂韧性、断裂过程的应力状态及裂纹的扩展等。

扫描电镜具备景深大、图像立体感强且具有三维形态的特点，可深层次、高景深地呈现材料的断口特征，已在分析材料断裂原因、事故成因及工艺合理性的判定等方面获得广泛的应用。如果结合断口表面的微区成分、结晶学和应力应变分析等，可进一步研究材料的冶金因素和环境因素对断裂过程的影响规律。

图 2-13 所示为金属材料断口的沿晶断裂与二次裂纹扫描电镜图片，断口呈棱角明显的冰糖块状结构，晶界平直，晶界加宽，晶粒突出、棱边亮，裂缝处暗，晶界有脆性相析出。图 2-14 所示为金属断口的韧窝状形貌，韧窝的边缘类似尖棱，亮度较大，韧窝底部较平坦或存在孔洞，图像亮度较低。有些韧窝的中心部位有第二相小颗粒，能激发出较多的二次电子，所以这种颗粒较亮。韧窝的尺寸和深度同材料的延展性有关，而韧窝的形状同破坏时的应力状态有关。由于应力状态不同，相应地在相互匹配的断口偶合面上，其韧窝形状和相互匹配关系是不同的。图 2-15 所示为金属材料的解理断裂形貌。解理断裂属于一种穿晶脆性断裂，对于一定晶系的金属，均有一组原子键合力最弱、在正应力下容易开裂的晶面，这种晶面通常称为解理面。通过对解理阶进行分析，可以寻找主断裂源的位置。

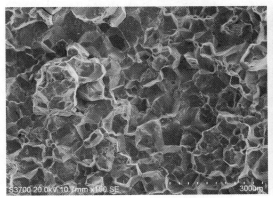

图 2-13　沿晶断裂与二次裂纹形貌

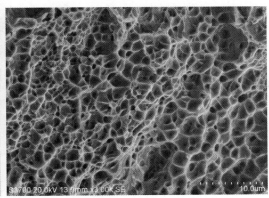

图 2-14　韧窝状形貌

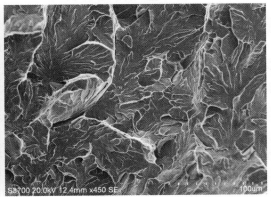

图 2-15　解理断裂形貌

（2）能谱分析　能谱仪通常与扫描电镜结合在一起使用，是利用 X 射线谱仪对电子激发体积内的元素进行分析的技术，特别适合分析样品中微小区域的化学成分，具有分析速度快、灵敏度高、谱线重复性好、不损坏样品的特点，广泛应用于材料研究领域。

能谱分析可分为定点分析、线分析及面分析三种方式，其中定点分析应用较为广泛。

能谱定点分析包括定性分析和定量分析，定性分析较为简单、直观，一般采用25kV加速电压，100s计数时间的参数对谱线元素进行鉴别。能谱定量分析可参阅GB/T 17359—2012《微束分析　能谱法定量分析》进行，分析时注意测试条件的选取。能谱定量分析是一种物理方法，分析时一般需要标样进行比对，然后进行定量修正计算，或以标样为基础事先建立所有标样的数据库，并定期用标样校准。

能谱线分析是将电子束沿试样表面的某一直线扫描，X射线谱仪处于探测某一元素特征X射线状态。

能谱面分析是使聚焦电子束在样品表面做二维光栅扫描，将某一元素特征的X射线状态转换为荧光屏上的图像，常用于某一区域各个元素的偏聚、偏析等元素分布情况的研究。

图2-16所示为金属材料定点能谱分析结果。

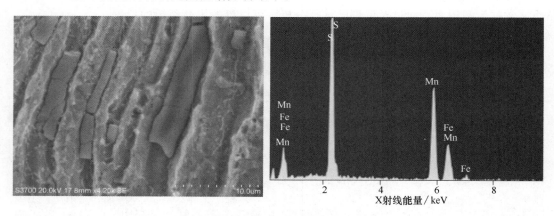

图 2-16　金属材料定点能谱分析结果

2.3.2　透射电子显微镜及其应用

1. 透射电子显微镜的成像原理

透射电子显微镜简称透射电镜（常用TEM表示），是以波长极短的电子束作为照明源，用电磁透镜聚焦成像的一种高分辨率、高放大倍数的电子光学仪器。与扫描电镜和X射线衍射仪相比，透射电子显微镜具备微区物相分析、高图像分辨率及可以获得物质微观结构综合信息的优势，是材料科学工作者进行微观组织与结构研究的有力工具之一。

透射电子显微镜成像原理：由电子枪发射出来的电子束，在真空通道沿着镜体光轴穿越聚光镜，通过聚光镜将之汇聚成一束尖细、明亮而又均匀的光斑，照射在样品室内的样品上；透过样品后的电子束携带有样品内部的结构信息，样品内致密处透过的电子量少，稀疏处透过的电子量多；经过物镜的汇聚调焦和初级放大后，电子束进入下级的中间透镜和第1、第2投影镜进行综合放大成像，最终被放大了的电子影像透射在观察室内的荧光屏上；荧光屏将电子影像转化为可见光影像，以供使用者观察。图2-17所示为透射电子显微镜的构造原理和光路图。

2. 透射电子显微镜的应用

早期的透射电子显微镜的功能主要是观察样品形貌，后来发展到可以通过电子衍射原位分析样品的晶体结构。透射电子显微镜具有能将形貌和晶体结构原位观察的两个功能，这是其他结构分析仪器（如光镜和 X 射线衍射仪）所不具备的。透射电子显微镜在晶体学中的应用主要有以下两个方面：

（1）金相显微组织形态分析 由于光学显微镜分辨力的限制，难以分辨一些细微的形态特征，若要分析 $1\mu m$ 以下的精细结构，就需要用透射电镜来观察。例如，在奥氏体等温转变过程中，利用电镜复型图像技术可清晰地分辨珠光体片层形态特征，图 2-18 所示为珠光体组织二次复型图像形貌。

（2）合金中的相分析 在金相组织中，一些常见的相通过形态就可以确定，但对于某一些相，单凭形态是难以确定其相结构的，可以

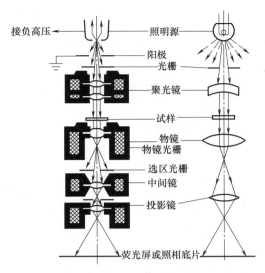

图 2-17 透射电子显微镜的构造原理和光路图

用透射电镜的电子衍射进行分析。尤其是对一些尺寸小的或量较少的第二相，采用电子衍射分析很有效。图 2-19 所示为 09SiV 钢在加入微量的 N 后采用电子衍射证明其中弥散分布 VCN 相。

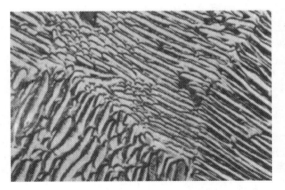

图 2-18 珠光体组织二次复型图像形貌 5000×

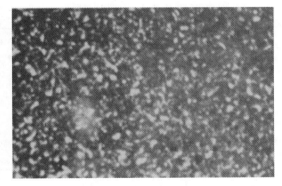

图 2-19 09SiV 钢中的弥散分布 VCN 相 5000×

2.3.3 X 射线衍射技术及其应用

1. X 射线衍射技术

X 射线也称伦琴射线，1895 年由德国物理学家伦琴发现，是一种肉眼不可见但具有很强穿透力的射线。随着科技的发展，科研工作者采用聚焦原理设计了多晶 X 射线衍射仪，该设备除了用来测定晶体结构，还广泛用于研究多晶聚集体的结构，包括测定其构相组成、微观应力、晶粒大小及分布和晶粒择优取向等。它已成为科学技术和产业中的一种重要的研究和表征手段，普遍应用于物理化学、化工、药物材料、环境、冶金、矿产和地质等领域。

X 射线与物质相互作用时会发生散射作用，这主要是 X 射线与电子相互作用的结果。物质中的核外电子可分为外层原子核弱束缚的电子和内层原子核强束缚的电子两大类，在 X

射线光子与不同的核外电子作用后，将会产生不同的散射效应。X 射线光子与外层弱束缚电子作用后，这些电子将偏离原运行方向，同时携带光子的一部分能量成为反冲电子，入射的X 射线光子损失部分能量，造成在空间各个方向的 X 射线光子的波长不同，位相也存在不确定的关系，因此是一种非相干散射。

2. X 射线衍射技术的应用

（1）Ti（C，N）基金属陶瓷烧结的 XRD 谱图分析　如图 2-20 所示，未经烧结的坯体中含 Ti（C，N）、WC、Mo_2C、TaC、Ni、Co 六种物相，Ni/Co（111）晶面衍射峰位约为44.52°，与纯 Ni（JCPDS：04-0850，44.507°）极为接近。750～850℃烧结，试样中出现了三种新的物相：（Ti，W，Mo，Ta）（C，N）、Ni/Co 固溶体和 Co_6W_6C。其中（Ti，W，Mo，Ta）（C，N）的形成与 W、Mo、Ta 在黏结相中的溶解-析出密切相关，因此，有必要分析该温度下 Ni/Co 衍射峰位的变化情况。由图 2-20 中的（Ⅱ）可知，750℃烧结时，Ni/Co（111）晶面衍射峰位向低角度偏移至 43.938°，这说明黏结相中已经有大原子尺寸的重金属元素固溶进入。此外，强度比 Ti（C，N）I（111）/I（200）为 0.927，而非纯 Ti（C0.7，N0.3）的 0.510（JCPDS：42-1489），这是由于 W、Mo 等第二类碳化物原子更容易取代 Ti（C，N）（111）晶面中的 Ti 原子，使其（111）晶面衍射峰强度的增加幅度大于（200）晶面所致。随着烧结温度进一步升高至 950℃以上，烧结体中同时出现 Co_6W_6C 和 Co_3W_3C 两种缺碳相，且衍射峰相对强度略显增加（见图 2-20 中的 e、f），值得注意的是，当合金在 750～1100℃烧结时，Ni/Co（111）晶面衍射峰位基本未发生偏移，这是因为在低温固相烧结阶段，W、Mo、Ta 等重金属元素只能通过短程扩散进入黏结相且固溶度较低所致。

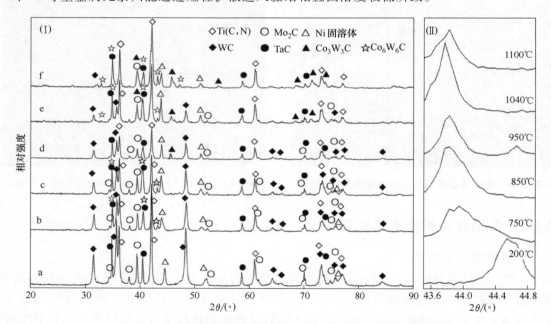

图 2-20　混合粉料及烧结体在 750～1100℃的 XRD 图谱
a—200℃　b—750℃　c—850℃　d—950℃　e—1040℃　f—1100℃

（2）介孔碳/二氧化钛复合材料的 XRD 谱图分析　图 2-21 所示为不同焙烧温度下的一种介孔碳/二氧化钛复合材料的小角和大角 X 射线衍射图。从图 2-21a 中看到，在不同的焙烧温度下，复合材料在 $2\theta=1.05°$ 附近均出现了衍射峰，表明材料具有一定的介观有序度，而且焙烧温度对晶胞参数的影响不大。但是衍射峰的强度不高，且以肩峰的形式出现，同时在更高的角度也很难观察到其他的衍射峰，故认为这在很大程度上是由于二氧化钛部分填充孔道造成的。从图 2-21b 中可以看到，3 个样品均出现了多个衍射峰，表明具有较高的结晶度。通过对峰的对比后发现，600℃下焙烧的样品中二氧化钛基本以锐钛矿的形式存在，几乎观察不到金红石相的衍射。随着温度升高至 700℃，出现了两个不同晶相共存的现象，其中以锐钛矿相为主要的晶相。进一步升高焙烧温度至 750℃ 后，两个晶相的衍射强度接近，显示材料中锐钛矿和金红石所占的比例相当。

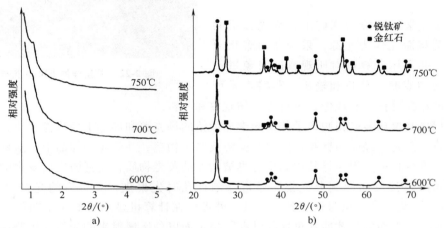

图 2-21　不同焙烧温度下样品的小角和大角 X 射线衍射图

a）小角 X 射线衍射图　b）大角 X 射线衍射图

2.3.4　电子背散射衍射技术及其应用

电子背散射衍射（EBSD），是采用扫描电子显微镜上的电子背散射花样的结晶方位分析方法。20 世纪 90 年代以来，EBSD 技术在研究晶体微区取向和晶体结构的分析中得到广泛应用。与传统光学显微镜、扫描电镜、X 射线衍射及透射电镜分析技术相比，EBSD 技术具备全自动采集微区信息、样品制备较简单、数据采集速度快、分辨率高的优势，并且能够实现可将纤维组织与结晶学建立直接联系、可快速准确获得晶体空间组元信息、可广泛选择视野等功能，为快速高效地定量统计研究材料的微观组织结构和织构奠定了基础，因此已成为材料研究中一种有效的分析手段。目前 EBSD 技术在钢铁材料研究中多用于不锈钢、IF钢、TRIP 钢、高压容器钢和铁基合金中的取向及取向差、相标定、应变分析。

在扫描电子显微镜中，入射于样品上的电子束与样品作用产生几种不同效应，其中之一就是在每一个晶体或晶粒内规则排列的晶格面上产生衍射。从所有原子面上产生的衍射组成"衍射花样"，这可被看成是一张晶体中原子面间的角度关系图。图 2-22 所示为单晶硅的EBSD 花样。

衍射花样包含晶系（立方、六方等）对称性的信息，而且晶面和晶带轴间的夹角与晶系种类和晶体的晶格参数相对应，这些数据可用于 EBSD 相鉴定。对于已知相，则花样的取向与晶体的取向直接对应。

2.3.5　激光扫描共聚焦显微镜及其应用

激光扫描共聚焦显微镜是 20 世纪 80 年代中期发展起来并得到广泛应用的新技术，它是应用激光、电子摄像和计算机图像处理等现代高科技手段，并与传统的光学显微镜结合产生的先进分析仪器，在生物及医学等领域的应用越来越广泛，并逐渐应用于材料学，即断口分析领域。

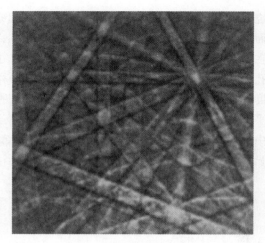

图 2-22　单晶硅的 EBSD 花样

在传统光学显微镜的基础上，激光扫描共聚焦显微镜将激光作为光源，采用共轭聚焦原理和装置，并利用计算机对所观察的对象进行数字图像处理观察、分析和输出，其特点是可以对样品进行断层扫描和成像，进行无损伤观察和分析。

激光扫描共聚焦显微镜脱离了传统光学显微镜的场光源和局部平面成像模式，采用激光束作为光源，激光束经照明针孔，经由分光镜反射至物镜，并聚焦于样品上，对标本焦平面上的每一点进行扫描。组织样品中如果有可被激发的荧光物质，受到激发后发出的荧光经原来的入射光路直接反向回到分光镜，通过探测针孔时先聚焦，聚焦后的光被光电倍增管（PMT）探测收集，并将信号输送到计算机，处理后在计算机显示器上显示图像。在这个光路中，只有在焦平面的光才能穿过探测针孔，焦平面以外区域射来的光线在探测小孔平面是离焦的，不能通过小孔。因此，非观察点的背景呈黑色，反差增加，成像清晰。由于照明针孔与探测针孔相对于物镜焦平面是共轭的，焦平面上的点同时聚焦于照明针孔与探测针孔，焦平面以外的点不会在探测针孔处成像，即共聚焦。该设备以激光作为光源并对样品进行扫描，在此过程中两次聚焦，故称为激光扫描共聚焦显微镜。图 2-23 所示为激光扫描共聚焦显微镜光路图。

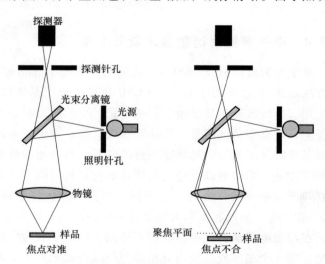

图 2-23　激光扫描共聚焦显微镜光路图

激光扫描共聚焦显微镜可用来观察表面亚微米尺度的三维形态和形貌，也可测量多种微小的尺寸，诸如体积、面积、晶粒、膜厚、深度、长宽、线粗糙度、面粗糙度等。在钢铁材料的生产和开发过程中，采用激光扫描共聚焦显微镜技术进行相应的磨损轮廓、表面粗糙度等检测。图 2-24 所示为碳纤维增强聚合物基复合材料表面激光共聚焦形貌。

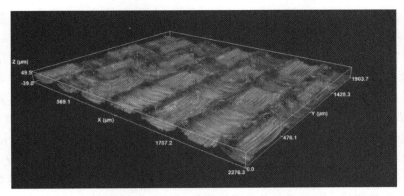

图 2-24　碳纤维增强聚合物基复合材料表面激光共聚焦形貌

2.4　定量金相

定量金相是体视学应用于物理冶金学领域中形成的一门新兴学科，利用体视学现已建立的数学模型和理论基础，推导出数学公式来研究三维显微组织中的组织形貌及其分布特征，从而建立合金成分、组织和性能间的定量关系，又称为体视金相学。

当用于定量测量时，显示显微组织图像的工具是多种多样的，通常使用光学显微镜、电子显微镜、场离子显微镜等，其中以光学显微镜的使用较为普通。定量测量的量必须具有统计意义。为了获得一个可靠的数据往往需要几百次甚至上千次的重复测量。人眼进行图像测试工作费时费力，还会产生主观误差。自动图像分析仪的研究和投入实际使用解决了这个问题，它们可以根据要求选取若干数量视场，自动计数、提取、处理、测量显微组织的各项参数，并迅速而准确地完成数据处理操作。体视学是自动图像分析仪的理论基础，体视学指出了可以进行计数测量的参数。自动图像分析仪是图像处理技术与体视学相结合的产物，它的应用使定量测量方法变得更为便捷，可以很方便地测量体视学中的基本参数。若再配以专用分析软件或程序，就可以自动完成许多定量金相分析项目，大大提高了测量效率，数据的统计性和再现性也得到了保证。

2.4.1　试样的选取和制备

1. 取样

基于金属材料合金组织的微观不均匀性，定量金相参数的测量和计算可在任意截面的金相磨面上进行。一般情况下，为使定量金相测量的取样具有随机性和统计性，可在具有代表性的部位，如端头、中心或 1/2 半径处选取 3~5 个试样（很均匀的合金组织可选取一个试样）。若合金组织的不均匀性较大，则应增加测量试样的数量或对不均匀部位进行特殊的测量和计算。对表面处理的试样进行定量金相测量时，金相试样的选取应按相关检验标准要求进行。

若合金组织具有方向性，则必须考虑金相试样的选取方位。一般选取互相垂直的两个试样作为金相试样磨面。用定量金相测量的组织特征参数也可以定量地描述合金组织的方向性。

定量金相试样选取的大小与普通金相分析相同，除非受到原材料或试验零件尺寸的限制。此外，在截取金相试样时，要避免因截割变形或加热引起内部组织变化，因为这不仅会给合金组织的定性分析造成错误判断，而且也会使定量金相测量的数据出现误差。

2. 试样制备

金相试样的制备和组织的显示对于合金显微组织的分析有重要影响，当应用自动图像分析仪进行测量和计算时影响尤为突出，为了保证分析结果的准确可靠，对于定量金相的测量和计算，试样制备的要求应更高一些，不能存在残留磨痕、抛光粉嵌入、组织剥落、试样不平及试样浸蚀深浅程度不均匀的问题，试样制备和组织显示时整个试样的平整度、洁净度、均匀性和重现性都要更高，各种组织的特征和细节清楚，轮廓线清晰均匀，衬度分明。

但是，目前要很好地解决上述问题有一定困难，还没有统一的、简单而又优良的办法，因为对于各种各样的合金及其不同的处理状态，其组织是不同的，影响因素也很多。金相分析（包括定量金相参数测量）的首要任务是得到高质量的合金组织图像。在定量金相学中，一方面要研究适用于不同合金、不同状态的组织显示方法，如彩色金相技术、真空镀膜法、恒电位腐蚀等技术的应用；另一方面也应致力于提高自动图像分析仪对合金组织的识别能力。

3. 视场选择

测量视场的选取原则和方法与试样的选取要考虑合金组织本身的微观不均匀性，选取有代表性的测量视场，如试样边缘位置、中心位置或其他指定位置等。另外，基于数理统计的观点，测量视场应具有随机性和统计性，即每个测量视场的选取应是随机的，不应加入人为的或其他意外的（如金相试样制备不良）因素。测量视场的数目也应足够多，以减小测量数据的偶然误差，同时要权衡组织的清晰度与视场面积之间的关系。

2.4.2　自动图像分析仪的应用

随着现代技术的不断发展，自动图像分析仪逐步在定量金相测量工作中得到应用，目前已能进行金属平均晶粒度的测定；高速工具钢中碳化物颗粒尺寸、数量及分布的测定；可锻铸铁中石墨颗粒数量和分布测定；球墨铸铁中石墨球化率的测定；铸铁中珠光体、铁素体含量测定；钢中非金属夹杂含量的测定；金属材料中各相显微组织体积分数的测定；镀层厚度的测定；脱碳层、渗碳层等层深测定有特定要求的金相定量分析等。自动图像分析仪的应用不但大大提高了测量效率，数据的统计性和再现性也得到了保证。但由于数学建模的困难，目前还不能做到全自动的分析，图像软件分析还是一种辅助手段，还需要有金相分析的专业技术人员进行操作。图 2-25 所示为采用图像分析软件对双相不锈钢中铁素体含量的面积百分数进行分析示例。图 2-26 所示为对铸铁中石墨球化率进行自动分析的图例。

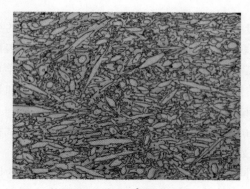

图 2-25　双相不锈钢的显微组织　100×

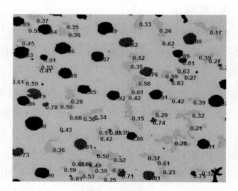

图 2-26　铸铁中的石墨球化率计算

2.5 显微硬度

2.5.1 显微硬度测试原理

硬度的测试是材料在力学性能测试中最简便、最常用的一种方法，是金相分析中常用的测试手段之一。

显微硬度的测试是将具有一定几何形状的金刚石压头，以一定大小范围的力压入试验材料表面，然后对一条或两条压痕对角线进行光学测量。由于留在试样上的压痕尺度极小（一般为几微米到几十微米），必须在显微镜下测量。

显微硬度测试采用的是压入法类型，所标志的硬度值与其他静载荷下的力学性能指标间存在着一定关系，可借此获得其他性能的近似情况。

（1）压头类型　测量显微硬度的压头是个极小的金刚石锥体，重 0.05 ~ 0.06Ct（1Ct = 0.2g）镶嵌在压头的顶尖上。显微硬度压头按几何形状分为两种类型：一种是锥面夹角为 136°的正方锥体压头，又称维氏（Vickers）锥体，压头和压痕如图 2-27 所示，$d_1 = d_2$。另一种是菱面锥体压型压头，它是 1939 年由美国人 Knoop 发明，又称为努普（Knoop）型压头，压头和压痕如图 2-28 所示。

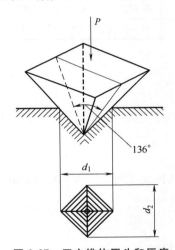

图 2-27　正方锥体压头和压痕

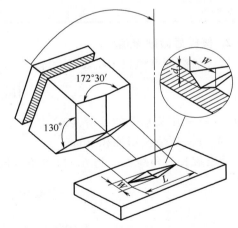

图 2-28　菱面锥体压头和压痕

（2）显微硬度值　显微硬度是以单位压痕凹陷面积所承受的载荷作为硬度值的计量指标，单位是 N/mm^2。压痕面积计算方法随压头几何形状的不同而异。硬度值与压痕对角线间的关系可通过几何关系导出。

1. 维氏显微硬度值

维氏显微硬度值以 HV 表示，即

$$HV = 0.102 \frac{F}{A} \tag{2-6}$$

式中　F——压头承受的载荷（N）；

A——压痕面积（mm^2）。

以 d 表示压痕对角线长度，锥体两相对面间夹角 $\alpha = 136°$。因此，式（2-6）可表示为

$$HV = 0.102 \frac{F}{\dfrac{d^2}{2\sin\dfrac{\alpha}{2}}} = 0.1891 \frac{F}{d^2} \tag{2-7}$$

根据式（2-7）可知，压痕深度约为 $\frac{1}{7}d$。

显微硬度试验试样的最小厚度见表 2-6。

表 2-6　显微硬度试验试样的最小厚度

载荷/N	硬度 HV								
	900	800	700	600	500	400	300	200	100
	试样最小厚度/mm								
0.4903	0.015	0.016	0.017	0.019	0.020	0.023	0.026	0.032	0.046
0.9807	0.021	0.022	0.024	0.026	0.028	0.032	0.036	0.045	0.065
1.9610	0.030	0.032	0.035	0.036	0.041	0.046	0.053	0.065	0.091
2.9430	0.037	0.040	0.042	0.045	0.050	0.056	0.065	0.079	0.102
4.9035	0.040	0.051	0.055	0.059	0.065	0.072	0.083	0.102	0.144
9.8070	0.068	0.072	0.077	0.083	0.091	0.102	0.118	0.144	0.200

2. 努氏显微硬度值

努氏显微硬度值以 HK 表示，即

$$HK = 0.102 \frac{F}{A_k} \tag{2-8}$$

式中　F——压头承受的载荷（N）；

A_k——压痕投影面积（mm^2）。

设压痕长对角线长度为 L，短对角线长度为 W，由几何关系可知，$W = 0.14056L$。

$$A_k = \frac{1}{2}LW = 0.07028L^2 \tag{2-9}$$

$$HK = 0.102 \frac{F}{0.07028L^2} = 1.451 \frac{F}{L^2} \tag{2-10}$$

根据式（2-10）可知，压痕深度约为 $\frac{1}{30}L$。由此可见，在相同负荷下，菱面锥体压头较正方锥体压头的压痕深度浅，更适合测定薄层硬度及过渡层硬度分布。

2.5.2　影响显微硬度值的因素

1. 测量误差

测量误差主要是由载荷测量误差及压痕测量误差引起的，可按式（2-11）计算。

$$\Delta HV = HV\left(\frac{\Delta F}{F} + \frac{2\Delta d}{d}\right) \tag{2-11}$$

测量误差属于静态误差，它与操作者的素质和仪器的精度密切相关，因此操作时要细心，并应在每次操作前校正零位。

2. 试样的表面状态

被检测试样的表面状态直接影响测试结果的可靠性，测定显微硬度的试样与普通金相样品的制备过程相同，磨光、抛光时应尽量避免表层微量的塑性变形，防止出现加工硬化。

3. 加载部位

压痕在被测晶粒上的部位及被测晶粒的厚度对显微硬度值均有影响。在选择测量对象时应选取较大截面的晶粒，因为较小截面的晶粒厚度可能较薄，测量结果可能会受晶界或相邻第二相的影响。

4. 试验载荷

为保证测量的准确度，试验载荷在原则上应尽可能大，且压痕大小必须与晶粒大小成一定比例，当测定软基体上硬质点时，被测点截面直径必须4倍于压痕对角线长，否则将可能得到不准确的测量数据。此外，当测定脆性相时，高载荷可能出现"压碎"现象，角上有裂纹的压痕表明载荷已超过材料的断裂强度，因而获得的硬度值是不准确的。

5. 载荷施加速度及保持时间

硬度定义中的载荷是指静态的含义，但实际上一切硬度试验中载荷都是动态的，是以一定的速度施加在试样上的，由于惯性的作用，加载机构会产生一个附加载荷。这会使硬度值偏低，为了消除这个附加载荷的影响，在施加载荷时应以尽可能平稳、缓慢的速度进行。塑性变形是一个过程，完成这个过程需要一定的时间，只有载荷保持足够的时间，由压痕对角线长度所测出的显微硬度值才更接近于材料的真实硬度值。大量试验表明，载荷保持时间一般为 10~15s。

2.5.3 显微硬度试验

1. 显微硬度试验的应用

显微硬度试验在整个金属研究领域中占有很重要的位置，它不仅为研究金属学理论提供了具有参考价值的数据，而且在实际生产中也已成为一种不可缺少的试验方法。

1) 可以测定细小薄片零件和零件的特殊部位（如刀具和刀刃具），以及渗氮层、氧化层、渗碳层等表面层的硬度。

2) 可以通过比较金相显微组织硬度的测定结果来研究金相组织。图 2-29 所示为 10Cr17 钢淬火后各相维氏硬度压痕形貌。10Cr17 钢经 1100℃ 水冷淬火后，基体为铁素体（白色）和低碳马氏体（灰色块状）。铁素体的硬度为 274HV；低碳马氏体的硬度为 493HV。

3) 可以沿试件的剖面纵深方向按一定的间隔进行硬度测定（硬度梯度），以判定电镀、渗氮、氧化或渗碳层等表面层的厚度。图 2-30 所示为依据 GB/T 9450—2005《钢件渗碳淬火硬化层深度的测定和校核》对

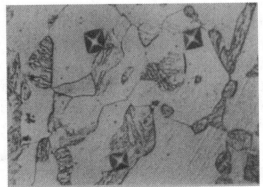

图 2-29　10Cr17 钢经淬火后各相维氏硬度压痕形貌　500×

20CrNiMo 渗碳淬火件进行有效硬化层的深度检测，根据垂直于零件表面的横截面上的硬度梯度来确定硬化层深度，即以硬度值为纵坐标，以至表面的距离为横坐标，绘制出硬度分布曲线，硬度值为 550HV 或相应努氏硬度值处至零件表面距离即为有效硬化层深度。

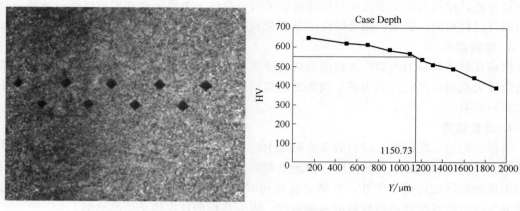

图 2-30　20CrNiMo 渗碳淬火件有效硬化层深度测试及硬度梯度曲线

2. 显微硬度试验方法

显微硬度试验应遵循 GB/T 4340.1—2009《金属材料　维氏硬度试验　第 1 部分：试验方法》中的相关规定。

试样表面应平坦光滑，试验面上应无氧化皮及外来污物，尤其不应有油脂。试样表面的质量应能保证压痕对角线长度的测量精度，建议试样表面进行抛光处理。制备试样时应使由于发热或冷加工等因素对试样表面硬度的影响降至最低。由于显微硬度压痕很浅，加工试样时建议根据材料特性采用抛光或电解抛光工艺。试样或试验层厚度应为压痕对角线长度的1.5 倍（具体要求见标准中附录 A），试验后的试样背面不应出现可见变形痕迹。对于小截面或外形不规则的试样，可将试样镶嵌或使用专用试验台进行试验。

试验一般在 10~35℃的室温下进行，对于温度要求严格的试验，室温应在 23℃±5℃。应用表 2-7 列出的试验力进行试验。试台应清洁无污物。试样应稳固地放置于刚性试台上，试验过程中保证试样不产生位移。使压头与试样表面接触，垂直于试验面施加试验力。试验力保持时间一般为 10~15s。在整个试验过程中，硬度计应避免受到冲击和振动。任一压痕中心距试样边缘距离，对于钢、铜及铜合金至少应为压痕对角线长度的 2.5 倍；对于轻金属、铅、锡及其合金至少应为压痕对角线长度的 3 倍。两相邻压痕中心之间的距离，对于钢、铜及铜合金至少应为压痕对角线长度的 3 倍；对于轻金属、铅、锡及其合金至少应为压痕对角线长度的 6 倍。如果相邻压痕大小不同，应以较大压痕确定压痕间距。在平面上，压痕两对角线长度之差应不超过对角线长度平均值的 5%；如果超过 5%，则应在试验报告中注明。放大系统应能将对角线放大到视场的 25%~75%。

表 2-7　显微硬度试验载荷范围

小力值维氏硬度试验		显微维氏硬度试验	
硬度符号	试验力/N	硬度符号	试验力/N
HV0.2	1.961	HV0.01	0.0987

（续）

小力值维氏硬度试验		显微维氏硬度试验	
硬度符号	试验力/N	硬度符号	试验力/N
HV0.3	2.942	HV0.015	0.1471
HV0.5	4.903	HV0.02	0.1961
HV1	9.807	HV0.025	0.2452
HV2	19.61	HV0.05	0.4903
HV3	29.42	HV0.1	0.9807

3. 异常压痕产生原因

当压痕出现异常情况时，将会得出不准确的显微硬度值，下面介绍几种常见的异常压痕及产生原因。

1）压痕呈不等边棱形，但呈规律单向不对称压痕。有两种情况会造成这种现象：①试样表面与底面不平行，旋转试样，压痕的偏侧方向也随之旋转；②载荷主轴的压头与工作台不平行，旋转试样，压痕的偏侧方向不改变。

2）压痕对角线交界处（顶点）不成一个点，或对角线不成一条线。这主要是因为顶尖或棱边损坏，换压头后调整至"零位"即可。

3）压痕不是一个而是多个或大压痕中有小压痕。这是由于加载时试样相对压头有滑移。

4）压痕拖"尾巴"：①由于支承载荷主轴的弹簧片有松动，这时沿径向拨动载荷主轴，压痕位置发生明显变化；②由于支承载荷主轴的弹簧片有严重扭曲，这时压头或试样表面有油污，这一现象影响压痕的观察和测量。

4. 显微硬度计的维护与保养

1）仪器安装地点须干燥，不受潮湿和有害气体的浸蚀。

2）仪器要水平放置，用弹性橡胶或其他吸振板做垫板，以保证仪器不受振动。

3）仪器最好安装在特殊设计的工作台上，不用时将仪器封罩起来，内放硅胶等干燥剂。

4）保证仪器的清洁，镜头上有污物时，应用橡皮球吹掉，或者用镜头刷或擦镜纸去除。

5）当载物轴或压头轴上沾有污渍而影响仪器使用时，应非常谨慎地用汽油擦拭，以保证载物轴或压头轴的灵活性。

6）操作者在使用前应仔细阅读仪器的有关资料及说明书，熟悉显微硬度计各类部件的作用和操作规程，保证显微硬度测量值的准确度。

第3章

钢的宏观检验技术

钢的宏观检验技术指低倍检验，又称宏观分析，它是通过肉眼或放大镜（20倍以下）来检验钢及其制品的宏观组织和缺陷的方法。低倍检验的试样面积大、视域宽、范围广，检验方法、操作技术及所需的检验设备简单，能较快、较全面地反映出材料或产品的品质。因此，低倍检验在工厂中得到广泛的应用。

钢在冶炼或热加工过程中，由于某些因素（如非金属夹杂物、气体，以及工艺选择或操作不当等）造成的影响，致使钢的内部或表面产生缺陷，从而严重地影响材料或产品的质量，有时还将导致材料或产品报废。钢材中疏松、气泡、缩孔残余、非金属夹杂物、偏析、白点、裂纹及各种不正常的断口缺陷等，均可以通过宏观检验方法发现。宏观检验技术通常有酸蚀试验、塔形发纹检查、硫印试验、磷印试验及断口检验等。在生产检验中，可根据检验的要求来选择适当的宏观检验方法。

3.1 钢锭的结晶过程及钢坯的形成方式

3.1.1 钢锭的结晶过程

在工业生产中，液态金属通常在铸锭模或铸型中冷却凝固，前者得到的物件叫铸锭，后者得到的物件叫铸件。铸锭的宏观组织通常由三个晶区组成，即外表层的细晶区、中间的柱状晶区和心部的等轴晶区，典型的铸锭结晶组织示意图如图3-1所示。图3-2所示为圆形钢锭横截面低倍形貌。

1. 外表层细晶区

当液态金属浇入铸锭模后，金属首先从模壁处开始结晶。这是因为温度低的模壁有强烈的吸热和散热作用，使靠近模壁的一层薄膜液体产生极大的过冷，加上模壁可作为非均匀形核的基底，因此，在此一薄层液体中立即产生大量的晶核，同时向各个方向生长。由于晶核数量多，致使邻近的晶核很快彼此相遇，它们不能继续生长，这样便在模壁处形成了一层很细的等轴晶区。细晶区的晶粒细小、致密，有很好的力学性能。

2. 中间柱状晶区

柱状晶区的晶粒粗大并且垂直于模壁。在外表层细晶区形成的同时，一方面模壁的温度由于被液态金属加热而迅速升高，另一方面由于金属凝固后收缩，使细晶区和模壁脱开，形成一空气层，使液体金属的散热变得困难。另外，细晶区形成时释放出大量的结晶潜热，也

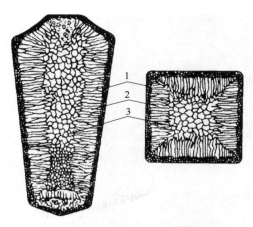

图 3-1　铸锭结晶组织示意图

1—细晶区　2—柱状晶区　3—等轴晶区

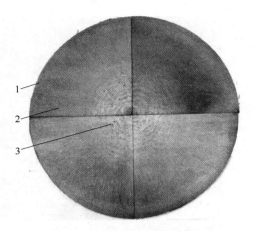

图 3-2　圆形钢锭横截面低倍形貌

1—细晶区　2—柱状晶区　3—等轴晶区

使模壁温度升高。模壁温度升高导致液体金属冷却速度减慢、温度梯度变小，此时，结晶主要靠细晶区近液相处的某些小晶粒的长大。同时，由于垂直于模壁方向散热最快，晶体便沿其反向择优生长成柱状晶，便形成柱状晶区。柱状晶区中晶粒之间的晶界较平直，气泡、缩孔很小，组织比较致密。

在两组柱状晶相遇处会形成柱状晶界，此处杂质、气泡、缩孔较富集，所以是铸锭的薄弱结合面。压力加工时，易沿这些地方产生裂纹或开裂。此外，由于柱状晶的性能有方向性，对加工性能会有影响。

3. 心部等轴晶区

随着柱状晶的发展，冷却速度也逐渐减慢，温度梯度趋于平缓，柱状晶的长大速度也就越来越慢。在柱状晶的晶枝生长区（即固、液两相共存区）的溶质浓度增高、熔点下降，结晶潜热的散发变得困难，使各晶枝变得细长、瘦弱，而且根部逐渐萎缩，甚至发生局部由于重熔而自动脱落的现象。但是由于在柱状晶结晶长大过程中，铸锭中部的液体中已经存在着可作为晶核的大量碎枝残片，它们会促使中部迅速形核和长大。此外，悬浮在这里的杂质质点，也可能成为新的结晶核心。所以，在柱状晶长大到一定程度后，铸锭中部也开始形核长大。由于液体的温度大致是均匀的，所以每个晶粒沿各个方向长大的速度接近一致，因而形成等轴晶。当它们长大到与柱状晶相遇时，全部液体也凝固完毕，最后形成心部等轴晶区。

由于等轴晶区的各个晶粒在长大时彼此交叉，枝杈间的搭接牢固，裂纹不易扩展，不存在明显的弱脆界面。各晶粒取向不同，其性能无方向性。但由于等轴晶的树枝状晶体比较发达，分枝较多，因而组织不致密，显微缩孔较多。不过，由于显微缩孔一般均未氧化，因而在热加工时可以焊合，故对性能影响不大。

需要说明的是，上述铸锭晶粒度的粗细是相对的（见图 3-3～图 3-5），表面细晶区的晶粒度根据 GB/T 6394—2017 评定为 00 级。

3.1.2　钢坯的形成方式

钢的浇注，就是将炼钢炉中或炉外精炼所得到的合格钢液，经过钢包（又称盛钢桶）

图 3-3　图 3-2 中外表层细晶区　25×

图 3-4　图 3-2 中柱状晶区　25×

及中间钢包等浇注设备，注入一定形状和尺寸的钢锭模或结晶器中，使之凝固成钢锭或钢坯。钢锭（坯）是炼钢生产的最终产品，其质量的好坏与冶炼和浇注有直接关系，是炼钢生产过程中质量控制的重要部分。目前采用的浇注方法有钢锭模铸钢法（模铸法）、连续铸钢法（连铸法）及离心铸造等。

模铸法是将钢包内的钢液注入具有一定形状和尺寸的钢锭模中，冷凝变成固态钢锭。钢锭经过初轧开坯制成钢坯，然后再进一步轧制成各种钢材。

连铸法是将装有完成精炼钢液的钢包运至回转台，回转台转动到浇注位置后，将钢液注入中间钢包，中间钢包再由水口将钢液分配到各个结晶器中，使铸件成形并迅速凝固结晶。拉矫机与结晶振动装置共同作用，将结晶器内的铸件拉出，经冷却、电磁搅拌后，切割成一定长度的板坯。

图 3-5 图 3-2 中心部等轴晶区 25×

离心铸造是将液态金属浇入高速旋转的铸型中，并在离心力作用下充满铸型且凝固成铸件的铸造方法。

三种钢坯的形成方式对比见表 3-1。

表 3-1 钢坯形成方式对比

钢坯形成方式	优 点	缺 点	常见缺陷	浇注示意图
模铸法	上注法：准备工作简单，耐火材料消耗少，铸件成品率高，成本低；由于耐火材料浸蚀产生的夹杂物少，浇注速度较快，注温可较低；有利于减少翻皮、缩孔和疏松等缺陷，钢锭内部质量好 下注法：生产率较高，钢锭表面质量好，有利于钢中气体及夹杂物上浮排出。此法在炼钢生产中得到普遍采用 钢锭成材率在 80%~85%	上注法：一次只能浇注一支（或 2~4 支）钢锭；开浇时易引起飞溅，造成结疤、皮下气泡等缺陷；钢锭模消耗较高。只适宜大钢锭的浇注 下注法：准备工作复杂，耐火材料消耗高，钢液损失多，成本增加；由于钢液对耐火材料的浸蚀产生的夹杂物增加，钢锭上部钢液温度低，不利于补缩，钢锭内部质量较差	表面缺陷：裂纹、结疤、重皮、气泡、翻皮、截痕等 内部缺陷：缩孔、疏松、偏析、夹杂、白点、内裂等	上注法 1—钢包 2—中间漏斗 3—底座 4—保温帽 5—钢锭模 下注法 1—保温帽 2—绝热层 3—钢锭模 4—底盘 5—中注管铁壳 6—石英砂 7—中注管砖 8—流钢砖（汤道）

（续）

钢坯形成方式	优 点	缺 点	常见缺陷	浇注示意图
连铸法	简化生产工序，缩短流程；提高铸件成品率，综合成材率在90%~95%；降低能量消耗；改善劳动条件，易于实现自动化；铸坯质量好	钢中的夹杂物含量常产生波动，铸锭质量稳定性较差。坯料的中心易产生各种裂纹缺陷，内部常伴生各种夹杂缺陷及偏析。中心缺陷不一定连续存在，检测时不能及时有效发现	疏松、偏析、气泡、缩孔残余、翻皮、白点、轴心晶间裂纹、非金属夹杂物、表面裂纹、1/2半径（或对角线）处裂纹和心部裂纹等	
离心铸造	缺陷集中于铸件内表层，铸件其他部分组织细密，无气孔、缩孔、夹渣等缺陷，力学性能较好 不需要浇注系统，无冒口等处金属消耗，无型芯，设备投资少，效率高 通常适用于制造圆环、套筒等回转体铸件，有利于生产薄壁铸件	生产异形铸件时有一定的局限性；铸件内孔直径不准确，内孔表面比较粗糙，质量较差，加工余量大；铸件易产生比重偏析	淋落、坍流、喇叭孔、冷隔、裂纹、气孔、缩松、偏析、夹杂、白口和反白口、冷豆、试压渗漏等	

3.2 钢的低倍酸蚀试验及缺陷评定

酸蚀试验是显示钢铁材料低倍组织的试验方法，能清楚地显示钢铁材料中存在的各种缺陷，如裂纹、夹杂、疏松、偏析及气孔等。

酸蚀试验利用酸液对钢铁材料各部分浸蚀程度的不同，从而清晰地显示出钢铁的低倍组织及其缺陷。根据低倍组织的分布以及缺陷存在的情况，可以了解钢材的冶金质量；通过推断缺陷的产生原因，在工艺上采取切实可行的措施，以达到提高产品品质的目的。

钢铁的酸蚀试验方法通常参照 GB/T 226—2015《钢的低倍组织及缺陷酸蚀检验法》进行。

3.2.1　低倍酸蚀试验

1. 试样的选取

酸蚀试验的目的是评价钢材或产品的宏观缺陷，所以试样必须取自最易发生各类缺陷的部位。钢的化学成分、锭模设计、冶金及浇注条件、加工方法、成品形状和尺寸不同，钢中存在的宏观缺陷的种类、大小和分布情况也不尽相同。鉴于检验目的的不同，试样的选取也有所不同，一般可按照下述原则进行。

1）当检验淬火裂纹、磨削裂纹、淬火软点等钢材表面缺陷时，应选取钢材或零件的外表面进行酸蚀试验。

2）当检验钢材质量时，应在钢材的两端分别截取试样。对于部分冶金产品，应在其缺陷严重部位取样。以钢锭为例，应在其头部取样，这样就可以最大限度地保证产品质量。

3）当解剖钢锭及钢坯时，应选取一个纵向剖面和两个或三个（钢锭或钢坯的两端头或上、中、下三个部位）横截面试样。横截面试样上可显示钢中白点、偏析、皮下气泡、翻皮、疏松、残余缩孔、轴向晶间裂纹、折叠裂纹等缺陷；而纵向试样上可显示钢中的锻造流线、应变线、条带状组织等。

4）当进行失效分析或缺陷分析时，除了在破坏起始处或缺陷处取样外，同时还应在产品有代表性的部位选取一个试样，以便与缺陷处做比较。

总之，做低倍酸蚀试验的试样，其选取的部位应能代表钢材整体。必须指出，试样非经特别规定，均应预先退火再进行酸蚀试验，尤其是检验钢中白点或研究白点敏感性时，如果要在经热锻或热轧的材料上切取试样时，其长度应大于锻材或轧材厚度或直径的尺寸，并按规定程序冷却，如对合金结构钢或滚珠轴承钢，退火前应在室温放置24h以上，对低合金钢则放置时间不少于48h，以保证白点有充分孕育形成时间。

2. 试样的制备

试样可使用热锯、冷锯、火焰切割、剪切等方法截取。试样加工时必须除去由于取样造成的变形和热影响区，以及裂缝等加工缺陷。

试样检验面距切割面的参考尺寸为：

1）热锯切割时不小于20mm。

2）冷锯切割时不小于10mm。

3）火焰切割时不小于25mm。

加工后试样检验面表面粗糙度 Ra 应符合下列要求：

1）热酸腐蚀时 $Ra \leqslant 1.6\mu m$。

2）冷酸腐蚀时 $Ra \leqslant 0.8\mu m$，但枝晶腐蚀时，机械加工磨光 $Ra \leqslant 0.1\mu m$，磨光后的试样进行机械抛光或手动抛光后 $Ra \leqslant 0.025\mu m$。

3）电解腐蚀时 $Ra \leqslant 0.16\mu m$。

4）试样表面不允许有油污和加工伤痕，必要时应预先清除。

试样建议尺寸如下：

1）试样的厚度一般为 20~30mm。

2）纵向试样的长度一般为边长或直径的 1.5 倍。

3）钢板检验面的尺寸一般长为 250mm，宽为板厚。

4）连铸板坯可取全截面或大于宽度之半的半截面横向试样，方坯、圆坯、异形坯取横向全截面试样。

5）其他类型试样尺寸可按相关标准、技术条件或双方协议的规定执行。

3. 热酸蚀试验

酸蚀试样的腐蚀属于电化学腐蚀范畴。由于试样的化学成分不均匀、物理状态的差别及各种缺陷的存在等因素，造成了试样中许多不同的电极电位，组成了许多微电池。微电池中电极电位较高的部位为阴极，电极电位较低的部位为阳极。阳极部位发生腐蚀，阴极部位不发生腐蚀。当酸液加热到一定温度时，这种电极反应会加速进行，因此加快了试样的腐蚀。

热酸蚀试验应具有酸蚀槽、加热器、碱水槽、流水冲洗槽、刷子、电热吹风机等设备及相应的防护用具。

热酸蚀试验应根据不同钢种选择相应的腐蚀液和试验规范（见表 3-2）。

表 3-2　热酸蚀腐蚀液和试验规范

编号	钢种	浸蚀时间/min	腐蚀液成分	温度/℃
1	易切削钢	5~10	盐酸水溶液 1∶1(容积比)	70~80
2	碳素结构钢、碳素工具钢、硅钢、弹簧钢，铁素体型、马氏体型、双相不锈钢、耐热钢	5~30		
3	合金结构钢、合金工具钢、轴承钢、高速工具钢	15~30		
4	奥氏体型不锈钢、奥氏体型耐热钢	20~40		
		5~25	盐酸 10 份,硝酸 1 份,水 10 份(容积比)	70~80
5	碳素结构钢、合金钢、高速工具钢	15~25	盐酸 38 份,硫酸 12 份,水 50 份(容积比)	60~80

试验时先将配制好的酸液放入酸蚀槽内并加热，再将已加工好的试样用乙醇或热水擦洗干净，然后试样腐蚀面朝上放入酸液中。加热器达到温度后开始计算浸蚀时间，达到规定时间后将试样从酸液中取出。大型试样可先放入碱水槽中做中和处理，再用流水冲洗；小型试样直接放入流水中冲洗，用刷子清除试样表面腐蚀产物。

试样腐蚀时，检验面不应与容器或其他试样接触，用水冲洗后用电热吹风机吹干。如果发生欠腐蚀，则再继续进行腐蚀；如果发生过腐蚀，则应将检验面重新加工，除去 2mm 以上再进行重新腐蚀。

4. 冷酸蚀试验

冷酸腐蚀也是显示钢的低倍组织和宏观缺陷的一种简便方法。由于这种试验方法不需要加热设备和耐热的盛酸容器，因此特别适合不能切割的大型锻件和外形不能破坏的大型机器部件。冷酸腐蚀对试样表面的粗糙度要求比热酸腐蚀要高。酸蚀的时间，以准确、清晰地显示钢的低倍组织为准。

冷酸腐蚀可直接在现场进行，比热酸蚀有更大的灵活性和适应性。唯一的缺点是，用于显示钢的偏析缺陷时，其反差对比度较热酸蚀效果差一些，因此评定结果时，要比热酸蚀法低。除此以外，其他宏观组织及缺陷的显示与热酸蚀无多大差别。

常用的冷酸腐蚀液及其适用范围见表3-3。

表 3-3 常用的冷酸腐蚀液及其适用范围

编号	冷酸腐蚀液成分	适用范围
1	盐酸 500mL,硫酸 35mL,硫酸铜 150g	钢与合金
2	氯化高铁 200g,硝酸 300mL,水 100mL	
3	氯化高铁 500g,盐酸 300mL,加水至 1000mL	
4	10%～20%(容积比)过硫酸铵水溶液	碳素结构钢、合金钢
5	10%～40%(容积比)硝酸水溶液	
6	氯化高铁饱和水溶液加少量硝酸(每 500mL 溶液加 10mL 硝酸)	
7	工业氯化铜铵 100～350g,水 1000mL	
8	盐酸 50mL,硝酸 25mL,水 25mL	高合金钢
9	硫酸铜 100g,盐酸和水各 500mL	合金钢、奥氏体型不锈钢
10	氯化高铁 50g,过硫酸铵 30g,硝酸 60mL,盐酸 200mL,水 50mL	精密合金、高温合金
11	盐酸 10mL,无水乙醇 100mL,苦味酸 1g	不锈钢和高铬钢
12	盐酸 92mL,硫酸 5mL,硝酸 3mL	铁基合金
13	硫酸铜 1.5g,盐酸 40mL,无水乙醇 20mL	镍基合金

注：对于特殊产品的质量检验，采用哪种腐蚀液可根据腐蚀效果由供需双方协商确定。可通过改变冷酸腐蚀液成分的比例和腐蚀条件，获得最佳的腐蚀效果。

冷酸腐蚀方法有浸蚀法和擦蚀法两种。

浸蚀法首先将试样清洗干净，将试样检验面朝上浸没于冷蚀液中，浸蚀时要不断地搅拌溶液使试样均匀腐蚀。获得较好的腐蚀效果后，用流水冲洗并用软毛刷刷除试样表面腐蚀产物，然后吹干。如果发生过腐蚀，则应将试样检验面重新加工，去掉 1mm 以上深度再进行重新腐蚀。

擦蚀法特别适合现场腐蚀和不能破坏的大型工件。首先将试样清洗干净，再用棉花蘸吸冷蚀液，不断擦蚀试样表面直至清晰地显示出低倍组织和宏观缺陷。随后用稀碱液中和试样检验面上的酸液，用清水冲洗并吹干。

5. 电解腐蚀试验

电解腐蚀法可分为交流电电解腐蚀法和直流电电解腐蚀法。它操作简单，酸的挥发性和空气污染小，特别适合钢厂大型试样的批量检验。

钢在电解液中的腐蚀过程，实际上也是一种电化学反应。由于钢材在结晶时产生偏析、夹杂、气孔、组织上的变化及析出第三相等，使得金属表面各部分的电极电位不同。电解液中这些不均匀性便构成了一种复杂和多极的微电池，试样在外加电压的条件下，检验面上各部位的电极电位有了变化，电流密度也随之变化，加快了腐蚀速度，达到电解腐蚀的目的。

电解腐蚀设备主要由变压器、电极钢板、电解液槽、耐酸增压泵等组成。交流电电解腐蚀装置如图3-6所示。

直流电电解腐蚀装置示意图见图3-7。

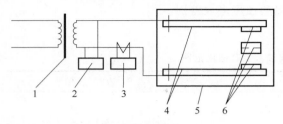

图3-6　交流电电解腐蚀装置

1—交流电变压器（输出电压≤36V）　2—电压表

3—电流表　4—电极钢板　5—电解液槽　6—试样

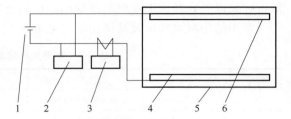

图3-7　直流电电解腐蚀装置

1—直流电变压器　2—电压表　3—电流表

4—电极钢板　5—电解液槽　6—试样（阳极）

电解腐蚀操作过程如下：

1）配制15%～30%（体积分数）的工业盐酸水溶液，电解液的温度为室温，使用电压小于36V，电流强度小于400A，电解腐蚀时间一般为5～30min，以准确显示钢的低倍组织及缺陷为准。

2）试样放在两极板之间，与电极板平行，检验面之间不能互相接触，放入酸液浸没试样。通电后试样开始腐蚀，切断电源后反应停止。获得较好的腐蚀效果后，用流水冲洗试样，用软毛刷刷除腐蚀产物，再吹干。

由热酸腐蚀法、常规冷酸腐蚀法、电解腐蚀法显示出的钢的低倍组织和缺陷形貌可采用光学照相或数码成像的方法获得。

3.2.2　低倍组织缺陷评定标准概述

以下是几种常见的钢低倍组织缺陷评定标准概述。

1. GB/T 1979—2001《结构钢低倍组织缺陷评级图》

该标准适用于评定碳素结构钢、合金结构钢、弹簧钢等锻制或轧制坯钢材或钢坯横截面酸浸低倍组织中允许及不允许的缺陷。该标准中规定和描述了结构钢酸浸低倍组织缺陷的分类、特征、产生原因及评定原则，评级图分类及适用范围、评定方法和检验报告。

根据钢材（锻、轧坯）尺寸及缺陷的性质，标准指出相应的分类及适用范围。评定时各类缺陷以目视可见为限，为确定缺陷类别，允许使用不大于10倍的放大镜。根据缺陷轻重程度，按照评定原则与评级图进行比较，分别评定级别，介于相邻两级之间时，可评半级。

该标准共给出了6个评级图，可以用于评定所有规格的钢材，具体适用范围如下。

评级图一：适用于直径或边长小于40mm的钢材。

评级图二：适用于直径或边长为40～150mm的钢材。

评级图三：适用于直径或边长大于150～250mm的钢材。

评级图四：适用于直径或边长大于250mm的钢材。

评级图五：适用于连铸圆、方钢材。

评级图六：适用于所有规格、尺寸的钢材。

2. YB/T 4003—2016《连铸钢板坯低倍组织缺陷评级图》

该标准规定了连铸钢板坯低倍组织缺陷酸蚀和硫印检验法用的试样，以及缺陷的形貌特征、产生原因和评级原则。它适用于连铸工艺生产的碳素钢、合金钢等板坯低倍组织缺陷评级。

该标准中包含两套评级图谱，分别为连铸钢板低倍酸蚀图谱和硫印评级图。各类缺陷以目视可见为限，起评级别均为 0.5 级。通过与该标准的附录 B、附录 C 中所列图片进行对比完成评级，若对比无法确定缺陷级别，可参照附录 A 进行测量评定。

3. ASTM E381—2020《钢棒、坯段、大方坯和锻件的宏观浸蚀试验标准方法》

该标准适用于评定碳素钢和低合金钢的钢棒、坯段、大方坯和锻件的宏观缺陷。该标准对试样的选取、试样的制备、浸蚀的试剂进行了详细的描述，介绍了宏观浸蚀的作用、可显示的内容、试验方法选择等。

该标准是通过一系列评级图片来对钢试样进行评级的，共有三个系列的评级图。

评级图 Ⅰ 适用于铸锭试样，描述了三种低倍组织状态：边缘点状偏析、一般疏松和中心偏析。

评级图 Ⅱ 适用于铸锭试样。该系列为无级别系列的组织评级图，其中包括了允许存在的缺陷（如锭型偏析）和不允许存在的缺陷（如气孔、异金属夹杂、白点）。当观察到上述缺陷时，均需要在报告中注明。

评级图 Ⅲ 适用于连铸试样。该系列中低倍组织缺陷级别的确定，以及可否接受由供需双方自行协定。这些缺陷包括：条状缺陷（表面裂纹、角裂纹、皮下裂纹、中心裂纹），圆形缺陷（管状或中心孔洞、星状裂纹、中心黑斑），其他缺陷（针孔、白点带、树枝晶）。

3.2.3 钢的低倍组织缺陷评级及评定原则

GB/T 1979—2001《结构钢低倍组织缺陷评级图》给出了试样经过酸蚀或电解腐蚀后低倍组织缺陷的特征、缺陷产生的原因，并给出了评定的原则。

1. 一般疏松

一般疏松在酸浸试片上表现为组织不致密，呈分散在整个截面上的暗点和空隙。暗点多呈圆形或椭圆形。空隙在放大镜下观察多为不规则的空洞或圆形针孔。这是因为，钢液在凝固时，树枝状晶主轴和各次轴之间出现微空隙并析集一些低熔点组元、气体和非金属夹杂物。这些微空隙和析集的物质经酸腐蚀后呈现组织疏松（见图 3-8）。

评定原则：根据分散在整个截面上的暗点和空隙的数量、大小及它们的分布状态，并考虑树枝状晶的粗细程度而定，分 4 个级别。

2. 中心疏松

中心疏松在酸浸试片中心部位呈集中分布的空隙和暗点。它和一般疏松的主要区别是空隙和暗点仅存在于试样的中心部位，而不是分散在整个截面上。它是由钢液凝固时体积收缩引起的组织疏松及钢锭中心部位因最后凝固使气体析集和夹杂物聚集较为严重所致（见图 3-9）。

评定原则：以钢锭中心部位存在的暗点和空隙的数量、大小以及密集程度而定，分为 4 个级别。

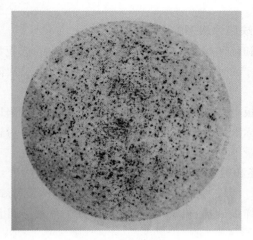

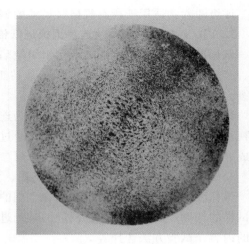

图 3-8　一般疏松　　　　　　　　　　　　图 3-9　中心疏松

3. 锭型偏析

锭型偏析在酸浸试片上呈腐蚀较深的，并由暗点和空隙组成的，与原锭型横截面形状相似的框带，一般为方形。它是在钢锭结晶过程中由于结晶规律的影响，柱状晶区与中心等轴晶区交界处的成分偏析和杂质聚集所致（见图 3-10）。

评定原则：根据框形区域的组织疏松程度和框带的宽度加以评定。必要时可测量偏析框边距试片表面的最近距离，分为 4 个级别。

4. 斑点状偏析

斑点状偏析在酸浸试片上呈不同形状和大小的暗色斑点，不论是否同时有气泡存在，这种斑点统称斑点状偏析。当斑点分散分布在整个截面上时称为一般斑点状偏析，当斑点存在于试片边缘时称为边缘斑点状偏析（见图 3-11 和图 3-12）。一般认为是在结晶条件不良的情况下，钢液在结晶过程中冷却较慢产生的成分偏析。当气体和夹杂物大量存在时，使斑点状偏析加重。

评定原则：以斑点的数量、大小和分布状况而定。

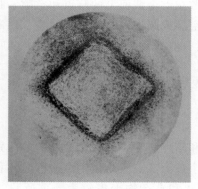

图 3-10　锭型偏析　　　　　　　　　　图 3-11　边缘斑点状偏析

5. 白亮带

白亮带是指在酸浸试片上呈现抗腐蚀能力较强、组织致密的亮白色或浅白色框带。连铸

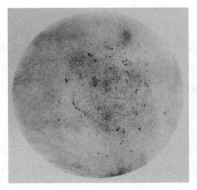 

图 3-12 一般斑点状偏析

坯在凝固过程中由于电磁搅拌不当，钢液凝固前沿温度梯度减小，凝固前沿富集溶质的钢液流出而形成白亮带（见图 3-13），它是一种负偏析框带，连铸坯成材后仍有可能保留。

评定原则：需要评定时可记录白亮带框边距试片表面的最近距离及框带的宽度。

6. 中心偏析

中心偏析是指在酸浸试片的中心部位呈现腐蚀较深的暗斑，有时暗斑周围有灰白色带及疏松。钢液在凝固过程中，由于选分结晶的影响及连铸坯中心部位冷却较慢而造成的成分偏析（见图 3-14）。

评定原则：根据中心暗斑的面积大小及数量来评定。

图 3-13 白亮带　　　　　　　　　　　图 3-14 中心偏析

7. 冒口偏析

冒口偏析的特征是在酸浸试片的中心部位呈现发暗的、易被腐蚀的金属区域。冒口偏析的产生是靠近冒口部位含碳的保温填料对金属的增碳作用所致。

评定原则：根据发暗区域的面积大小来评定（参照 GB/T 1979—2001 附录 A 中的中心偏析图片评定）。

8. 皮下气泡

皮下气泡是指在酸浸试片上，于钢材（坯）的皮下呈分散或成簇分布的细长裂缝或椭圆形气孔。细长裂缝多数垂直于钢材（坯）的表面。皮下气泡是由于钢锭模内壁清理不良和保护渣不干燥等原因造成的。

评定原则：测量气泡到钢材（坯）表面的最远距离。

9. 残余缩孔

残余缩孔是指在酸浸试片的中心区域（多数情况）呈不规则的折皱裂缝或空洞，在其上或附近常伴有严重的疏松、夹杂物（夹渣）和成分偏析。残余缩孔是由于钢液在凝固时发生体积集中收缩而产生的缩孔并在热加工时因切除不尽而部分残留（见图3-15）。

评定原则：以裂缝或空洞大小而定。

10. 翻皮

翻皮是指在酸浸试片上有的呈亮白色弯曲条带或不规则的暗黑线条，并在其上或周围有气孔和夹杂物；有的是由密集的空隙和夹杂物组成的条带。翻皮是在浇注过程中表面氧化皮翻入钢液中，凝固前未能浮出所造成的（见图3-16）。

评定原则：测量翻皮离钢材（坯）表面的最远距离及翻皮长度。

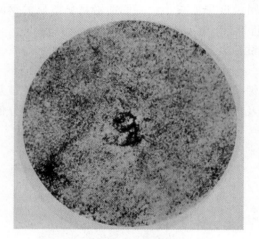

图 3-15　残余缩孔

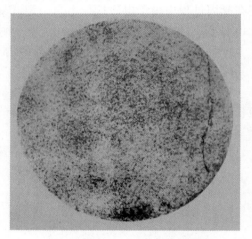

图 3-16　翻皮

11. 白点

白点一般是指在酸浸试片除边缘区域外的部分表现为锯齿形的细小发纹，呈放射状、同心圆形或不规则形态分布。在纵向断口上依其位向不同呈圆形或椭圆形亮点或细小裂缝。它是由于钢中氢含量高，经热加工变形后，在冷却过程中析出氢分子产生巨大应力而产生的裂缝（见图3-17和图3-18）。白点缺陷有时候也会与其他缺陷相伴而生，图3-19所示为白点+锭型偏析。

评定原则：以裂缝长短、条数而定。

12. 轴心晶间裂缝

轴心晶间裂缝一般出现于高合金不锈耐热钢，有时高合金结构钢也会出现。在酸蚀试片上呈三岔或多岔的、曲折、细小，由坯料轴心向各方取向的蜘蛛网形的条纹（见图3-20）。由于组织的不均匀性，也可能产生"蜘蛛网"的金属酸蚀痕，这不能作为判废的标志。在这种情况下，建议在热处理后（对试样进行正火或退火），重新进行检验。

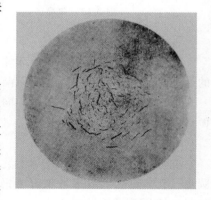

图 3-17　白点横截面

评定原则：级别随裂纹的数量与尺寸（长度及其宽度）的增大而升高。

图 3-18　白点纵截面

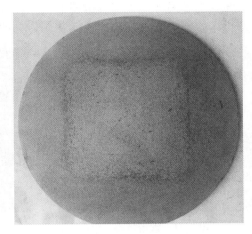

图 3-19　白点+锭型偏析

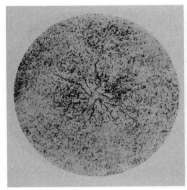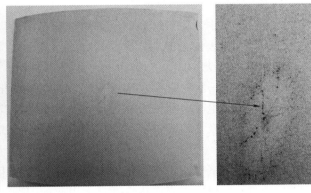

图 3-20　轴心晶间裂缝

13. 内部气泡

内部气泡是指在酸浸试片上呈直线或弯曲状的长度不等的裂缝，其内壁较为光滑，有的伴有微小可见夹杂物。它是由于钢中含有较多气体所致。

14. 非金属夹杂物（目视可见）及夹渣

非金属夹杂物（目视可见）及夹渣是指在酸浸试片上呈不同形状和颜色的颗粒。它是冶炼或浇注系统的耐火材料或脏物进入并留在钢液中所致。

评定原则：有时出现许多空隙或空洞，如目视这些空隙或空洞未发现夹杂物或夹渣，应不评为非金属夹杂物或夹渣。但对质量要求较高的钢种（指有高倍非金属夹杂物合格级别规定者），建议进行高倍补充检验。

15. 异金属夹杂物

异金属夹杂物是指在酸浸试片上颜色与基体组织不同，无一定形状的金属块。有的与基体组织有明显界线，有的界线不清。它是由于冶炼操作不当，合金料未完全熔化或浇注系统中掉入异金属所致。

16. 其他低倍缺陷

除上述缺陷外，有些低倍缺陷更为常见，如图 3-21 所示的锻造折叠，图 3-22 所示的枝晶偏析。另外，低倍检验中流线常作为锻件的其中一个评价指标进行检测（见图 3-23）。

  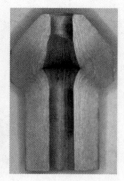

图 3-21　锻造折叠　　　　　图 3-22　枝晶偏析　　　　　图 3-23　锻造流线

3.2.4　钢的低倍检验常见问题

在钢的低倍检验中，由于试样的准备及试验操作过程不当可能会引起一些对检验结果有影响的问题，如试样表面粗糙度过大、欠腐蚀、过腐蚀、冲洗不净、表面花斑等。

1. 表面粗糙度过大

低倍酸蚀过程是一种电化学反应过程，它利用试样化学成分的不均匀、物理状态的差别及各种缺陷形成的微电池进行阳极腐蚀。在实际低倍检验中，有时会出现酸蚀后试样表面残留有明显的加工刀痕及变形痕迹的情况，干扰了低倍组织及缺陷的正常显示，对检验结果有较大影响。

解决措施：低倍试样通常是切取后两面车光，然后用平面磨削加工使检验面达到要求的表面粗糙度。如果出现由于表面粗糙度过大引起的问题，必须将试样重新磨削加工，使其表面粗糙度达到标准要求。

2. 欠腐蚀、过腐蚀

热酸腐蚀法和冷酸腐蚀法中的浸蚀法是将试样浸没在酸液中，对于试样表面的腐蚀程度和状态不能进行直观的控制或观察。通常是根据相关标准中的推荐值来设置腐蚀时间，保温一定时间后将试样取出冲洗干净才能进行观察。由于材料本身耐蚀性差异或酸溶液浓度的变化，可能会出现欠腐蚀或过腐蚀的情况。

欠腐蚀主要表现为低倍试样经过酸腐蚀后，在试样表面仅有少量组织和孔洞显现，更有甚者完全没有显示。过腐蚀主要表现为低倍试样经过酸腐蚀后，在试样表面会出现较明显的组织浮凸，甚至会出现蜂窝状孔洞。

解决措施：对于欠腐蚀的情况，首先应检查酸液的浓度是否满足标准要求。如果酸液浓度偏低，则添加或更换酸液，再将试样清洗后重新放入酸液中按标准规范进行腐蚀；如果酸液的浓度符合要求，则将试样清洗后放入酸液中，提高加热温度或延长腐蚀时间，以保证腐蚀效果。

对于过腐蚀的情况，应将试样腐蚀表面加工去除，重新放入酸液中进行腐蚀，试验时可适当降低加热温度或减少腐蚀时间。

3. 冲洗不净

低倍试样经过酸蚀后，用流水冲洗刷净，表面可能会存在一些油污、锈渍、表面附着物等，这会对试样表面的组织观察及结果评定产生影响。这些痕迹出现的原因有以下几种：①试样未清洗干净，仍有油污；②试样腐蚀后转移时间较长，造成表面氧化；③试样冲洗后未及时干燥，出现水渍；④冲刷时表面氧化物未完全去除。

解决措施：①试验前对试样进行认真清洗以去除油污；②腐蚀完成后及时用清水冲洗；③及时将试样吹干；④对整个检验面进行刷洗以去除腐蚀产物。

4. 表面花斑

低倍试样经过酸蚀后，用流水冲刷后会出现一些表面局部未腐蚀，腐蚀颜色不均匀而出现花斑的现象。产生这种现象的原因有可能是：①试样表面油脂未清除干净；②热切取试样表面的热影响区未清除干净；③磨削加工时造成表面出现磨削烧伤。

解决措施：①试验前对试样进行认真清洗以去除表面油脂；②将试样表面的热影响区去除干净；③将试样表面磨削去除 1~2mm 后再次试验。

3.3　钢材塔形发纹检验

3.3.1　发纹的成因及特征

发纹是指钢的一种宏观缺陷，它广泛分布在钢制件上，发纹的存在严重地影响着钢的力学性能，特别是对疲劳强度的影响很大。发纹不是白点（也称发纹），也不是裂纹，它比裂纹浅而短。发纹是钢内夹杂物、气孔、疏松和孔隙等在热加工过程中沿加工方向伸展排列而成的线状缺陷。发纹在宏观上能反映夹杂物的状况，也能在纵向上反映疏松偏析程度，主要分布在偏析区。

发纹是沿着轧制方向分布的，具有一定长度和深度的细小裂缝。由于裂缝很窄，光线射不到底，只能看到有深度的黑色线条。顺光时，个别较宽的发纹可以看到灰暗色的底部。

发纹产生的原因主要有：①钢锭皮下气泡、皮下夹杂在轧制中暴露；②坯料有裂纹；③在蓝脆区（250~300℃）剪切钢材产生蓝脆发纹。

3.3.2　试样的选取和制备

钢材中发纹的检验方法有酸蚀法和磁粉检测法两种，将试样车削制成塔形，采用酸蚀显示或磁粉检测显示后进行检验。塔形检验的试样一般在交货状态的钢材（或钢坯）上，在冷状态下采用热锯、冷锯、火焰切割、剪切等方法截取。

除产品标准或专门协议另有规定外，钢材塔形发纹检验酸蚀法适用于直径、边长或厚度为 16~150mm 的试样，试样加工应采用合理的切削工艺，去除因取样造成的变形和热影响区，防止产生过热现象，试样加工后的表面粗糙度 $Ra \leqslant 1.6\mu m$。

塔形试样如图 3-24、图 3-25 所示。

塔形试样的尺寸见表 3-4。

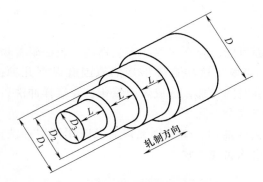

图 3-24　方钢或圆钢塔形试样

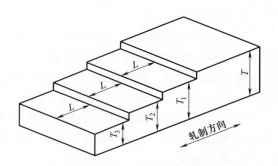

图 3-25　扁钢或钢板塔形试样

表 3-4　塔形试样尺寸　　　　　　　　　（单位：mm）

阶梯序号	各阶梯尺寸 $D_i(T_i)$	长度 L_a[①]
1	$0.90D(0.90T)$	50
2	$0.75D(0.75T)$	50
3	$0.60D(0.60T)$	50

注：D—圆钢直径、方钢边长；T—扁钢或钢板厚度。

① a 经供需双方协商，可按阶梯长度 $L_1 = 60mm$；$L_2 = 72mm$；$L_3 = 90mm$。

3.3.3　检验方法

塔形发纹检验酸蚀法按 GB/T 15711—2018《钢中非金属夹杂物的检验　塔形发纹酸浸法》中的相关规定，其中试样表面酸蚀按 GB/T 226—2015《钢的低倍组织及缺陷酸蚀检验法》的规定。

在试样酸蚀后，用肉眼观察并检验每个阶梯的整个表面上发纹的数量、长度和分布，必要时可用不大于 10 倍的放大镜进行检验。检验时应注意，发纹是非金属夹杂物条纹，要与酸浸后的偏析线和疏松条带区分开，后者不计入检验结果。

酸蚀检验法的优点是能真实地反映表面的缺陷，不会把皮下的缺陷也显示出来；缺点是若浸蚀过深会使缺陷扩大或把流线等误判为发纹。塔形试样的浸蚀程度对显示发纹的效果有很大影响，对流线较重的低碳钢、低合金钢的浸蚀不能太深，否则会使流线加重，导致发纹难以分辨。而对于某些高合金钢，将其深腐蚀才易于暴露真发纹。但无论哪一种钢材，过深腐蚀都将导致无法检验发纹。

3.3.4　评定及结果表示

塔形发纹检验结果的评定，对于发纹的起算长度，应符合相应的产品标准或专门协议规定，在未注明的情况下按 2mm 起算。

在塔形发纹检验结果表示中，应对每个阶梯上发纹的条数，每个阶梯上发纹的总长度，每个试样上的发纹总条数，每个试样上发纹的总长度及每个试样上发纹的最大长度进行记录。在结果表示及记录中，发纹的长度都以毫米（mm）为单位。

应当注意的是，如果在检验时发现试样检验面的同一条直线上有两条发纹，且两条发纹间的距离小于 0.6mm，应按一条发纹计算，此时发纹的长度包括间距长度。

3.4 钢材硫印、磷印检查

钢在凝固期间，硫与杂质聚集在枝晶间隙，因此最后凝固区域即成为杂质的聚集区。硫在铁中的固溶度极低，主要以硫化铁或硫化锰的形式存在。硫印是研究材料（主要是钢铁）不均匀性的有效方法，可用来检验硫元素在钢中的分布情况。通过类似的办法也可得到磷的分布印迹，但目前还没有一个可靠的方法来实现。

必须指出的是，硫印和磷印检查是一种定性试验，仅以硫印和磷印试验结果来估计钢的硫或磷的含量是不恰当的。

硫印、磷印检查的目的、原理、试验方法、操作步骤、结果评定等见表3-5。

表3-5 硫印与磷印检查

检查内容	硫印	磷印
目的和原理	目的:通过预先在硫酸溶液中浸泡过的相纸覆盖在试样上得到印迹来确定钢中硫化物夹杂的分布位置 原理:相纸上的硫酸与试样上的硫化物发生作用,产生硫化氢气体;硫化氢又与相纸上的溴化银发生作用,生成硫化银,沉积在相纸相应的位置上,形成黑色或深褐色斑点	磷印法原理与硫印法相似,所不同的是试样需要先进行浸蚀,即采用含有焦亚硫酸钾($K_2S_2O_5$)的饱和硫代硫酸钠($Na_2S_2O_3$)溶液对试样进行浸蚀,然后将浸过盐酸溶液的相纸贴于试样表面,使其发生化学反应,在相纸上显示彩色斑痕
试验方法	参照 GB/T 4236—2016《钢的硫印检验方法》,适用于硫的质量分数大于 0.00501% 的钢,也可用于铸铁 对于锻件,钢中硫化物循加工方向变形分布,此时应选取纵向截面进行检验	Canfield 法、Niessner 法、滴点法
操作步骤	1)在室温下把相纸浸入体积足够的硫酸水溶液中5min 左右 2)在除去多余硫酸溶液后,把湿润相纸的感光面贴到受检表面上,若试样较小,也可把试样放到事先已浸泡的相纸上 3)为确保良好的接触,要排除试样表面与相纸之间的气泡和液滴,可用药棉或橡皮辊筒不断地在相纸背面上均匀地揩拭或滚动,揩拭时用力不能过大,防止相纸与试样表面产生滑动。对于小尺寸试样,可用软橡皮、泡沫塑料或海绵来压紧相纸 4)可以根据被检试样的现有资料(如化学成分)及待检缺陷的类型预先确定时间,作用时间可能从几秒到几分钟不等 5)揭掉相纸,放到流动的水中冲洗约10min,然后放入定影液浸泡 10min 以上再取出,放入流动的水中冲洗 30min 以上,干燥	1)先将试样表面用四氯化碳清洗,去净油污,然后将试样置于加有 1g 焦亚硫酸钾($K_2S_2O_5$)的50mL 饱和硫代硫酸钠($Na_2S_2O_3$)溶液中浸蚀 8~10min,取出试样水洗、乙醇冲洗后吹干 2)将尺寸合适、反差较大的相纸药面向下,在3%(质量分数)盐酸溶液中浸泡 5min,不断摇动相纸使酸液浸渍均匀 3)相纸取出后将药面对准试样面,从一边缓慢敷盖在试样面上。可用橡皮辊筒或用棉花在相纸上滚压或轻轻擦拭,以便将相纸与试样表面之间的气泡赶出。但需要特别注意,不要使相纸发生滑动,否则会使得结果模糊不清 4)取下相纸,在清水中清洗 3~5min,然后放入定影液中定影大约 15min,再在流动的清水中冲洗30min,最后上光干燥
结果评定	相纸上显有棕色印痕之处,便是硫化物所在。相纸上的印痕颜色深浅和印痕多少,是由试样中硫化物的多少决定的。当相纸上呈现大点子的棕色印痕时,则表示试样中的硫偏析较为严重且含量较多,反之则表示硫偏析较轻且含量较低	评级相纸上较深的褐色斑痕处即为磷含量低的区域,颜色较浅或白色区域即为磷偏析处。一般根据相纸上的深褐色斑点的颜色深浅、大小、多少及分布情况,参照 GB/T 1979—2001 中一般疏松级别图进行评定

（续）

检查内容	硫印	磷印
重新试验	为了验证硫印结果,需要重复做一次试验。第二次试验的操作过程与第一次相同,但相纸覆盖时间增加一倍。如果两次试验得到的硫印痕迹位置相吻合,则说明试验结果正确 如果对试验结果有怀疑,可将试样进行机械加工后再重新试验,但应加工除去 0.5mm 以上	如果所得磷印照片不够理想,可将原试样面重新制备(去除 0.5mm 以上),再进行磷印试验

3.5　钢材宏观断口检验

宏观断口观察通常是指用肉眼、放大镜或低倍率立体显微镜观察金属材料断口的方法。尽管电子显微镜在断口研究中得到成功应用,但目前宏观断口观察法仍然作为断口研究的重要一环,是检查钢材宏观缺陷的重要方法。

通过断口检验,可以发现钢材本身的冶炼缺陷和热加工、热处理等制造工艺中存在的问题。断口检验有很大的优点,即对于在使用过程中破损的零件和在生产制造过程中由于某种原因而导致破损的断口,以及做拉伸试验、冲击试验破断后的断口,不需要任何加工来制备试样,就可直接进行观察和检验。因为钢材中的偏析、非金属夹杂物及白点等缺陷,在热加工时,均会沿加工变形方向延伸,所以这些缺陷在钢材的纵向断口上容易被显现,故在选取钢材断口检验试样时,应尽可能地选取纵向断口。

3.5.1　纵向断口制备方法

制备纵向断口时,可先切取横截面,其厚度一般为 15～20mm,有时可厚一些,然后用冷切、锯割截取;若用热切、锯割或切割,必须将热影响区（30～50mm）除去。为了容易折断试样,开槽深度约为试样厚度的 1/3,当折断有困难时,可适当加深刻槽深度。直径大于 40mm 钢材断口检验试样上的纵向断口刻槽示意如图 3-26 所示。

3.5.2　横向断口制备方法

横向断口试样长度可取为 100～140mm,在试样中部的一边或两边刻槽,如图 3-27 所示。刻槽时应保留断口的截面积不小于钢材原截面积的 50%。

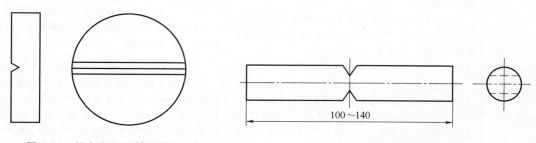

图 3-26　纵向断口刻槽示意　　　　　　图 3-27　横向断口刻槽示意

3.5.3　钢材断口形貌及各种缺陷识别

钢材断口的分类及各种缺陷形态的识别按照 GB/T 1814—1979《钢材断口检验法》进行评定。该标准适用于结构钢、轴承钢、工具钢及弹簧钢的热轧、锻造、冷拉条钢和钢坯。其他钢类要求做断口检验时可参照该标准。

1. 纤维状断口

宏观上呈暗灰色绒毯状，无结晶颗粒，在整个断口表面显示为均匀的组织，具有明显的塑性变形。纤维状断口为钢的正常断口，它的出现表明钢材具有良好的韧性，所以有时也称韧性断口。如图 3-28 所示。

2. 瓷状断口

瓷状断口是一种具有绸缎光泽、致密、类似细瓷碎片断面的亮灰色断口。这种断口常出现在共析钢、过共析钢，以及经淬火或淬火和低温回火后的某些合金结构钢材上。对于淬火后低温回火的钢类，瓷状断口属于正常断口，如图 3-29 所示。

图 3-28　纤维状断口

图 3-29　瓷状断口

3. 结晶状断口

结晶状断口是钢受载破坏时未出现明显的宏观变形就断裂而形成的一种断口。断面一般平齐，呈亮灰色，有强烈的金属光泽和明显的结晶颗粒，断口四周无剪切唇。对于要求处理成珠光体组织的钢来说，结晶状断口属于正常断口。但对于要求处理成索氏体（细珠光体）组织的钢材来说，则属于不正常断口。结晶状断口如图 3-30 所示。

4. 台状断口

所谓台状断口，是指比基体颜色略浅、变形较小、宽窄不同、较为平坦的平台状断口，多分布在偏析区内。台状一般出现在树枝晶发达的钢锭头部和中部，是沿粗大树枝晶断裂的结果。台状对钢的纵向及横向力学性能中的强度指标均无影响，但对横向韧性和塑性都有一定影响，且随着台状严重程度增加而增加。台状断口如图 3-31 所示。

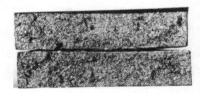

图 3-30　结晶状断口

图 3-31　台状断口

5. 撕痕状断口

撕痕状为在纵向断口上沿热加工方向排列的灰白色、致密而光滑的条带，分布无一定规律，严重时可遍布整个断面。这种断口一般出现在锭尾，而头部较少。其形成原因为钢中残余铝过多，这些铝与钢中的氮化合生成氮化铝，沿铸造晶界分布，引起沿晶断裂，致使断口呈现撕痕状。轻微的撕痕状对钢的力学性能影响不明显，但严重时会使纵向韧性指标有所降低，更主要的是横向塑性、韧性指标明显下降。撕裂状断口如图 3-32 所示。

a)   b)

图 3-32 撕痕状断口
a）淬火态 b）调质态

6. 层状断口

层状断口特征为纵向断口表面上沿热加工方向呈现无金属光泽的凹凸不平、层次起伏的条带，其中伴有白亮或灰色线条。这种断口多出现在偏析区内，系因夹杂物过多，在热加工过程中它们被破碎和拉长，形成许多相互平行的夹杂条带。这种断口形态如沿纵向劈裂的朽木，所以也有人称之为木纹状断口。层状断口对钢的纵向力学性能和横向强度均无较大的影响，但对横向韧性、塑性却有明显影响。随着层状严重程度增加，韧性、塑性指标不断下降，塑性下降尤甚。层状断口如图 3-33 所示。

a)   b)

图 3-33 层状断口
a）淬火态 b）调质态

7. 缩孔残余断口

在凝固过程中，钢液由于体积收缩而在钢锭最后凝固部分形成 V 形缩管，称为缩孔。未切尽而留在钢坯（或钢材）上的残留部分称为缩孔残余。在纵向断口上呈非结晶构造的条带或疏松区，往往有非金属夹杂物或夹渣存在，一般具有氧化色。这种缺陷主要是由于浇铸时补缩不足或切头不够造成，它破坏了金属的连续性，所以是不允许存在的缺陷。缩孔残余断口如图 3-34 所示。

8. 白点断口

钢中白点是由氢和内应力共同作用所引起的一种内部裂纹缺陷，多在钢坯中形成。它在钢的纵向断口上多呈圆形或椭圆形的银白色斑点，斑点内组织为颗粒状，个别呈鸭嘴形裂口。白点一般出现在钢坯或锻件的心部，其分布规律常与钢的外形相似。白点破坏了钢的连续性，使钢的韧性、塑性降低，并成为疲劳裂纹源。白点断口如图 3-35 所示。

9. 气泡断口

钢中气泡分为内部气泡和皮下气泡两种。内部气泡的产生多与冶炼时脱氧不良有关，皮下气泡的产生一般与钢液气体过多、浇注系统潮湿、有锈或在涂料中含有水分或挥发性物质有关。在纵向断口上，皮下气泡为分布在表皮附近的沿热加工方向拉长的内壁光滑的非结晶条带。气泡破坏了钢材的连续性，属于不允许存在的缺陷。气泡断口如图 3-36 所示。

图 3-34　缩孔残余断口

图 3-35　白点断口

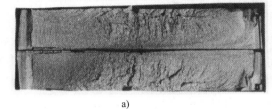

a)

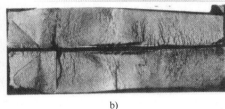

b)

图 3-36　气泡断口

a）皮下气泡　b）内部气泡

10. 内裂断口

钢中含有内部裂纹时，沿裂纹断开而形成的断口称为内裂断口。内裂可分为在热加工（锻造或轧制）过程中形成的锻裂或在热加工之后冷却过程中形成的冷裂两种。

锻裂的产生主要与钢坯加热温度过低、钢坯内外温度不均、热加工压力过大、钢材变形不合理等有关。冷裂产生的主要原因是锻后冷却速度太快，由组织应力与热应力叠加导致金属破裂。内部裂纹破坏了钢的连续性，是不允许存在的缺陷，锻裂和冷裂分别如图 3-37 和图 3-38 所示。

图 3-37　锻裂

图 3-38　冷裂

11. 非金属夹杂物（肉眼可见）及夹渣断口

肉眼可见的非金属夹杂物及夹渣（见图 3-39）在断口上表现为非结晶的条带状或块状缺陷，其颜色随夹杂物种类不同而异，常见的有灰白、浅黄、黄绿色等，分布无一定规律。该类缺陷形成的主要原因是在冶炼过程中脱氧产物未排除干净，在出钢和浇注过程中，钢液

a)

b)

图 3-39　非金属夹杂物（肉眼可见）及夹渣

a）非金属夹杂物（肉眼可见）　b）夹渣

被二次氧化或被钢液浸蚀的炉衬或浇注系统的耐火材料混入钢中的结果。在断口上出现肉眼可见的非金属夹杂物或夹渣会破坏金属连续性，是不允许存在的缺陷。

12. 异金属夹杂物断口

异金属夹杂物是进入钢中的与基体金属截然不同的金属块，一般为形状不规则且与基体金属之间有明显界线的物体。在断口上表现为与周围基体金属有明显边界、变形能力不同、金属光泽不同的组织，分布无一定规律。由于异金属夹杂物与基体成分不同（一般差异很大），因而破坏金属的连续性，属于不允许存在的冶金缺陷。异金属夹杂物断口如图 3-40 所示。

13. 黑脆断口

黑脆多出现在退火后的共析和过共析工具钢及含硅的弹簧钢断口上，显现为局部甚至全部呈黑灰色，一般以钢材中心区为主，严重时可见到石墨碳颗粒析出。这是由于钢中渗碳体分解为石墨，即发生石墨化的结果。一旦在钢材中发生石墨化，消除是困难的。轻微石墨化时，钢材抛光变得困难；严重石墨化时，易使钢材脆断，属于不允许存在的冶金缺陷，如图 3-41 所示。

图 3-40　异金属夹杂物断口　　　　图 3-41　黑脆断口

14. 石状断口

石状断口的特征是在断口表面上有一些无金属光泽、颜色浅灰、有棱角、类似碎石块状的组织。轻微时只有少数几个，且常分布在钢材外层或棱角处；严重时可布满整个断口的表面。石状断口中石状颗粒大小与钢在高温加热时的奥氏体晶粒尺寸是一致的，是沿奥氏体晶粒边界断裂的结果。石状断口通常是钢加热超过过热温度之后形成的。钢材在出现不稳定石状断口后，其冲击韧性和塑性明显下降。对于大多数合金钢来说，应当处于韧性状态下进行宏观断口检查，而不应当在脆性状态下做断口试验。石状断口如图 3-42 所示。

15. 萘状断口

萘状断口是一种粗晶穿晶脆性断口。在断口上各个粗大晶粒显现弱金属光泽。在掠射光照射下，由于其各个晶粒取向不同，因而反光能力不同，结果闪烁着萘晶体般的光泽。合金结构钢的萘状断口是因加热温度过高，超过了其过热温度，且在过热后缓冷时才出现的一种粗晶穿晶断口。高速工具钢的萘状断口是因连续两次淬火，中间未经退火，或因热加工温度过高，压缩比又接近其临界变形度而形成。具有萘状断口的钢，其冲击韧性和塑性下降。高速工具钢在出现萘状断口后变脆，稳定性降低；力学性能要比正常者低若干倍。萘状断口如图 3-43 所示。

图 3-42　石状断口　　　　图 3-43　萘状断口

3.6 案例分析

3.6.1 针（气）孔

一批电渣重熔 42CrMo 原材料在入厂复验时，低倍试片上出现较多暗灰色斑点，分布较均匀且数量较多，清洗试片时出现"渗水"现象。将低倍试片沿直径方向开缺口并压断，断口呈纤维状，近表面可见多条纵向、平行分布的短条状缺陷，电镜形貌显示缺陷内壁光滑，呈细管状孔洞特征。纵向制样并采用硝酸乙醇溶液浸蚀后发现，孔洞缺陷与材料的条带状偏析方向一致。针孔形貌如图 3-44～图 3-47 所示。

图 3-44 针孔低倍形貌

图 3-45 针孔断口形貌

图 3-46 针孔放大形貌

图 3-47 纵截面低倍腐蚀形貌

3.6.2 白点

一批电渣重熔 42CrMo 材料的曲轴在锻造、调质处理后进行力学性能试验，发现试棒断面收缩率低，断口局部存在白亮斑点。取样后对断口进行扫描电镜分析，白点处表面起伏凹凸不平、没有棱角，凸起部分为曲面，整体表现为"浮云状"。在出现问题的曲轴上取样，经热酸浸蚀后发现，在低倍试片上有较多呈锯齿状分布的细裂纹，白点特征明显。白点形貌如图 3-48～图 3-51 所示。

图 3-48　断口白点形貌

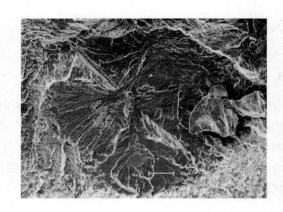

图 3-49　白点微观形貌

图 3-50　低倍白点形貌

图 3-51　白点局部形貌

3.6.3　过烧

一根连杆在装机后仅使用很短时间即发生断裂事故，宏观形貌显示，断面除局部边缘具有疲劳断裂特征外，大部分区域为石块状断口。取样后在扫描电镜下观察，上述断口表现为粗大沿晶断裂形貌，断面上有较多沉积物，且局部可见晶间裂纹。在断口位置取样进行金相检查，可见三角晶界熔融特征及沿粗大原奥氏体晶界分布的深灰色痕迹，具有过烧特征。过烧形貌如图 3-52~图 3-55 所示。

3.6.4　发纹

一批 50Cr 原材料在入厂检验时要求进行塔形发纹酸蚀试验。经 10%硝酸水溶液腐蚀后，发现在试棒第 1 阶位置有一条长度约 2mm 的深黑色线条，根据形态判定为发纹。在缺陷位置取样进行金相检验，可见缺陷为沿纵向分布的非金属夹杂物，腐蚀后在夹杂物周围未发现氧化、脱碳现象。发纹形貌如图 3-56 和图 3-57 所示。

图 3-52　过烧断口宏观形貌

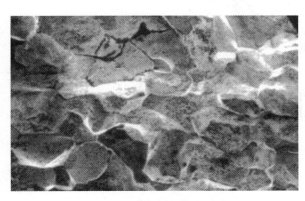

图 3-53　过烧断口微观形貌

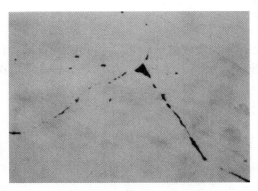

图 3-54　三角晶界熔融形貌

图 3-55　沿晶抛光态形貌

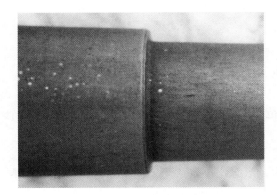

图 3-56　发纹低倍形貌

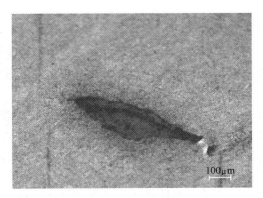

图 3-57　发纹显微形貌

第 *4* 章

钢的显微组织评定

4.1 钢中非金属夹杂物含量测定方法

本节重点介绍 GB/T 10561—2023《钢中非金属夹杂物含量的测定 标准评级图显微检验法》，该标准等同采用 ISO 4967：2013（E）《钢—非金属夹杂物含量的测定—标准评级图显微检验法》。

4.1.1 内容与适用范围

GB/T 10561—2023 规定了利用标准图谱评定压缩比大于或等于 3 的轧制或锻制钢材中的非金属夹杂物的显微评定方法。这种方法广泛用于对给定用途钢适应性的评估，可能不适用于评定某些类型的钢（如易切削钢）。一般钢中非金属夹杂物的评级采用标准中的 ISO 评级图谱进行。

4.1.2 术语和定义

钢中非金属夹杂物通常是指钢中的氧化物、硫化物、硅酸盐及氮化物等，这些化合物一般不具有金属性质，并机械地混杂在钢的组织中。钢中非金属夹杂物分为以下几种类型。

1. A 类（硫化物类）

A 类（硫化物类）具有高延展性，有较宽范围形态比（长度/宽度）的单个灰色夹杂物，一般端部呈圆角。

2. B 类（氧化铝类）

B 类（氧化铝类）大多数没有变形，带角的，形态比小（一般<3），黑色或带蓝色的颗粒，沿轧制方向排成一行（至少有 3 个颗粒）。

3. C 类（硅酸盐类）

C 类（硅酸盐类）具有高的延展性，有较宽范围形态比（一般≥3）的单个呈黑色或深灰色夹杂物，一般端部呈锐角。

4. D 类（球状氧化物类）

D 类（球状氧化物类）不变形，带角或圆形的，形态比小（一般<3），黑色或带蓝色的无规则分布的颗粒。

5. DS 类（大颗粒球状氧化物类）

DS 类（大颗粒球状氧化物类）为圆形或近似圆形，直径>13μm 的单颗粒 D 类夹杂物。

4.1.3 试样的选取与制备

1. 试样的选取

非金属夹杂物的取样要有代表性，如果取样不合理，就有可能造成非金属夹杂物的漏检。取样时，若采用不适当的切割方式，就会在取样部位产生损伤或裂纹，这将给后面的工作带来严重的不良影响。切割试样应在良好的冷却条件下进行，严防试样烧伤，以便为下一步的试样制备提供一个完好的平面。在检查金属材料质量或评定非金属夹杂物的等级时，试样截取的部位及尺寸应按钢中非金属夹杂物评级标准中所规定的取样方法或技术协议中有关的规定进行。

用于测量夹杂物含量试样的抛光面面积宜为 $200mm^2$（20mm×10mm），通常取样部位应沿钢材或零件的轧制或锻造方向，位于钢材外表面到中心的中间位置切取试样；钢坯上切取的检验面应通过钢材（或钢坯）轴心的纵截面；对于板材，检验面应近似位于其宽度的四分之一处。如无特殊要求，通常取样方法如下。

1）对于直径或边长大于 40mm 的钢棒或钢坯，检验面位于钢材外表面到中心的中间位置的部分径向截面（见图 4-1a）。

2）对于直径或边长大于 25mm、小于或等于 40mm 的钢棒或钢坯，检验面为通过直径的截面的一半（由试样中心到边缘见图 4-1b）。

3）对于直径或边长小于或等于 25mm 的钢棒，检验面为通过直径的整个截面，其长度应保证得到约 $200mm^2$ 的检验面积（见图 4-1c）。

4）对于厚度小于或等于 25mm 的钢板，检验面位于宽度 1/4 处的全厚度截面（见图 4-1d）。

5）对于厚度大于 25mm、小于或等于 50mm 的钢板，检验面为位于宽度 1/4 处和从钢板表面到中心的位置，检验面为钢板厚度的 1/2 截面（见图 4-1e）。

6）对于厚度大于 50mm 的钢板，检验面为位于宽度的 1/4 处和从钢板表面到中心之间的中心位置，检验面为钢板厚度的 1/4 截面（见图 4-1f）。

7）钢管的取样方法：当产品厚度、直径或壁厚较小时，则应从同一产品上截取足够数量的试样，以保证检验面积为 $200mm^2$，并将试样视为一支试样；当取样数达 10 个长 10mm 的试样作为一支试样时，检验面积不足 $200mm^2$ 是允许的，钢管的取样方法如图 4-1g 所示。

8）其他钢材的取样方法、取样数量及部位：按相应的产品标准或双方协议进行。试样应在冷却状态下，用机械方法切取。当用气割方法取样时，应完全去除热影响区。

9）如遇到断裂件或失效件时，通常夹杂物检验面的选取应垂直于断裂面（不适用于断裂面沿纵向扩展的情况），最好取在断口裂源处的截面试样，这样有助于获得更多的信息来判断零件破断的原因，有时还需要在远离断裂处取试样，以供检验时比较。

10）如果要全面了解钢中非金属夹杂物的形状、大小及分布特征，必须考虑材料或零件的加工变形情况。纵向（即平行于轧制或锻造方向）截取试样，可观察夹杂物变形后的形状、分布及鉴别夹杂物的属类，并可分类评定夹杂物的等级。横向（即垂直于轧制或锻造方向）截取试样，可观察到夹杂物变形后的截面形状、大小及分布情况。通过纵向和横向的取样观察，可进一步全面了解非金属夹杂物的变形行为及三维形貌特征。

2. 试样的制备

为保证检验面的平整，避免试样边缘出现圆角，可用夹具或镶嵌的办法加以保护。夹杂物试样应经过砂轮打平、粗磨、细磨（金相砂纸）；试样抛光时，注意防止夹杂物剥落、变形或抛光面被污染，可选用合适的抛光剂和抛光工艺，严格执行操作规范。在显微镜 100 倍下看到的是一个无划痕、无污物的镜面。试样制备的具体过程按 GB/T 13298—2015 的规定执行。

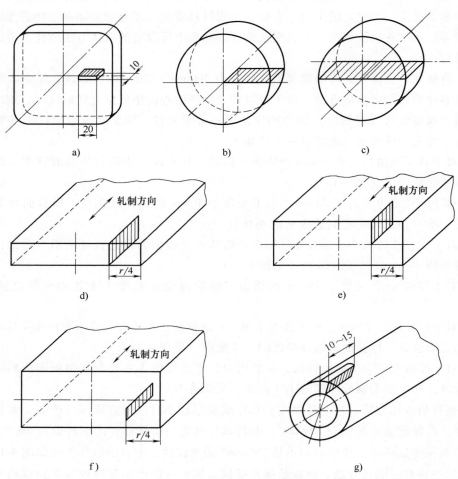

图 4-1　GB/T 10561—2023 规定的取样方法

注：图中 r 为钢材宽度。

4.1.4　夹杂物含量的测定

1. 观察方法

在显微镜下可用以下两种方法之一检验。

（1）投影法　将夹杂物图像投影到照相毛玻璃上，放大 100 倍，视场为边长 71mm 的正方形（实际面积为 0.5mm^2），然后将正方形内的图像与标准图片进行比较。

（2）目镜直接观察法　在目镜上适当位置放置如图 4-2 所示的网格，以使图像在 100 倍

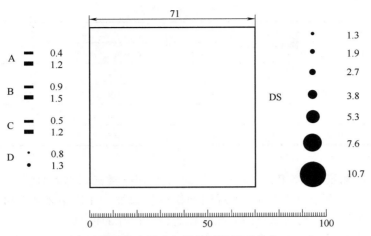

图4-2　格子轮廓线或标线的测量网（单位：mm）

下，试验框内的面积为0.5mm^2（71mm×71mm）。

2. 夹杂物的实际检验

（1）A法（最恶劣视场检验法）　抛光后未经浸蚀的试样置于显微镜下观察。对于各类夹杂物，按粗系或细系记下，然后将最恶劣的视场与标准评级图比较，相符的即为该试样夹杂物的级别。

（2）B法　应检验整个抛光面。试样每一个视场同标准图片相比较，每类夹杂物按粗系或细系记下与检验视场最符合的级别数。

（3）A法和B法的通则　将每一个观察的视场与标准评级图谱进行对比。如果一个视场处于两相邻标准图片之间时，应记录为较低的一级，表4-1列出了夹杂物评级界线（最小值）。对于个别的夹杂物和串（条）状夹杂物，如果其长度超过视场的边长（0.710mm），或者宽度或直径大于粗系最大值（见表4-2），则应当作超尺寸（长度、宽度或直径）夹杂物进行评定，并分别记录。但是这些夹杂物仍应纳入该视场的评级。

表4-1　夹杂物评级界线（最小值）

评级图级别 i	夹杂物类别				
	A	B	C	D	DS
	总长度/μm	总长度/μm	总长度/μm	数量/个	直径/μm
0.5	37	17	18	1	13
1.0	127	77	76	4	19
1.5	261	184	176	9	27
2.0	436	343	320	16	38
2.5	649	555	510	25	53
3.0	898	822	746	36	76
3.5	1181	1157	1029	49	107
4.0	1498	1530	1359	64	151
4.5	1848	1973	1737	81	214
5.0	2230	2476	2163	100	303

表 4-2　夹杂物的宽度

类别	细系		粗系	
	最小宽度/μm	最大宽度/μm	最小宽度/μm	最大宽度/μm
A	≥2	≤4	>4	≤12
B	≥2	≤9	>9	≤15
C	≥2	≤5	>5	≤12
D	≥3	≤8	>8	≤13

注：D类夹杂物的最大尺寸定义为直径。

为了提高实际测量（A、B、C类夹杂物的长度，DS类夹杂物的直径）及计数（D类夹杂物）的再现性，可采用图4-2所示的透明网格或轮廓线，并使用表4-1和表4-2规定的评级界线，以及有关评级图夹杂物形态的描述作为评级图片的说明。

非传统类型夹杂物按与其形态最接近的A、B、C、D、DS类夹杂物评定。将非传统类别夹杂物的长度、数量、宽度或直径与评级图片上的每类夹杂物进行对比，或测量非传统类型夹杂物的总长度、数量、宽度或直径，使用表4-1和表4-2来选择与夹杂物含量相应的级别或宽度系列（细、粗或超尺寸），然后在表示该类夹杂物的符号后加注下标，以表示非传统类型夹杂物的特征，并在试验报告中注明下标的含义。

对于A、B、C类夹杂物，用l_1和l_2分别表示两个在或者不在一条直线上的夹杂物或串（条）状夹杂物的长度，当两夹杂物之间的纵向距离$d \leqslant 40\mu m$且沿轧制方向的横向距离s（夹杂物中心之间的距离）$\leqslant 15\mu m$时，则应视为一夹杂物或串（条）状夹杂物（见图4-3）。

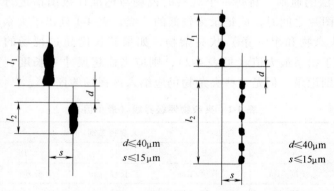

图 4-3　不在一条直线上的 A、B、C 类夹杂物的评定方法

如果一个串（条）状夹杂物内夹杂物的宽度不同，则应将该夹杂物的最大宽度视为该串（条）状夹杂物的宽度。

3. 通则

除在产品标准中已指明的情况外，检验结果可按下述方法表示。用每个试样的级别及在此基础上所得的每炉钢每类和每个宽度系列夹杂物的级别算术平均值来表示结果。这种方法与前面所述的方法结合使用。

（1）A法　表示与每类夹杂物和每个宽度系列夹杂物最恶劣视场相符合的级别。在每类夹杂物类别代号和系列代号（细系T或粗系H）后再加上最恶劣视场的级别，用字母s表示出现超尺寸（长度或宽度）夹杂物，例如，AT2.0、DT1.0、BT2.5s（930μm）、DS0.5。用于表示非传统类型的夹杂物下标应注明其含义。

（2）B 法　表示给定观察视场数（N）中每类夹杂物及每个宽度系列夹杂物在给定级别上的视场总数。对于所给定的各类夹杂物的级别，可用所有视场的全套数据，按专门的方法来表示其结果，如根据双方协议规定纯洁度（K_j）或平均级别（i_{moy}）。具体计算公式参见GB/T 10561—2023 附录 E 中的式（E.1）和式（E.2）。

4. 超尺寸夹杂物或串（条）状夹杂物的评定原则

如果夹杂物或串（条）状夹杂物仅长度超长，则对于 B 法，将位于视场内夹杂物或串（条）状夹杂物，或对 A 法，按 0.710mm 计入同一视场中同类及同一宽度夹杂物的长度（见图 4-4a）。

如果夹杂物或串（条）状夹杂物的宽度或直径（D 类夹杂物）超尺寸，则应计入该视场中粗系夹杂物评定结果（见图 4-4b）。

对于 D 类夹杂物，如果颗粒数大于 49，级别数可按标准中附录 D 的公式计算。

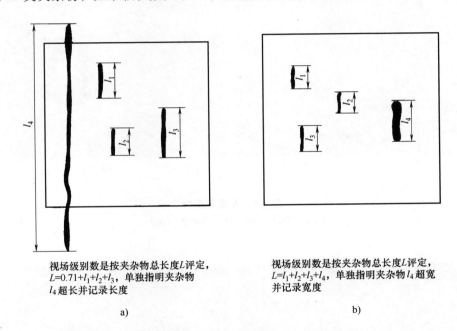

视场级别数是按夹杂物总长度 L 评定，$L=0.71+l_1+l_2+l_3$，单独指明夹杂物 l_4 超长并记录长度

视场级别数是按夹杂物总长度 L 评定，$L=l_1+l_2+l_3+l_4$，单独指明夹杂物 l_4 超宽并记录宽度

a) 　　　　　　　　　　　　　　　　b)

图 4-4　超尺寸夹杂物或串（条）状夹杂物的视场评定

a）超长串（条）状夹杂物　b）宽度或直径超尺寸的夹杂物或串（条）状夹杂物

4.1.5　国内外标准对比

我国的国家标准（GB/T 10561—2023）、美国标准（ASTM E45—2018a）与国际标准（ISO 4967：2013）主要差异点见表 4-3。

4.1.6　非金属夹杂物图谱

钢中非金属夹杂物图谱分别如图 4-5～图 4-10 所示。

表 4-3　国内外标准差异对比

标准	锻轧比	夹杂物类型	A、B、C类夹杂细系和粗系	D类夹杂物下限/μm	条状夹杂物间距/μm	试样面积/mm²	试样方法
GB/T 10561—2023	≥3	A、B、C、D、DS	以最宽部位定粗细	≥2	纵向≤40 横向≤15	200	A、B
ASTM E45—2018a	≥2	A、B、C、D	以大于50%长度定粗细	≥2	纵向≤40 横向≤15	160	A、B、C、D、E
ISO 4967: 2013	≥3	A、B、C、D、DS	以最宽部位定粗细	≥3	纵向≤40 横向≤10	200	A、B

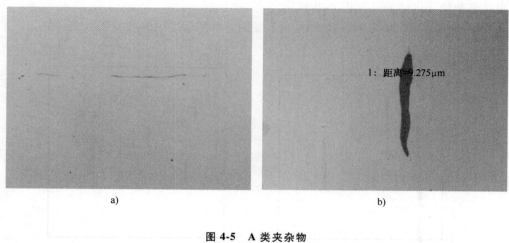

a)　　　　　　　　　　b)

图 4-5　A 类夹杂物

a）AT1.5　100×　b）AH0.5　500×

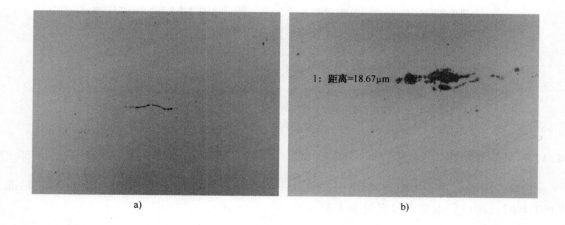

a)　　　　　　　　　　b)

图 4-6　B 类夹杂物

a）BT1.5　100×　b）BH1.0　500×

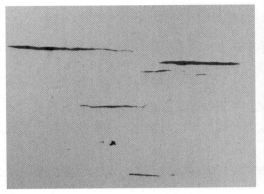

图 4-7　C 类夹杂物　100×

图 4-8　D 类夹杂物　100×

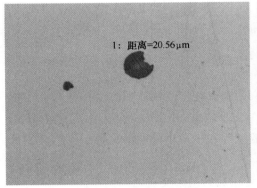

图 4-9　DS 类夹杂物　500×

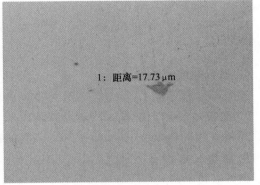

图 4-10　$D_{TiN}0.5s$（17.73μm）　500×

4.2　金属平均晶粒度测定方法

4.2.1　内容与适用范围

　　GB/T 6394—2017 规定了金属组织平均晶粒度的表示及测定方法，包含比较法、面积法和截点法，适用于单相组织，但经具体规定后也适用于多相或多组元试样中特定类型的晶粒平均尺寸测定。对于非金属材料，若组织形貌与比较评级图中金属组织相似也可参照使用。

　　该标准利用晶粒面积、直径或截线长度的单峰分布（近似于对数正态分布）来测定试样的平均晶粒度，不适用于双峰分布的晶粒度。双重晶粒度的评定参见 GB/T 24177—2009。分布在细小晶粒基体上个别非常粗大的晶粒的测定方法参见 YB/T 4290—2012。

　　此外，GB/T 6394—2017 仅适用于平面晶粒度的测量，不适用于三维晶粒度，即立体晶粒尺寸的测量。

4.2.2　术语和定义

1. 晶界

　　对于多晶材料，晶界是指从其一个结晶方向至另一个结晶方向过渡的很窄的区域，从而将相邻的晶粒分离。

2. 晶粒

晶粒是指晶界所包围的整个区域。即是二维面上所观察到的原始晶界范围内的面积，或是三维物体上原始晶界面内所包围的体积。对于有孪晶界面材料，孪晶界面不予考虑。

3. 晶粒度

晶粒度是晶粒大小的量度。通常使用长度、面积、体积或晶粒度级别数来表示不同方法评定或测定的晶粒大小，而使用晶粒度级别数表示的晶粒度与测量方法和使用单位无关。

4. 显微晶粒度级别数 G

放大 100 倍的条件下，在 $645.16mm^2$ 面积内包含的晶粒个数 N 和显微晶粒度级别数 G 的关系为

$$N_{100} = 2^{G-1} \tag{4-1}$$

5. 宏观晶粒度级别数 G_m

在 1 倍下，在 $645.16mm^2$ 面积内包含的晶粒个数 N 和宏观晶粒度级别数 G_m 的关系为

$$N_1 = 2^{G_m - 1} \tag{4-2}$$

6. 晶界截点的计数 P_i

晶界截点的计数 P_i 是测量试验线与晶界交截点或相切点的计数，简称截点数。

7. 晶粒截线的计数 N_i

晶粒截线的计数 N_i 是被测量的平面上试验线穿切过单个晶粒的次数，简称截线数。

8. 截线长度 l

截线长度 l 是测量线段通过晶粒时，与晶界相交的两个交点之间的距离。

4.2.3 试样制备及晶粒度的显示方法

1. 试验制备

测定晶粒度的试样应在交货状态的材料上切取，试样数量及取样部位按相应的标准或技术条件规定。测定晶粒度试样不允许重复热处理，渗碳处理的试样应去除脱碳层和氧化皮。

2. 奥氏体晶粒度的显示方法

铁素体钢的奥氏体晶粒度，如果没有特别规定，奥氏体晶粒度可按下列方法显示。

（1）铁素体网法　该法适用于亚共析钢，$w_C = 0.25\% \sim 0.60\%$ 的碳素钢和合金钢，一般对于 $w_C \leqslant 0.35\%$ 的试样加热到（890 ± 10）℃；对于 $w_C > 0.35\%$ 的试样加热到（860 ± 10）℃，至少保温 30min，然后空冷或水冷。在此范围内碳含量较高的碳素钢和 $w_C > 0.40\%$ 的合金钢需要调整冷却方式，以便在奥氏体晶界上析出清晰的铁素体网。

建议试样在加热温度保持必要时间后，将温度降到（730 ± 10）℃，保温 10min 后淬油或淬水；试样经抛光和浸蚀后，通过沿晶分布的铁素体网显示出奥氏体晶粒。显示铁素体组织和铁素体晶粒的常用试剂有：①4mL 硝酸 + 96mL 乙醇；②5g 苦味酸 + 95mL 乙醇。

（2）氧化法　该法适用于 $w_C = 0.25\% \sim 0.60\%$ 的碳素钢和合金钢，预抛磨试样一表面（参考使用约 400 粒度或 15μm 研磨剂），将抛磨面朝上置于炉中，除非另有规定，对 $w_C \leqslant 0.35\%$ 的试样在（890 ± 10）℃加热；对于 $w_C > 0.35\%$ 的试样在（860 ± 10）℃加热，保温 1h，然后淬入水中或盐水中。根据氧化情况，试样适当倾斜 10°~15°进行研磨和抛光，尽可能完

整显示出氧化层的奥氏体晶粒。显示奥氏体被氧化的晶界常用试剂为 5mL 盐酸+95mL 乙醇。

（3）直接淬硬法 该法适用于碳的质量分数在 1% 以下的碳素钢和合金钢，除非另有规定，一般对 $w_C \leq 0.35\%$ 的试样加热到（890±10）℃；对于 $w_C > 0.35\%$ 的试样加热到（860±10）℃，保温 1h 后，以能产生完全淬硬的冷却速度进行淬火，获得马氏体组织，经磨抛和浸蚀后显示出马氏体的原奥氏体晶粒形貌。浸蚀前可在（230±10）℃下回火，以改善对比度。显示马氏体组织和奥氏体晶粒的常用试剂有：①2g 苦味酸+1g 十三苯亚磺酸钠+100mL 水；②1g 苦味酸+5mL 氯化氢+95mL 乙醇。

（4）渗碳体网法 该法适用于过共析钢（$w_C > 1\%$），除非另有规定，加热到（820±10）℃，至少保温 30min，然后以足够缓慢的速度随炉冷却到临界温度以下，使奥氏体晶界上析出渗碳体。试样经磨抛和浸蚀后，在显微镜下观察到沿奥氏体晶界析出的碳化物以显示奥氏体晶粒。显示渗碳体组织和奥氏体晶粒的常用试剂有：①4mL 盐酸+96mL 乙醇；②5g 苦味酸+95mL 乙醇；③沸腾的碱性苦味酸溶液（2g 苦味酸+25g 氢氧化钠+100mL 水）。

（5）奥氏体钢 对奥氏体材料，其奥氏体晶粒度取决于材料的化学成分和热处理状态。奥氏体材料大多是不锈钢、耐热钢或高温合金，其室温组织是奥氏体，故无特殊要求，一般不做辅助热处理。显示奥氏体钢晶粒的常用试剂有：①10g 草酸+90mL 水溶液（电解）；②5g 苦味酸+10mL 氯化氢溶液；③5g 氯化铁+5mL 氯化氢溶液+50mL 水。

4.2.4 晶粒度的测定

1. 比较法

比较法是通过与 GB/T 6394—2017 的标准评级图对比来评定晶粒度的，适用于评定等轴晶粒的完全再结晶材料或铸态材料，当晶粒形貌与标准形貌完全相似时，评级误差最小。因此，该标准有四个系列标准评级图（见表 4-4）。

表 4-4 常用材料推荐使用的标准评级图

标准评级图	说明	适用范围
图 I	无孪晶晶粒 （浅腐蚀）100 倍	1）铁素体钢的奥氏体晶粒即采用氧化法、直接淬硬法、铁素体网法及其他方法显示的奥氏体晶粒 2）铁素体钢的铁素体晶粒 3）铝、镁和镁合金、锌和锌合金、高强合金
图 II	有孪晶晶粒 （浅腐蚀）100 倍	1）奥氏体钢的奥氏体晶粒（带孪晶的） 2）不锈钢的奥氏体晶粒（带孪晶的） 3）镁和镁合金、镍和镍合金、锌和锌合金、高强合金
图 III	有孪晶晶粒 （深腐蚀）75 倍	铜和铜合金
图 IV	钢中奥氏体晶粒 （渗碳法）100 倍	1）渗碳钢的奥氏体晶粒 2）渗碳体网显示的晶粒 3）奥氏体钢的奥氏体晶粒（无孪晶的）

观察者要正确地判断需要选择所使用的放大数、合适的检验面尺寸（晶粒数）、试样代表性截面的数量与位置，以及测定特征或平均晶粒度用的视场。不能凭视觉选出似乎是平均

晶粒度的区城评定。通常，晶粒度的评定应在试样截面上随机选取三个或三个以上的代表性视场测量平均晶粒度，以最能代表试样晶粒大小分布的级数报出。若试样中发现晶粒不均匀现象，经全面观察后，若属偶然或个别现象，可不予计算；若较为普遍，则应计算出不同级别晶粒在视场中各占面积百分数；若占优势晶粒所占的面积不少于视场面积的90%，则只记录此一种晶粒的级别数，否则应用不同级别数来表示该试样的晶粒度，其中第一个级别数代表占优势的晶粒的级别。出现双重晶粒度，按GB/T 24177—2009评定，出现个别粗大晶粒可以按照YB/T 4290—2012评定。当使用比较法时，如需复验，可改变放大倍数，以克服初验结果可能带有的主观偏见。

（1）显微晶粒度的评定 通常在与相应标准系列评级图相同的放大倍数下直接进行对比。通过有代表性视场的晶粒组织图像或显微照片与表4-4系列评级图或标准评级图进行比较，选取与检测图像最接近的标准评级图级别数或晶粒直径，记录评定结果，若介于两个整数级别标准图片之间，以两个图片级别的平均值记录。

当待测晶粒度超过标准系列评级图所包括的范围，或基准放大倍数（75倍或100倍）不能满足需要时，可采用其他的放大倍数，通过表4-5、表4-6或按式（4-3）进行换算处理。若采用其他放大倍数M进行比较评定，将放大倍数M的待测晶粒图像与基准放大倍数M_b（75倍或100倍）的系列评级图比较，评出的晶粒度级别数为G'，其显微晶粒度级别数G为

$$G = G' + Q \tag{4-3}$$

式中 Q——修正系数，$Q = 6.6439\lg(M/M_b)$，保留0.5单位。

在晶粒度图谱中，最粗的一端（即00级）一个视场中只有几个晶粒，在最细的一端晶粒尺寸非常小，准确评定级别很困难。当试样的晶粒尺寸落在图谱的两端时，可以变换放大倍数使晶粒尺寸落在靠近图谱中间的位置。

表 4-5 评级图Ⅲ在不同放大倍数下测定的显微晶粒度的关系

放大倍数	评级图Ⅲ编号（75倍）													
	1	2	3	4	5	6	7	8	9	10	11	12	13	14
25	0.015 (9.2)	0.030 (7.2)	0.045 (6.0)	0.060 (5.2)	0.075 (4.5)	0.105 (3.6)	0.135 (2.8)	0.150 (2.5)	0.180 (2.0)	0.210 (1.6)	0.270 (0.8)	0.360 (0)	0.451 (0/00)	0.600 (00+)
50	0.0075 (11.2)	0.015 (9.2)	0.0225 (8.0)	0.030 (7.2)	0.0375 (6.5)	0.053 (5.6)	0.0678 (4.8)	0.075 (4.5)	0.090 (4.0)	0.105 (3.6)	0.135 (2.8)	0.180 (2.0)	0.225 (1.4)	0.300 (0.5)
75	0.005 (12.3)	0.010 (10.3)	0.015 (9.2)	0.020 (8.3)	0.025 (7.7)	0.035 (6.7)	0.045 (6.0)	0.050 (5.7)	0.060 (5.2)	0.070 (4.7)	0.090 (4.0)	0.120 (3.2)	0.150 (2.5)	0.200 (1.7)
100	0.0037 (13.2)	0.0075 (11.2)	0.0112 (10.0)	0.015 (9.2)	0.019 (8.5)	0.026 (7.6)	0.034 (6.8)	0.0375 (6.5)	0.045 (6.0)	0.053 (5.6)	0.067 (4.8)	0.090 (4.0)	0.113 (3.4)	0.150 (2.5)
200	0.0019 (15.2)	0.0037 (13.2)	0.0056 (12.0)	0.0075 (11.2)	0.009 (10.5)	0.013 (9.6)	0.017 (8.8)	0.019 (8.5)	0.0225 (8.0)	0.026 (7.6)	0.034 (6.8)	0.045 (6.0)	0.056 (5.4)	0.075 (4.5)
400	—	0.0019 (15.1)	0.0028 (14.0)	0.0038 (13.1)	0.0047 (12.5)	0.0067 (11.5)	0.0084 (10.8)	0.009 (10.5)	0.012 (10.0)	0.0133 (9.5)	0.0168 (8.8)	0.0225 (8.0)	0.028 (7.3)	0.0357 (6.5)
500	—	0.0022 (14.6)	0.003 (13.7)	0.00375 (13.1)	0.00525 (12.1)	0.0067 (11.5)	0.0075 (11.1)	0.009 (10.6)	0.010 (10.3)	0.0133 (9.5)	0.018 (8.7)	0.0225 (8.0)	0.03 (7.1)	

注：括号外为晶粒平均直径d（mm）；括号内为相应的显微晶粒度级别数。

表 4-6　与标准评级图Ⅰ、Ⅱ、Ⅳ等同图像的晶粒度级别数

放大倍数	标准系列评级图编号（100 倍）									
	No. 1	No. 2	No. 3	No. 4	No. 5	No. 6	No. 7	No. 8	No. 9	No. 10
25	−3	−2	−1	0	1	2	3	4	5	6
50	−1	0	1	2	3	4	5	6	7	8
100	1	2	3	4	5	6	7	8	9	10
200	3	4	5	6	7	8	9	10	11	12
400	5	6	7	8	9	10	11	12	13	14
500	5.5	6.5	7.5	8.5	9.51	10.5	11.5	12.5	13.5	14.5
800	7	8	9	10	11	12	13	14	15	16
1000	7.5	8.5	9.51	10.5	11.5	12.5	13.5	14.5	15.5	16.5

（2）宏观晶粒度的评定　对于特别粗大的晶粒使用宏观晶粒度的测定，放大倍数为 1 倍。直接将准备好的有代表性的晶粒图像与标准评级图Ⅰ（非孪晶）、Ⅱ、Ⅲ（孪晶）进行比较评级。由于标准评级图是在 75 倍和 100 倍下制备的，待测宏观晶粒不可能与系列评级图的级别完全一致。因此，宏观晶粒度可用平均晶粒直径或 GB/T 6394—2017 中的表 5 所列的宏观晶粒度级别数 G_m 来表示。

当晶粒较小时，最好选用稍高的放大倍数 M 进行宏观晶粒度的评定。若评出的晶粒度级别数为 G_m'，其宏观晶粒度级别数 G_m 按式（4-4）计算。

$$G_m = G_m' + Q_m \tag{4-4}$$

式中　Q_m——修正系数，$Q_m = 6.6439 \lg M$，保留 0.5 单位。

2. 面积法

面积法是通过计算给定面积网格内的晶粒数测定晶粒度。将已知面积（通常使用 5000mm^2）的圆形或矩形测量网格置于晶粒图像上，选用合适的放大倍数 M，然后计数完全落在测量网格内的晶粒数 $N_内$ 和被网格所切割的晶粒数 $N_交$，该面积内的晶粒数 N 按式（4-5）或式（4-6）计算。

对于圆形测量网格，有

$$N = N_内 + \frac{1}{2} N_交 \tag{4-5}$$

对于矩形量网格，$N_交$ 不包括四个角的晶粒，有

$$N = N_内 + \frac{1}{2} N_交 + 1 \tag{4-6}$$

为了取得的晶粒个数的精确计数，应设法将已计数的晶粒区分开，如用笔勾画。在试验圆内的晶粒个数 N 不应超过 100 个，采用的放大倍数以使试验圆内产生约 50 个晶粒的计数是每一个视场精确计数的最佳选择。由于精确的计数需要区分晶粒，所以面积法比截点法略逊色一些。

如果试验圆内的晶粒数 N 降至 50 以下，那么使用面积法评估出的晶粒度会有偏差，有较大的分散性。偏差程度随 N 从 50 开始减小而增大。为了避免这个问题，选择合适的放大倍数，使 $N \geq 50$，或者使用矩形和正方形试验图形，采用式（4-6）的计算晶粒数 N，如果

采用的倍数使 $N>100$ 时，计数变得冗长，计数误差增大，结果会不准确。随机选择多个视场，当晶粒总数至少为 700 时，测定晶粒度的相对准确度可达到 10%。

设测量面积以 A 表示，通过测量网格内晶粒数 N 和观察用的放大倍数 M，可按式（4-7）计算出实际试样检测面上（1 倍）的每平方毫米内晶粒数 N_A。

$$N_A = \frac{M^2 N}{A} \tag{4-7}$$

晶粒度级别数 G 按式（4-8）或式（4-9）计算。

$$G = 3.321928 \lg N_A - 2.954 \tag{4-8}$$

$$G = 3.321928 \lg \left(\frac{M^2 N}{A} \right) - 2.954 \tag{4-9}$$

应随机且不带偏见地选取视场，不允许刻意去选取典型视场。在抛光面上从不同位置随机地选取视场，这样最终结果才真实有效。为了确保有效的平均值，最少要计算三个视场。

3. 截点法

（1）一般要求

1）截点法是通过计数给定长度的线段（或网格）与晶粒边相交截数测定晶粒度。

2）截点法比面积法简便。建议使用手动计数器，以避免计数时常规的错误和消除出现高于或低于预期计数时可能产生的偏差。

3）对于非均匀等轴晶粒应使用截点法。对于非等轴晶粒度，截点法既可用于分别测定三个相互垂直方向的晶粒度，也可计算总体平均晶粒度。

4）截点法有直线截点法和圆截点法。圆截点法可不必过多地附加视场数，便能自动补偿偏离等轴晶而引起的误差，克服了试验线段端部截点法不明显的缺点。圆截点法作为质量检测评估晶粒度的方法是比较合适的。

5）推荐使用 500mm 测量网格，如图 4-11 所示。

6）对于每个视场的技术，设 L 为试验线长度，按式（4-10）和式（4-11）计算单位长度试验线上的截线数 N_L 或截点数 P_L。

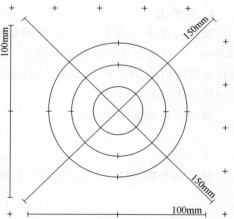

图 4-11　截点法用的 500mm 测量网格
注：直线总长 500mm；周长总和为 250mm+166.7mm+83.3mm＝500mm；三个圆的直径分别为 79.58mm、53.05mm、26.53mm。

$$N_L = \frac{N_i}{\dfrac{L}{M}} = \frac{M N_i}{L} \tag{4-10}$$

$$P_L = \frac{P_i}{\dfrac{L}{M}} = \frac{M P_i}{L} \tag{4-11}$$

7）对每个视场按式（4-12）计算平均截距长度值 $\bar{l}$。

$$\bar{l} = \frac{1}{N_L} = \frac{1}{P_L} \tag{4-12}$$

8）用 N_L、P_L 或 l 的 n 个测定值的平均数值按式（4-13）~式（4-15）来确定平均晶粒度 G，有关数据见 GB/T 6394—2017 中的表 6 或图 4-12。

$$G = 6.643856 \lg N - 3.288 \tag{4-13}$$

$$G = 6.643856 \lg P_L - 3.288 \tag{4-14}$$

$$G = 6.643856 \lg \bar{l} - 3.288 \tag{4-15}$$

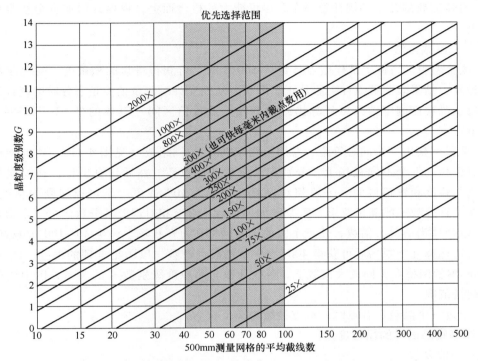

图 4-12 500mm 测量网格的截线计数与显微晶粒度级别数的关系

（2）直线截点法

1）在晶粒图像上，采用一条或数条直线组成测量网格，选择适当的测量网格长度和放大倍数，以保证最少能截获约 50 个截点。根据测量网格所截获的截点数来确定晶粒度。

2）当计算截点时，若测量线段终点不是截点则不予计算。当终点正好接触到晶界时，计为 0.5 个截点。当测量线段与晶界相切时，计为 1 个截点。当明显地与三个晶粒汇合点重合时，计为 1.5 个截点。在不规则晶粒形状下，若测量线在同一晶粒边界不同部位产生两个截点后又伸入形成新的截点，那么计算截点时应包括新的截点。

3）为了获得合理的平均值，应任意选择 3~5 个视场进行测量。如果这一平均值的精度不满足要求，应增加足够的附加视场。视场的选择应尽可能大范围地分布在试样的检测面上。

4）对于明显的非等轴晶组织，如经中度加工过的材料，通过对试样三个主轴方向的平行线束来分别测量尺寸，以获得更多数据。通常使用纵向和横向，必要时也可使用法向。图 4-11 中任一条 100mm 线段，可平行位移在同一图像中标记"+"处五次来使用。

（3）单圆截点法

1）对于试样上不同位置晶粒度有明显差别的材料，应采用单圆截点法，在此情况下需要进行大量视场的测量。

2）使用的测量网格的圆可为任一周长，通常使用 100mm、200mm 和 250mm，也可使用图 4-11 中所标识圆。

3）选择适当的放大倍数，以满足每个圆周产生 35 个左右的截点。测量网格通过三个晶粒汇合点时，计为 2 个截点。

4）将所需要的几个圆周任意分布在尽可能大的检验面上，视场数增加直至获得足够的计算精度。

（4）三圆截点法

1）试验表明，当每个试样截点计数达 500 个时，可获得可靠的精确度。对测量数据进行卡方检验，结果表明截点计数服从正态分布，从而允许对测量值按正态分布的统计方法处理。对每次晶粒度测定结果可计算出结果的偏差及置信区间（具体的见 GB/T 6394—2017 的附录 B）。

2）测量网格由三个同心等距、总周长为 500mm 的圆组成（见图 4-11）。将此网格用于测量任意选择的五个不同视场上，分别记录每次的截点数。然后计算出计数相对误差百分数、平均晶粒度和置信区间。一般相对误差百分数为 10% 或更小是可以接受的精度等级，若相对误差百分数不能满足要求，需要增加视场数，直至相对误差百分数满足要求为止。

3）选择适当的放大倍数，使三个圆的试验网格在每一视场上产生 40~100 个截点计数，目的是通过选择五个视场后可获得 400~500 个总截点计数，以满足合理的误差。图 4-12 给出 500mm 测量网格在不同放大倍数下，截线计数与晶粒度级别数 G 的关系，图中阴影区域为最佳测量范围。

4）通过三个晶粒汇合点时，截点计数为 2 个。

4. 非等轴晶试样的晶粒度

（1）一般要求

1）当晶粒形状因加工而发生变化，不再是等轴形状时，对于矩形棒材、板材及薄板材料的晶粒度应在纵向（l）、横向（t）和法向（p）截面上进行测量；对于圆棒材晶粒度可在纵向和横向截面上测量。

2）如果等轴偏差不太大（形状比小于 3∶1），可在试样的纵向截面上使用圆形测量网格进行测量。推荐使用 GB/T 4335—2013 的相关规定测量。

3）如果用直线取向测量网进行测定，可使用三个主要截面的任意两个面上进行三个取向的测量。

4）面积法或截点法计算的数据，按 GB/T 6394—2017 的附录 B 的方法，对每一个面或每一个主试验方位上的数据进行统计分析。

（2）面积法　当晶粒形状不是等轴而是被拉长时，要在纵向、横向和法向三个主截面上进行晶粒计数。分别在纵向、横向和法向截面上测定实际试样面上（1 倍）每平方毫米内晶粒数 $\overline{N}_{Al}$、$\overline{N}_{At}$ 和 $\overline{N}_{Ap}$，按式（4-16）计算出每平方毫米内平均晶粒数 $\overline{N}_A$，然后按式（4-8）计算晶粒度级别数 G。

$$\overline{N}_A = (\overline{N}_{Al}\,\overline{N}_{At}\,\overline{N}_{Ap})^{1/3} \tag{4-16}$$

（3）截点法

1）要测量非等轴晶组织的晶粒度，可随机在三个主试验面上使用圆形测量网格测量，或使用直线段在两个或三个主试验面的三个或六个主要方向上（见图4-13）进行截点或截线计数。

2）晶粒度可由单位长度上晶粒边界的截点平均数 $\overline{P}_L$ 或单位长度上晶粒的截线平均数 $\overline{N}_L$ 的测量来确定。对于单相晶粒结构，这两种方法的结果是一样的。$\overline{P}_L$ 及 $\overline{N}_L$ 既可以用试验圆在每一个主平面上，也可以用有取向的试验线在图4-13所示的三个或六个主试验方向上测量。

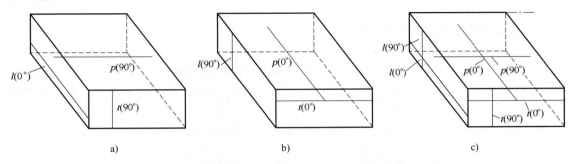

图4-13 晶粒测量六个可能取向的试验线的示意图

a）主试验线的取向　b）正交主试验线的取向　c）所有六个试验线的取向

l—纵向面　t—横向面　p—法向面

注：1. 具有非等轴晶结构的矩形棒、板、带和薄板的试样测量。

2. 评定非等轴晶组织试样的晶粒度，使用字母 l、t 和 p 作脚标，分别代表矩形棒材、板材、薄板和带材试样的三个主取向面，即纵向面（l）、横向面（t）及法向面（p）。三个平面相互垂直。每一个平面上都有两个相互垂直的主要方向，使用0°和90°作脚标标出，即纵向面（l）、横向面（t）及法向面（p）上的两个试验方向。

3）在三个主平面随机测定的 $\overline{P}_L$ 及 $\overline{N}_L$ 值按式（4-17）或（4-18）计算平均值 $\overline{P}_L$ 及 $\overline{N}_L$。

$$\overline{P}_L = (\overline{P}_{Ll}\,\overline{P}_{Lt}\,\overline{P}_{Lp})^{1/3} \tag{4-17}$$

$$\overline{N}_L = (\overline{N}_{Ll}\,\overline{N}_{Lt}\,\overline{N}_{Lp})^{1/3} \tag{4-18}$$

或者使用式（4-12）从每一个主平面上从 $\overline{P}_L$ 及 $\overline{N}_L$ 值计算出三个主平面各个的 $\overline{l}_l$、$\overline{l}_t$、$\overline{l}_p$，然后再按式（4-19）计算出 $\overline{l}$ 的总平均值。

$$\overline{l} = (\overline{l}_l\,\overline{l}_t\,\overline{l}_p)^{1/3} \tag{4-19}$$

4）如果在主平面的主方位上使用直线的试验线，只需要在两个主平面上完成三个主方位的取向计数并获得晶粒度的测定。

5）测定纵向面上与变形轴平行（0°）和垂直（90°）的 $\overline{l}$ 可得到晶粒形状的附加信息。晶粒的延长率或各向异性指数 AI，可按式（4-20）确定。

$$AI = \frac{\overline{l}_{l(0°)}}{\overline{l}_{l(90°)}} \tag{4-20}$$

6）三维平均晶粒度及形状可由三个主平面上有取向的平均截线值来确定，即

$$\overline{l}_{l(0°)} : \overline{l}_{t(90°)} : \overline{l}_{p(90°)}$$

7) 对于在三个主试验方向测量的 $\bar{l}$ 平均值，可先按式（4-21）计算各取向的 $\overline{N}_L$ 及 $\overline{P}_L$ 值，然后从 $\overline{P}_L$ 值按式（4-12）计算出 $\bar{l}$；同样，对于 $\overline{N}_L$ 进行相同方式的计算。

$$\overline{P}_L = (\overline{P}_{Ll(0°)}\,\overline{P}_{Lt(90°)}\,\overline{P}_{Lp(90°)})^{1/3} \tag{4-21}$$

或者通过计算三个主方向上各个取向的 $\bar{l}$ 值，按式（4-22）计算平均值 $\bar{l}$。

$$\bar{l} = (\bar{l}_{l(0°)}\,\bar{l}_{t(90°)}\,\bar{l}_{p(90°)})^{1/3} \tag{4-22}$$

8) 利用 GB/T 6394—2017 中的表 6 或式（4-13）~式（4-15），从所得 $\overline{N}$、$\overline{P}$ 或者 $\bar{l}$ 的平均值确定平均晶粒度。

5. 含两相或多相组织试样的晶粒度

（1）一般要求

1）少量的第二相质，不管是否是所需的形貌，在测定晶粒度时可忽略不计。也就是说，按单相组织处理，并且可使用面积法和截点法测定晶粒度。除另有规定外，应将有效的平均晶粒度视为基体的晶粒度。

2）每一个测量相的特征和各个相视场的面积百分数都应测定并报出。

（2）比较法　对于大多数工业生产检验，如果第二相与基体晶粒的尺寸基本一样，是由孤岛状或块状组成的；或者第二相颗粒的数量少而且尺寸很小，并主要位于初生晶粒边界，此时可使用比较法。

（3）面积法　如果基体晶粒边界清晰可见，并且第二相颗粒主要存在基体晶粒之间而不是在晶粒内，则可使用面积法测量第二相占检验面积的百分数。通常，先测定最少含量的第二相的总量，然后用差额测定基体相；再按 4.2.4 小节"2. 面积法"计算基体晶粒完全落在检验面积内的个数和基体晶粒与检验面积边界相交的个数。选用的测量网格面积大小，应以只能覆盖基体晶粒为度。由基体单位净面积内的晶粒数来确定有效平均晶粒度。按 GB/T 6394—2017 的附录 B 的方法，从每一个视场的测量值中统计分析基体（α）的单位面积的晶粒数 N_{A_α}。然后，利用 GB/T 6394—2017 的表 6 或式（4-9）从总平均值 $\overline{N}_{A_\alpha}$ 确定基体的有效晶粒度。

（4）截点法

1）在面积法中有关限制性规定也适用于截点法。此外，还应按面积法测定基体相的百分数。使用图 4-11 中的一个或多个试验圆组成的测量网格，计数与试验线相交的基体晶粒的个数 N_α。设 V_{V_α} 为两相组织中基体（α）的体积分数，A_{A_α} 为两相组织中基体（α）的面积分数，按式（4-23）确定基相的平均截线长度 $\bar{l}_\alpha$。

$$\bar{l}_\alpha = \frac{V_{V_\alpha}\dfrac{L}{M}}{N_\alpha} \tag{4-23}$$

注意：可利用 A_{A_α} 估计 V_{V_α}。

2）利用 GB/T 6394—2017 的表 6 或式（4-15）确定基体（α）的晶粒度。实际上，对每一个视场手动操作测定基体（α）的面积分数及基体（α）与试验线的相交截数有一定困难。可以这样操作，测定每个视场基体（α）的平均截线长度，并对每视场的数据按 GB/T 6394—2017 的附录 B 的方法进行统计分析。假若对同一视场 V_{V_α} 和 N_α 不能同时测量，那么，只能在 V_{V_α} 和 N_α 数据上进行统计分析。

3）使用直的平行试验线段随机地放置到晶粒图像上，可以通过测量各个截距计算出平均截距长度 $\bar{l}_\alpha$。试验线末端的局部截线不计数。用这个值按 GB/T 6394—2017 的表 6 或式（4-15）确定 G。若不采用自动方法，这种方法很烦琐。

注意：单个截距长度可以绘制柱形图，但是这样做是对单个晶粒评级，不是本标准所测定的平均晶粒度，这种方法超出了 GB/T 6394—2017 的范围。

4.2.5　晶粒图谱

晶粒图谱示例如图 4-14~图 4-17 所示。

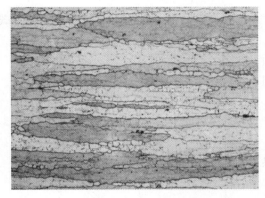

图 4-14　7 系铝合金固溶时效后晶粒　100×

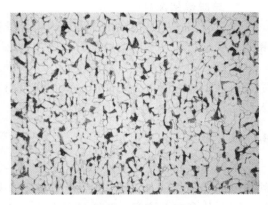

图 4-15　45 钢晶粒　100×

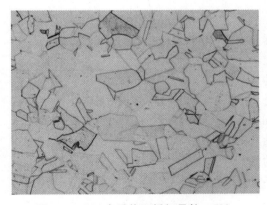

图 4-16　304 奥氏体不锈钢晶粒　500×

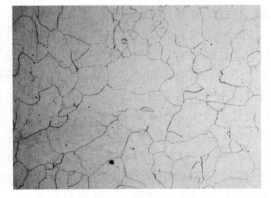

图 4-17　铸钢晶粒　100×

4.3　钢的脱碳层深度测定方法

4.3.1　内容与适用范围

GB/T 224—2019 规定了钢的脱碳层取样、测定方法和试验报告的要求等。该标准适用于测定钢材（坯）及其零件的脱碳层深度。

4.3.2 术语

1. 脱碳

脱碳是指钢表层上碳的损失。这种碳的损失包括：部分脱碳，钢材试样表面碳含量减少到低于基体碳含量，并且大于室温时碳在铁素体中的固溶极限；完全脱碳，也叫铁素体脱碳层，试样表层碳含量水平低于碳在铁素体中的最大固溶度，只有铁素体存在。

2. 有效脱碳层深度

有效脱碳层深度是指从试样表面到规定的碳含量或硬度水平的点的距离，规定的碳含量或硬度水平应以不因脱碳而影响使用性能为准（如产品标准中规定的碳含量最小值）。

3. 总脱碳层深度

总脱碳层深度是指从试样表面到碳含量等于基体碳含量的那一点的距离，等于部分脱碳和完全脱碳之和。不同的脱碳带如图 4-18 所示。

注意：如果制品经过渗碳处理，"基体"的定义由各相关方商定。允许的脱碳层深度将被列入产品技术标准中，或者由有关各方商定。

4.3.3 取样

试样应在交货状态下检验，不需要进一步热处理。如经有关各方商定，需要采取附加热处理，则要从多方面注意，防止碳的分布状态和质量分数的变化，如采用小试样、短的奥氏体化时间、中性的保护气氛等。

试样应具有代表性。取样数量和位置应根据材料特性和供需双方的协议确定。试样检验面应垂直于产品纵轴，如产品无纵轴，试样检验面的选取应由有关各方商定。对于小尺寸样品（如公称直径不大于 25mm 的圆钢或边长不大于 20mm 的方钢），应检测整个周边。对大尺寸样品（如公称直径大于 25mm 的圆钢或边长大于 20mm 的方钢），为保证取样的代表性，可截取样品同一截面的一个或几个部位，且保证总检测周长不小于 35mm（见图 4-19～图 4-21），但不得选取多边形产品的棱角处或脱碳极深的点。

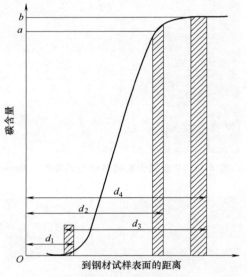

图 4-18 不同的脱碳带

d_1—完全脱碳层深度（mm） d_2—有效脱碳层深度（mm） d_3—部分脱碳层深度（mm） d_4—总脱碳层深度（mm） a—产品标准中规定的碳含量最小值 b—基体碳含量

化学分析试样应有足够的长度以保证化学分析连续增加的车削量，或者应有足够大的面积以满足光谱分析的面积。

4.3.4 脱碳层的测定

1. 金相法

（1）概述 本方法是在光学显微镜下观察试样从表面到基体随着碳含量的变化而产生的组织变化，适用于具有退火或正火（铁素体-珠光体）组织的钢种，也可有条件的用于那

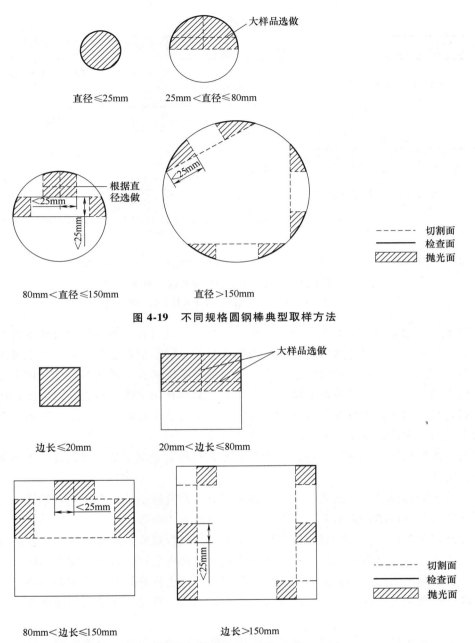

图 4-19 不同规格圆钢棒典型取样方法

图 4-20 不同规格方钢典型取样方法

些硬化、回火、轧制或锻造状态的产品。

（2）试样的制备　试样应按照 GB/T 13298—2015 进行磨制抛光，但试样边缘不准许有倒圆、卷边，为此试样可以镶嵌或固定在夹持器内。如果需要，被检试样表面可电镀一层金属加以保护。推荐使用自动或半自动的制样技术。通常用 1.5% ~ 4% 的硝酸乙醇溶液或 2% ~ 5% 的苦味酸乙醇溶液浸蚀、显示钢的组织。

（3）总脱碳层的测定　一般来说，观测到的组织差别，在亚共析钢中是以铁素体与其

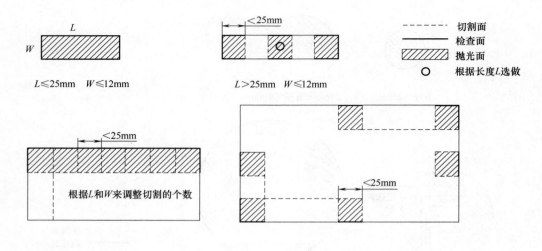

图 4-21　钢板和矩形钢材典型取样方法

L—长度　W—宽度　A—钢板或矩形试样检验面的面积

他组织组成物的相对量的变化来区别的；在过共析钢中是以碳化物含量相对基体的减少来区分的。对于硬化组织或者淬火回火组织，当碳含量变化引起组织显著变化时，也可用该方法进行测量。例如，如果试样经过球化退火，根据部分脱碳区碳化物含量的变化评定总脱碳层深度；对于热处理试样，部分脱碳区非马氏体组织的存在用来确定总脱碳层深度；还可依据过共析碳化物和珠光体的减少量或铁素体基体上碳化物减少量确定；对于一定的高合金球化退火的工具钢，脱碳深度可由腐蚀颜色变化来确定。

借助于测微目镜，或利用金相图像分析系统观察和定量测量从表面到其组织和基体组织已无区别的那一点的距离。

放大倍数的选择取决于脱碳层深度。如果需方没有特殊规定，由检测者选择。建议使用能观测到整个脱碳层的最大倍数，通常采用放大倍数为 100 倍。

当过渡层和基体较难分辨时，可用更高放大倍数进行观察，确定界线。先在低放大倍数下进行初步观测，保证四周脱碳变化在进一步检测时都可发现，查明最深均匀脱碳区。

脱碳层最深的点由试样表面的初步检测确定，不受表面缺陷和角效应的影响。

脱碳层的测量有两种方法：最严重视场法和平均法。测量方法的选择应由供需双方协商而定。

最严重视场法是对每一试样，在最深的均匀脱碳区的一个显微镜视场内，应随机进行几次测量（至少需要五次），以这些测量值的平均值作为总脱碳层深度。轴承钢、工具钢、弹簧钢测量最深处的总脱碳层深度。

平均法是首先在最深均匀脱碳区测量第一点，然后从这点开始，表面被等分成若干部分，如无特殊规定，至少应四等份。在每一部分的结束位置测量最深处的脱碳层深度。以这些测量值（至少 4 个）的平均值作为试样的总脱碳层深度报出。轴承钢、工具钢、弹簧钢等对脱碳要求较高的钢种不适用于平均法。

如果产品标准或技术协议中没有特殊规定，在测量时试样中由于钢材的缺陷造成的那些脱碳极深点（如裂纹或折叠处、工件角部等）应被排除（但在试验记录中应注明缺陷）。

完全脱碳层和有效脱碳层的测试方法与总脱碳层相同，有效脱碳层的判断由产品标准或有关各方协商确定。

2. 显微硬度法

（1）概述 本方法是测量在试样横截面上沿垂直于表面方向上的显微硬度值的分布梯度。

本方法只适用于脱碳层相当深，经过硬化处理、回火处理或热处理的亚共析钢。同时也可用于脱碳层完全在硬化区内的情况，避免淬火不完全引起的硬度波动。本方法不适用于低碳钢。

（2）试样的选取和制备 试样的选取和制备与金相法一样，但试样腐蚀与否，以能够准确测定压痕尺寸为准，并应小心防止试样的过热。

（3）测定 当使用维氏硬度时，应按 GB/T 4340.1—2009 的规定进行，当使用努氏硬度时应按 GB/T 18449.1—2009 的规定执行。可采用直线法（沿垂直于表面方向上，见图 4-22）或斜线法（倾斜于表面方向上，见图 4-23）测量在试样横截面上的显微硬度值的分布梯度。直线法适合测量大厚度或中等厚度的脱碳层，斜线法适合测量中等厚度或小厚度的脱碳层。当使用直线法时，显微硬度可以交叉错开测量（之字法），以得到更小的间隔。在测试面上首先确定直线或斜线位置，接着沿着直线或斜线测量显微硬度，最后得出显微硬度的深度曲线。

为减少测量数据的分散性，要尽可能用大的载荷，通常采用 0.49～4.9N 的载荷。各压痕中心之间的距离应不超过 0.1mm，同时至少应为压痕对角线长度的 2.5 倍，符合 GB/T 4340.1—2009 或者 GB/T 18449.1—2009 的规定。

当使用之字法（见图 4-24）时，可以选择 2～5 个点作为起始点。起始点分布在宽度不超过 1.5mm 的带内，同时这些点相互之间的间距应满足 GB/T 4340.1—2009 或者 GB/T 18449.1—2009 的规定。硬度测量从每个起始点开始，沿着垂直于表面方向的直线进行，所有直线的硬度值汇总汇出一条硬度的深度曲线。

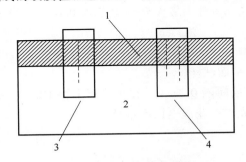

图 4-22 试样横截面上垂直于表面
方向的直线法示意图

1—脱碳层 2—基体材料 3—单条直线法 4—交叉直线法
注：虚线代表测量线。

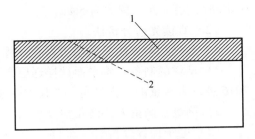

图 4-23 试样横截面上倾斜于表面
方向的斜线法示意图

1—脱碳层 2—斜线
注：虚线代表测量线。

脱碳层深度规定为从表面到已达到所要求硬度值的那一点的距离（要把测量的分散性估计在内）。原则上，至少要在相互距离尽可能远的位置进行四组测定，其测定值的平均值作为脱碳层深度。脱碳层深度的测量界线可以是：

1）由试样表面测至产品标准或技术协议规定的硬度值处。

2）由试样表面测至硬度值平稳处。

3）由试样表面测至硬度值平稳处的某一百分数。

采用何种测量界线由产品标准或双方协议规定

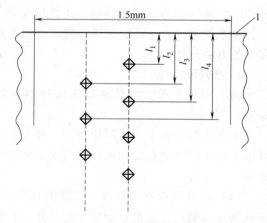

图 4-24　之字法测量点的分布

1—表面　l_i—第 i 个压痕的测量距离

注：虚线代表测量线。

3. 碳含量测定法

碳含量测定法测定碳含量在垂直于试样表面方向上的分布梯度，主要有化学分析法、直读光谱分析法、电子探针分析法和辉光光谱分析法。

（1）化学分析法

1）通则：本方法适用于具有恰当的几何形状的试样，如圆柱体或具有平面体的多面体。

注意，试样一般无须进行热处理，如确实需要，经各方协商后，可进行适当热处理，但要保证不影响脱碳层深度。本方法一般不适用于部分脱碳。

2）试样的制备：用机械加工的方法，平行于试样表面逐层剥取每层为 0.1mm 厚的样屑。注意防止任何污染，事先应清除氧化膜。收集每一层上剥取的金属样屑，按 GB/T 20126—2006 或者 ISO 9556：1989 测定碳含量。

3）测量：总脱碳层深度测量从表面到碳含量达到规定数值的那一点的距离。如果碳含量数值没有规定，则测定终止点的碳含量应在考虑了分析中允许的波动余量之后，和产品的碳含量公称范围的最小值的差别不大于以下数值。

产品的公称碳含量最大允许偏差：当 $w_C < 0.6\%$ 时，最大允许偏差为 0.03%；当 $w_C \geqslant 0.6\%$ 时，最大允许偏差为 $5\% w_C$。

（2）直读光谱分析法

1）通则：本方法只适用于具有合适尺寸的平面试样。

2）试样的制备：将平面试样逐层磨制，每层间隔 0.1mm，在每一层上按 GB/T 4336—2016 进行碳含量的光谱测定。要设法使逐层的光谱火花放电区不重叠。

3）测量：测量方式同化学分析法。

（3）电子探针分析法

1）通则：本方法按照 ISO 14594：2014 和 GB/T 15247—2008 执行，适用于含有单一组织的淬回火钢和球化退火钢。

2）试样的制备：试样的选取和制备与金相法相同，但试样不宜浸蚀，以准确测定碳含量。

3）测量：碳含量在电子探针上用线分析测量，测量线应垂直于试样表面。碳含量的深度曲线从脱碳层表面一直到基体。脱碳层深度由碳含量的深度曲线测定。

总脱碳层深度测定从表面到碳含量稳定处。全脱碳层深度可以根据供需双方协议，至少要在相互距离尽可能远的位置进行四组测定，其测定值的平均值作为脱碳层深度。

（4）辉光光谱分析法

1）通则：本方法按照 GB/T 19502—2023 和 GB/T 22368—2008 执行，适用于脱碳层深度不超过 100μm，直径在 20~100mm 的圆形试样或者边长在 20~100mm 的方形试样。试样的平面尺寸应符合辉光光谱仪要求。

2）试样的制备：使用合适的溶剂（分析纯丙酮或乙醇）冲洗试样表面去除油或其他残留物。冲洗过程中可使用湿的软无纺布轻轻擦拭试样表面。冲洗后可选用惰性气体（氩气或氮气）或者清洁无油的压缩空气吹干试样，气体管道不得与试样表面接触。

3）测量：碳含量的深度曲线从试样表面一直到基体碳含量稳定处。脱碳层深度由碳含量的深度曲线测定。

总脱碳层深度测定从表面到碳含量稳定处，如达到基体碳含量处。总脱碳层深度可以根据供需双方协议，至少要在相互距离尽可能远的位置进行四组测定，其测定值的平均值作为脱碳层深度。

4.3.5　脱碳图谱

脱碳图谱示例如图 4-25~图 4-27 所示。

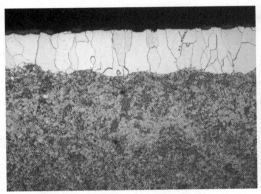

图 4-25　45 钢表面全脱碳组织形貌　100×

图 4-26　60Si2Cr 表面半脱碳组织形貌　100×

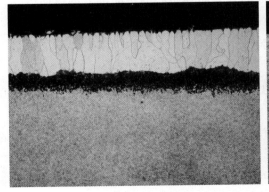

图 4-27　GCr15 表面全脱碳和半脱碳组织形貌　100×

4.4 钢的显微组织评定方法

4.4.1 内容与适用范围

GB/T 34474.1—2017 规定了使用比较法进行亚共析钢带状组织（包含铁素体带及第二类组织带）的评定方法。该标准适用于经塑性变形的亚共析钢带状组织的评定，但不适用于过共析钢中碳化物带状的评定。

4.4.2 术语和定义

1. 带状组织

钢塑性加工过程中，显微偏析区的形变伸长，最终形成的与加工方向平行的显微组织交替带。注意，这里是指铁素体和第二类组织带。

2. 第二类组织带

除铁素体外的其他组织，包括珠光体、贝氏体及其他非平衡组织，单一或者混合在一起所组成的带。注意，在评定时，它们作为一种组织类别整体参与评级。

3. 连续带

在一个视场中，出现同一类组织带，晶粒之间只有晶界相隔，不存在其他类组织。

4.4.3 取样

一般情况下，试样应在交货状态的产品上截取，试样的检验面积约为 $200mm^2$（$20mm \times 10mm$）。取样方法和取样数量按产品标准或技术条件规定。

如果产品标准没有规定，取样方法如下：

1）直径或边长小于 25mm，或者厚度小于 25mm 的钢材，检验面为通过钢材轴心或者宽度 1/4 处的整个纵截面，如图 4-28 所示。

2）直径或边长大于 25mm，小于或等于 40mm 的钢材，检验面为从中心到边缘的整个纵截面，如图 4-29 所示。

3）直径或边长大于 40mm 的钢材，检验面为外表面到中心的中间部分的纵向试样，如图 4-30 所示。

4）厚度小于或等于 25mm 的扁平材，检验面位于宽度 1/4 处的全厚度截面，如图 4-31 所示。

5）厚度大于 25mm，小于或等于 50mm 的扁平材，检验面为位于宽度 1/4 处，从中心到表面 1/2 厚度的纵截面，如图 4-32 所示。

6）厚度大于 50mm 的扁平材，检验面为位于宽度 1/4 处，从中心到表面 1/4 厚度的纵截面，如图 4-33 所示。

7）厚度大于 80mm 的扁平材，检验面为位于宽度 1/4 处，从中心到表面 20mm 厚度的纵截面。

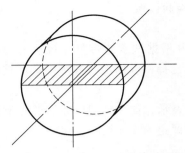

图 4-28　直径或者边长<25mm 的钢材

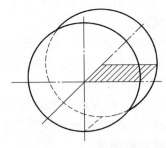

图 4-29　直径或边长为 25~40mm 的钢材

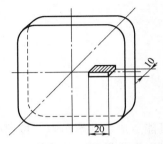

图 4-30　直径或边长>40mm 的钢材

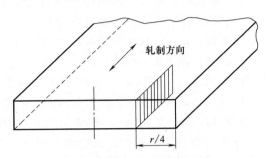

图 4-31　厚度≤25mm 扁平材的取样

r—宽度

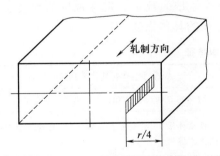

图 4-32　厚度为 25~50mm 扁平材的取样

r—宽度

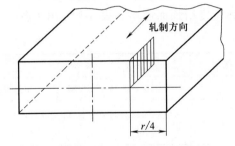

图 4-33　厚度>50mm 扁平材的取样

r—宽度

4.4.4　试样的制备

试样检验状态应按产品标准或协议的规定。未规定时，推荐在交货状态下检验。试样的磨抛和浸蚀按 GB/T 13298—2015 的规定执行。

4.4.5　评定方法

1. 观察法

显微镜下可以选择下列方法进行检验。

（1）投影法　将带状组织图像投影到屏幕上，应保证放大 100 倍，实际视场直径为 0.80mm，投影到屏幕上的图像尺寸为 80mm，然后将此图像和标准评级图比较。

（2）直接观察法　通过目镜直接观察，放大 100 倍，实际视场直径为 0.80mm，可以使

用带有 ϕ80mm 视场直径的刻尺或者使用视场光阑确定检验区域。

2. 比较法

1）评定钢中带状组织时，要根据铁素体带数量，并根据铁素体带贯穿视场的程度、连续性和铁素体带的宽度确定带状组织的级别。评级时应选择检验面上各视场中最严重视场与评级图谱进行对比评级。

2）评级结果以表示级别的数字和表示系列的字母表示，如 1A、3B 等。当处于相邻两个级别之间时，评定半级，如处于 2 级和 3 级之间，则评定为 2.5 级。

3. 标准评级图谱

1）带状组织评级图谱由白黑两类组织组成，白色是铁素体，黑色是第二类组织。

2）带状组织评级图谱按碳含量划分为 A~E 五个系列。

A 系列：w_C<0.10% 钢的带状组织评级。

B 系列：w_C=0.10%~0.19% 钢的带状组织评级。

C 系列：w_C=0.20%~0.29% 钢的带状组织评级。

D 系列：w_C=0.30%~0.39% 钢的带状组织评级。

E 系列：w_C=0.40%~0.60% 钢的带状组织评级。

注意，合金元素的存在会影响共析点，冷速较快也可能造成伪共析组织，按照碳含量划定系列，可能存在铁素体所占比例和图片不符的现象，可以在供需双方技术协议中确定所应用的图片系列。如果没有规定，根据钢的名义碳含量选择所采用的图片系列。

3）每个系列图片的级别从 0 级到 5 级，按照铁素体带的数量、贯穿视场的程度、连续性和宽度增加而递增。表 4-7 列出了各级别的组织特征的具体描述。

表 4-7　各级别的组织特征

级别	A 系列组织特征	A 系列之外的其他系列组织特征
0	等轴铁素体晶粒和少量的第二相组织,没有带状	均匀的等轴铁素体和第二类组织,没有带状
1	组织的总取向为变形方向,没有连续贯穿视场的变形铁素体带	铁素体聚集,沿变形方向取向,没有连续贯穿视场的铁素体带
2	等轴铁素体晶粒基体上有 1~2 条连续的变形铁素体带	有 1~2 条贯穿整个视场的连续铁素体带,其四周为断续的铁素体带和第二类组织带
3	等轴铁素体晶粒基体上有 2 条以上贯穿整个视场、连续的变形铁素体带	2 条以上贯穿整个视场、连续的铁素体带,其四周为断续的铁素体带和第二类组织带
4	等轴铁素体晶粒和较宽的变形铁素体带组成贯穿视场的交替带	贯穿视场、较宽的、连续的铁素体带和第二类组织带,均匀交替
5	等轴铁素体晶粒和大量较宽的变形铁素体带组成贯穿视场的交替带	贯穿视场、宽的、连续的铁素体带和第二类组织带,不均匀交替

注：A 系列铁素体带指变形的铁素体带。

4.4.6　带状组织图谱

带状组织图谱示例如图 4-34~图 4-36 所示。

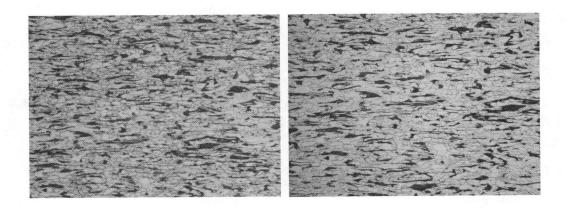

图 4-34　20 钢带状组织形貌　100×

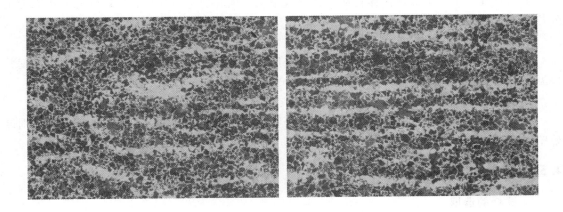

图 4-35　45 钢带状组织形貌　100×

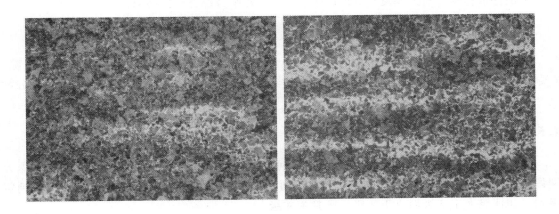

图 4-36　42CrMo 带状组织形貌　100×

4.5 钢质模锻件金相组织检验

4.5.1 内容与适用范围

GB/T 13320—2007 规定了钢质模锻件的金相组织评级图及评定方法，适用于经过调质处理、正火处理、等温正火处理、锻后控冷处理的结构钢模锻件，不适用于对锻件脱碳、过热、过烧等组织的评定。

4.5.2 术语

1. 调质处理

调质处理是工件淬火并高温回火的复合热处理工艺。

2. 正火处理

正火处理是工件加热奥氏体化后，在空气中或其他介质中冷却，获得以珠光体组织为主的热处理工艺。

3. 等温正火处理

等温正火处理是工件加热奥氏体化后，采用强制吹风快冷到珠光体转变区的某一温度并保温，以获得珠光体型组织，然后在空气中冷却的正火。

4. 有效厚度

锻件各部位的壁厚不同时，如果按照某处壁厚确定加热时间可以保证热处理质量，则该处壁厚即称为锻件的有效厚度。

4.5.3 试样的选取和制备

1. 试样的选取

应由供需双方协商确定取样部位，没有约定的以锻件有效厚度处作为取样部位。当双方没有协议时，根据以下原则确定。

当锻件取样部位有效厚度≤20mm 时，以 1/2 处作为检验部位制取。

当锻件取样部位有效厚度>20mm 时，以距表面 10mm 处作为检验部位制取。

2. 试样的制备

试样应在冷态下用机械方法制取。若用热切等方法切取时，必须将热影响区完全去除。在制取样品过程中，不能出现因受热而导致组织改变的现象。试样抛光后用含有体积百分数为 2%～5%的硝酸乙醇溶液浸蚀。

4.5.4 金相组织评定

区别于 GB/T 13320—2007，考虑到合金钢与碳素钢的淬透性差异明显，其金相组织分别评定，级别划分为 1~6 级。当被评定的金相组织介于两个级别之间时，以下一级为判定级别，如评级大于 3 级而小于 4 级，则判为 4 级。

碳素结构调质钢调质锻件的金相组织在金相显微镜下用 500 倍观察，如图 4-37 所示。

合金结构调质钢调质锻件的金相组织在金相显微镜下用 500 倍观察，如图 4-38 所示。

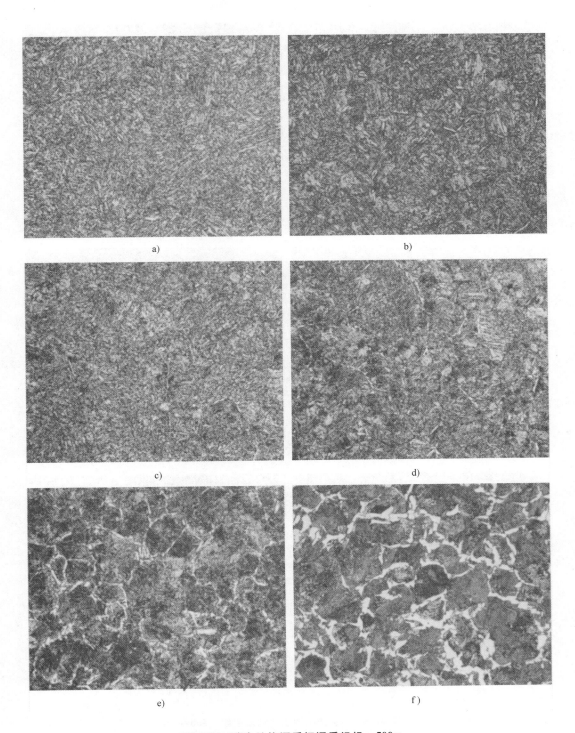

图 4-37 碳素结构调质钢调质组织 500×

a）1 级 回火索氏体 b）2 级 回火索氏体+铁素体 c）3 级 回火索氏体+珠光体+铁素体
d）4 级 回火索氏体+珠光体+条状及块状铁素体 e）5 级 珠光体+回火
索氏体+断续网状铁素体 f）6 级 珠光体+网状及块状铁素体

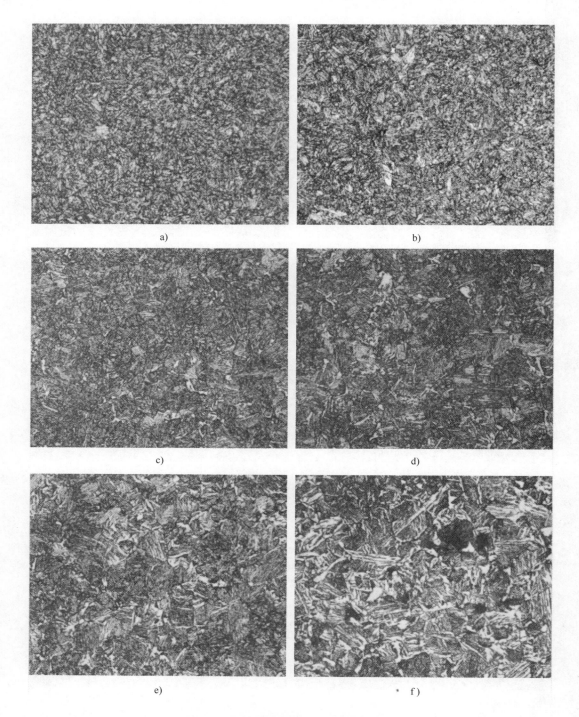

a)

b)

c)

d)

e)

f)

图 4-38　合金结构调质钢调质组织　500×

a) 1 级　回火索氏体　b) 2 级　回火索氏体+贝氏体　c) 3 级　回火索氏体+贝氏体+条状
及块状铁素体　d) 4 级　回火索氏体+贝氏体+条状及块状铁素体　e) 5 级　贝氏体+回火
索氏体+条状及块状铁素体　f) 6 级　贝氏体+回火索氏体+条状及块状铁素体+珠光体

第5章

铸钢的金相检验

将熔融状态的钢液浇注入模具中直接形成的零件，称为铸钢件。铸钢件相对于锻钢件或轧钢件来说，塑性、韧性相对较差，另外存在缩孔、缩松、气孔、夹渣、裂纹等缺陷使铸钢件的可靠性较差。但铸钢件仍具有许多锻钢件所不具备的优点：①易成形，铸造可以较好地解决复杂零件难以加工成形的困难；②铸钢件结构尺寸适应性强、各向同性能，复杂零件中的应力集中系数远低于机械加工成形零件；③铸钢件一般不用加工，或仅需局部少量加工，节约了大量人力成本和材料成本，性价比高。随着铸造工艺的进步及检测手段的提高，铸钢件中的缺陷会逐渐减少，铸钢件的可靠性也不断提高，用途必然会越来越广泛。

本章重点介绍机车车辆中常用的铸造碳素钢、铸造低合金钢的铸造工艺、质量检验方法、金相检验和低倍缺陷特征等。

5.1 铸钢的分类及常用牌号

铸钢材料按化学成分将其分为铸造碳素钢、铸造低合金钢、铸造不锈钢及铸造高锰钢等。根据国家及相关行业标准，对常见的不同钢种的化学成分及部分力学性能规定如下。

5.1.1 铸造碳素钢的牌号和化学成分

常见的铸造碳素钢主要有 ZG200-400，ZG230-450，ZG270-500，ZG310-570，ZG340-640 共 5 个牌号。"ZG" 表示铸钢，"ZG" 后的两组数字分别表示该钢牌号的最低屈服强度和最低抗拉强度。GB/T 11352—2009《一般工程用铸造碳钢件》中对各牌号铸造碳素钢的化学成分、力学性能的规定见表 5-1 和表 5-2，材料的热处理规范按 GB/T 16923—2008 或 GB/T 16924—2008 执行，常用的热处理温度见表 5-2。

表 5-1　铸造碳素钢的牌号和化学成分　　　　　　　　　　（质量分数，%）

牌号	元素最高含量										
	C	Si	Mn	残余元素							
				S	P	Ni	Cr	Cu	Mo	V	残余元素总量
ZG200-400	0.20		0.80								
ZG230-450	0.30										
ZG270-500	0.40	0.60	0.90	0.035	0.035	0.40	0.35	0.40	0.20	0.05	1.00
ZG310-570	0.50										
ZG340-640	0.60										

注：1. 对上限减少 0.01% 的碳，允许增加 0.04% 的锰，对 ZG 200-400 的锰最高至 1.00%，其余四个牌号锰最高至 1.20%。

2. 除另有规定外，残余元素不作为验收依据。

表 5-2 铸造碳素钢热处理及其力学性能

牌号	热处理		力学性能(≥)			用途举例
	正火或退火温度/℃	回火温度/℃	屈服强度 $R_{p0.2}$/MPa	抗拉强度 R_m/MPa	伸长率 $A(\%)$	
ZG200-400	920~940	—	200	400	25	用于基座、电气吸盘、变速箱体等受力不大但要求韧性较好的零件
ZG230-450	890~910	620~680	230	450	22	用于载荷不大、韧性较好的零件,如轴承盖、底板、阀体、机座等
ZG270-500	880~900	620~680	270	500	18	应用广泛,用于制作飞轮、车辆车钩、轴承座、连杆、箱体、曲拐等
ZG310-570	870~890	620~680	310	570	15	用于重载荷零件,如联轴器、大齿轮、缸体、机架、制动轮、轴及辊子等
ZG340-640	840~860	620~680	340	640	10	用于起重机运输机齿轮、联轴器、车轮、棘轮、叉头等

5.1.2 铸造低合金钢的牌号和化学成分

常见铸造低合金钢主要有锰系钢(ZG20Mn、ZG30Mn、ZG40Mn、ZG40Mn2 等)、铬系及铬钼系钢(ZG40Cr1、ZG35Cr1Mo、ZG42Cr1Mo 等)和其他(ZG28NiCrMo、ZG35CrMnSi 等)铸钢。JB/T 6402—2018《大型低合金钢铸件 技术条件》中对各牌号铸钢的化学成分、热处理状态及力学性能的规定见表 5-3、表 5-4。

表 5-3 常见低合金铸钢件的化学成分 (质量分数,%)

材料牌号	C	Si	Mn	S	P	Cr	Ni	Mo
ZG20Mn	0.17~0.23	≤0.80	1.00~1.30	≤0.030	≤0.030	—	≤0.80	—
ZG30Mn	0.27~0.34	0.30~0.50	1.20~1.50	≤0.030	≤0.030	—	—	—
ZG40Mn	0.35~0.45	0.30~0.45	1.20~1.50	≤0.030	≤0.030	—	—	—
ZG40Mn2	0.35~0.45	0.20~0.40	1.60~1.80	≤0.030	≤0.030	—	—	—
ZG40Cr1	0.35~0.45	0.20~0.40	0.50~0.80	≤0.030	≤0.030	0.80~1.10	—	—
ZG35Cr1Mo	0.30~0.37	0.30~0.50	0.50~0.80	≤0.030	≤0.030	0.80~1.20	—	0.20~0.30
ZG42Cr1Mo	0.38~0.45	0.30~0.60	0.60~1.00	≤0.030	≤0.030	0.80~1.20	—	0.20~0.30
ZG28NiCrMo	0.25~0.30	0.30~0.50	0.60~0.90	≤0.030	≤0.030	0.35~0.85	0.40~0.80	0.35~0.55

表 5-4 常见低合金铸钢件的热处理状态及力学性能

材料牌号	热处理状态	R_{eH}/MPa ≥	R_m/MPa	$A(\%)$ ≥	$Z(\%)$ ≥	KU_2 或 KU_8/J ≥	KV_2 或 KV_8/J ≥	硬度 HBW
ZG20Mn	正火+回火	285	≥495	18	30	39	—	≥145
	调质	300	500~650	22	—	—	45	150~190
ZG30Mn	正火+回火	300	≥550	18	30	—	—	≥163
ZG40Mn	正火+回火	350	≥640	12	30	—	—	≥163

（续）

材料牌号	热处理状态	R_{eH}/MPa ≥	R_m/MPa ≥	A(%) ≥	Z(%) ≥	KU_2 或 KU_8/J ≥	KV_2 或 KV_8/J ≥	硬度 HBW
ZG40Mn2	正火+回火	395	≥590	20	35	30	—	≥179
	调质	635	≥790	13	40	35	—	220～270
ZG40Cr1	正火+回火	345	≥630	18	26	—	—	≥212
ZG35Cr1Mo	正火+回火	392	≥588	12	20	23.5	—	—
	调质	490	≥686	12	25	31	—	≥201
ZG42Cr1Mo	正火+回火	410	≥569	12	20	—	12	—
	调质	510	690～830	11	—	—	15	200～250
ZG28NiCrMo	—	420	≥630	20	40	—	—	—

5.1.3　铸造不锈钢的牌号和化学成分

铸造不锈钢按化学成分主要分为三大类：铬不锈钢、高铬不锈钢和铬镍不锈钢。GB/T 2100—2017《通用耐蚀钢铸件》中规定了27种不锈钢铸件材料的牌号、化学成分和室温力学性能。

5.1.4　铸造高锰钢的牌号和化学成分

铸造高锰钢又称为铸造奥氏体锰钢或者耐磨钢，这类材料具有良好的韧性和加工硬化能力。高锰钢零件在受到冲击载荷和摩擦力时，表面硬度会显著提高而心部硬度变化不大，是优良的耐磨耐冲击零件，在坦克和拖拉机履带板、火车道岔、破碎机中被广泛应用。

常见的铸造高锰钢为ZGMn13系列，另外有少量锰的质量分数高于或低于13%的高锰钢，在GB/T 5680—2023《奥氏体锰钢铸件》中列出了11种奥氏体锰钢铸件的牌号及其化学成分，见表5-5。

表 5-5　奥氏体锰钢铸件的牌号及其化学成分　　　　（质量分数，%）

牌号	C	Si	Mn	P	S	Cr	Mo	Ni	W
ZG120Mn7Mo	1.05～1.35	0.3～0.9	6～8	≤0.060	≤0.040	—	0.9～1.2	—	—
ZG110Mn13Mo	0.75～1.35	0.3～0.9	11～14	≤0.060	≤0.040	—	0.9～1.2	—	—
ZG100Mn13	0.90～1.05	0.3～0.9	11～14	≤0.060	≤0.040	—	—	—	—
ZG120Mn13	1.05～1.35	0.3～0.9	11～14	≤0.060	≤0.040	—	—	—	—
ZG120Mn13Cr2	1.05～1.35	0.3～0.9	11～14	≤0.060	≤0.040	1.5～2.5	—	—	—
ZG120Mn13W	1.05～1.35	0.3～0.9	11～14	≤0.060	≤0.040	—	—	—	0.9～1.2
ZG120Mn13CrMo	1.05～1.35	0.3～0.9	11～14	≤0.060	≤0.040	0.4～1.2	0.4～1.2	—	—
ZG120Mn13Ni3	1.05～1.35	0.3～0.9	11～14	≤0.060	≤0.040	—	—	3～4	—
ZG120Mn18	1.05～1.35	0.3～0.9	16～19	≤0.060	≤0.040	—	—	—	—
ZG90Mn14Mo	0.70～1.00	0.3～0.9	13～15	≤0.070	≤0.040	—	1.0～1.8	—	—
ZG120Mn18Cr2	1.05～1.35	0.3～0.9	16～19	≤0.060	≤0.040	1.5～2.5	—	—	—

5.1.5 铁道机车车辆铸钢材料

铸钢件在铁道机车车辆中也得到了广泛的应用，其中部分铸钢件使用了前述的常见铸钢牌号，如 ZG200-400、ZG230-450、ZG270-500、ZG310-570、ZG340-640 等。为了适应铁道机车车辆的特殊需求，还进行了专用钢种的开发与研制，如 B 级钢、B+级钢、C 级钢、E 级钢、E+级钢等，其化学成分规定如表 5-6 所示，热处理及其力学性能如表 5-7 所示。

表 5-6　铁道机车车辆用铸造低合金钢化学成分　　　（质量分数，%）

牌号	C	Si	Mn	S	P	Cr	Ni	Cu	Al	Mo
B	—	—	—	—	—	—	—	—	—	—
B+	0.23~0.29	0.30~0.50	0.80~1.00	≤0.025	≤0.025	0.30~0.50	0.20~0.30	≤0.30	0.020~0.060	—
C	0.22~0.28	0.20~0.40	1.20~1.60	≤0.030	≤0.030	0.40~0.60	0.35~0.55	≤0.30	0.020~0.060	0.20~0.30
E	0.25~0.40	0.20~0.40	1.35~1.50	≤0.015	≤0.015	0.50~0.60	0.40~0.55	≤0.30	0.020~0.050	0.25~0.30
E+	0.23~0.29	0.20~0.40	1.25~1.50	≤0.015	≤0.015	0.40~0.60	0.40~0.50	≤0.30	0.020~0.060	0.30~0.35

表 5-7　铁道机车车辆用铸造低合金钢热处理及其力学性能（TB/T 2942.1—2020）

牌号	热处理工艺	力学性能最小值					用途举例
		$R_{p0.2}$/MPa	R_m/MPa	A(%)	Z(%)	KV_2/J	
B	正火	260	485	24	36	20(−7℃)	—
B+	正火	345	550	24	36	20(−7℃)	摇枕、侧架
C	正火+回火	415	620	22	45	20(−18℃)	心盘、车钩
E	淬火+回火	690	830	14	30	27(−40℃)	车钩、钩舌
E+	淬火+回火	800	950	14	30	27(−40℃)	车钩、钩舌

5.2　铸钢件的生产工艺及质量检验

5.2.1　铸钢件的生产工艺

铸钢件的生产需要经过钢液冶炼、浇注成形、铸件清理、热处理等过程后，才能成为可以使用的成品件。图 5-1 所示为铸（钢）件生产简单工艺流程。

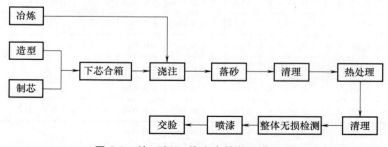

图 5-1　铸（钢）件生产简单工艺流程

1. 钢液冶炼

钢液冶炼也就是炼钢，主要目的是控制消除 P、S、O、N 等有害元素，调整 C、Si、

Mn、Ni、Cr、Mo、V 等元素的含量，使钢液的化学成分满足设计的成分范围。当钢液的温度和成分达到所炼钢种的规定要求时即可将钢液放出进行浇注操作。

2. 浇注成形

浇注成形是指将温度和化学成分达到所炼钢种规定要求的熔融钢液浇注入铸型内，经冷却凝固获得设计零件形状的过程。合理的浇注系统、补缩与出气孔设计是保证铸钢件浇注质量的关键。

3. 铸件清理

铸件成形后一般需要进行清理，如利用喷砂机除去铸件表面的粘砂，利用风砂轮对铸件局部进行加工打磨，去掉浇口、冒口等多余金属，去掉毛刺等，使铸件尺寸合理、外表美观。

4. 铸件热处理

未热处理的铸钢件，一般情况下晶粒粗大，有严重的魏氏组织与成分偏析，并且具有较大的残余应力，这些因素均会影响铸钢件的性能，降低铸钢件的使用范围和寿命。因此，一般情况下铸件使用前都需要对其进行热处理，通过热处理细化晶粒、消除魏氏组织、均匀化组织、减少成分偏析并降低铸造应力。常用的热处理有退火、正火、回火、调质处理等，通过不同的热处理工艺，使铸件达到设计的使用性能。

5.2.2　铸钢件的质量检验

铸钢件的质量检验是铸件安全使用的重要保证。通过化学成分分析、力学性能试验、金相检验、低倍检验、断口检验、无损检测等手段，可以有效保证铸钢件的质量，提高铸钢件的使用可靠性。

1. 化学成分分析

化学成分是铸钢件质量的关键指标，直接或间接影响铸钢件的力学性能与缺陷种类及数量。目前化学成分主要的分析手段有化学分析法、光谱分析法、质谱分析法、色谱分析法等，其中化学分析与光谱分析应用最广泛。

2. 力学性能试验

力学性能试验是指使用不同的力学试验方法，对金属材料的各项力学性能进行判定。常规的力学性能试验项目有拉伸、冲击、硬度试验等，通过这些试验来检查铸件的质量。拉伸试验可以得到材料的屈服强度 $R_{p0.2}$、抗拉强度 R_m、伸长率 A 及断面收缩率 Z 等数据。冲击试验主要用来检验材料的韧性。

3. 金相检验

铸钢件的金相检验主要指利用金相显微镜观察试样的夹杂物、晶粒度、组织、脱碳层等。通过金相检验，可以了解铸钢件钢液的冶炼纯净度，了解成品铸钢件的热处理状况，批量评定铸钢件的质量。

4. 低倍检验

低倍检验是利用肉眼或低倍放大镜来观察铸钢件表面质量与截面宏观组织与缺陷的检验方法。低倍检验的视场大、使用范围广、检验方法简便，与微观金相组织检验配合能较全面地排查铸钢件的质量问题。通过外观检验，可以检验铸钢件的表面气孔、砂眼、粘砂、裂纹、疤痕等。通过切片酸蚀检验，可以显示铸件的成分偏析、夹杂物及孔洞类缺陷。印痕法采用硫印和磷印来检验切片上的硫、磷分布。

5. 断口检验

铸钢件断口宏观检验，需要对铸钢件进行人为破坏，用肉眼或在低倍放大镜下观察断口。通过断口检验，可以判断铸钢件的大部分宏观缺陷，表 5-8 列出了铸钢常见宏观缺陷的断口特征。

表 5-8　铸钢常见宏观缺陷的断口特征

缺陷	断口特征	备注
气孔	单个或成束，内壁光滑的圆形或条形	图 5-2
缩孔	呈管状，表面粗糙，一般具有氧化特征，常见发达的树枝晶和夹杂物堆积	图 5-3
夹杂	成堆分布的颗粒群或单个大颗粒	图 5-4
热裂纹	表面起伏、圆滑，外露的则氧化严重	图 5-5
冷裂纹	未氧化呈灰色纤维状或沿奥氏体晶界开裂呈岩石状	图 5-6

图 5-2　气孔

图 5-3　缩孔

图 5-4　夹杂

图 5-5　热裂纹

6. 无损检测

无损检测指非破坏性检测方法，根据工作原理，可以分为以下几类：①光学检查法，如目测检查、渗透检测；②射线检查，如 X 射线、工业 CT；③电磁检查法，如磁粉检测法、涡流检测法；④声波检查法，如超声波检测。铸件质量无损检测常用磁粉检测与射线检测方法，磁粉检测法检测铸件表面质量，射线检测法检测铸件内部质量。图 5-7 所示为磁粉检测法显示的铸件表面裂纹，磁痕显示强烈、轮廓清晰，起始部位较宽，随延伸方向逐渐变细。图 5-8 所示为射

图 5-6　冷裂纹

线检测铸件内部气孔特征，气孔在射线照片上多呈现为孤立的或成群的圆形、椭圆形和梨形的暗斑，轮廓光滑、影像鲜明。

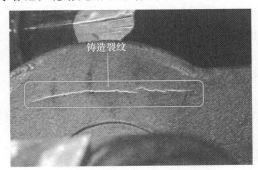

图 5-7　铸造裂纹磁痕

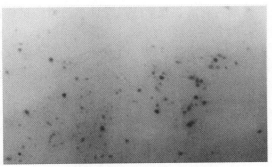

图 5-8　射线检测铸件内部气孔特征

5.3　铸钢中非金属夹杂物的检验

5.3.1　铸钢中非金属夹杂物的种类、成因及特点

　　铸钢中非金属夹杂物按来源可以分为内生夹杂物与外来夹杂物。内生夹杂物由钢液冶炼与浇注冷却凝固过程中产生。冶炼过程中，脱氧与脱硫化学反应生成物如未能及时全部浮出钢液表面形成炉渣，则将残留于钢液内部成为夹杂物。另外，钢液浇注冷却过程中，硫、氧等杂质元素溶解度逐渐降低，会以夹杂物的形式析出。外来夹杂物指炼钢或浇铸过程中混入钢液中的炉渣、耐火材料或钢液被氧化形成的二次氧化物等。内生夹杂物尺寸小、数量多、分布较均匀。外来夹杂物形状不规则、颗粒大、数量少、随机分布。

　　在 TB/T 2942.1—2020 的附录 B 中，根据铸钢中夹杂物的形态和分布，将夹杂物分为六个基本类型：Ⅰ型、Ⅱ型、Ⅲ型、Ⅳ型、Ⅴ型、外来夹杂物。Ⅰ型为颗粒细小的球状复合夹杂物，Ⅱ型为断续网状 MnS 夹杂物，Ⅲ型为多角形夹杂物，Ⅳ型为 Al_2O_3 群状夹杂物，Ⅴ型为单颗球状氧化物类夹杂物。

5.3.2　非金属夹杂物对铸钢件质量的影响

　　铸钢中不同类型的非金属夹杂物对铸件的性能均有影响，但影响程度有所不同。Ⅰ型球状夹杂物对性能的影响最小，Ⅱ型断续网状夹杂物对性能的影响最大，Ⅲ型多角形夹杂物对铸件的疲劳强度略有影响，Ⅳ型群状夹杂物和外来夹杂物并不普遍，仅出现在铸件关键受力部位时才显现出危害性。

　　Ⅱ型夹杂物会破坏铸件材质的均匀性和连续性。Ⅱ型夹杂物周围的 Mn 元素含量会降低，会沿夹杂物形成铁素体网，降低铸件的强度。铸件冷缩时，易沿Ⅱ型夹杂物形成热裂纹。在热割或补焊时，Ⅱ型夹杂物会优先于钢融化，可能会形成热裂纹或重新凝固为更严重的Ⅱ型夹杂物，增加铸件的脆性。

5.3.3　铸钢中非金属夹杂物的检验方法

　　TB/T 2942.1—2020 的附录 B 给出了铸钢中非金属夹杂物的金相检验方法，该方法适用于一般工程用铸造碳素钢和铸造低合金钢中非金属夹杂物的金相检验与评级。

试样可以在拉伸试样端头切取，也可以从铸件实物或附铸试块上切取。试样抛光时应避免夹杂物剥落、变形或抛光面被污染。试样抛光后用光学金相显微镜检验，夹杂物类型检验可放大至能分辨的倍率，定量检验放大 100 倍。检验时应首先通观整个受检面，然后按最恶劣视场，对照评级图，分别评定各类夹杂物的级别，评定时可评半级。Ⅰ 型与Ⅲ 型夹杂物通常放在一起评定，评定Ⅱ 型夹杂物时着重考虑网状分布的严重程度。外来夹杂物应在检验报告中以文字说明。

表 5-9 列出了铸钢中非金属夹杂物的类型，图 5-9～图 5-14 所示为铸钢中 6 类非金属夹杂物的金相照片。

表 5-9　铸钢中非金属夹杂物的类型

夹杂物类型	说明	备注
Ⅰ 型	包含氧化物，表面附有硫化物的硅酸盐类夹杂物和复合二氧化硅玻璃体等球状夹杂物	图 5-9
Ⅱ 型	包含灰色点条状硫化物铁锰及其与氧化铁共晶型夹杂物等点网状分布夹杂物	图 5-10
Ⅲ 型	包含黑色多角形含三硫化铝的复合夹杂物和钢中加添钡、钒等出现的多角形夹杂物及其他非球状分布夹杂物	图 5-11
Ⅳ 型	三氧化二铝树枝晶形夹杂物，在光学金相显微镜下呈群状	图 5-12
Ⅴ 型	以氧化铁为主要成分的单颗粒球状的二次氧化夹杂物	图 5-13
外来夹杂物	钢液浇注时带入的夹渣，耐火材料等粗大颗粒夹杂物	图 5-14

图 5-9　Ⅰ型夹杂物　100×

图 5-10　Ⅱ型夹杂物　100×

图 5-11　Ⅲ型夹杂物　100×

图 5-12　Ⅳ型夹杂物　100×

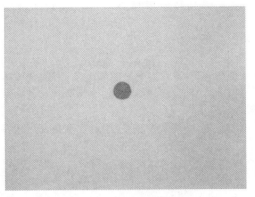

图 5-13　V 型夹杂物　100×

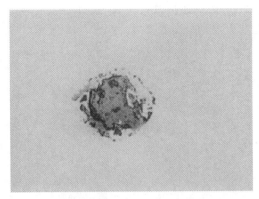

图 5-14　外来夹杂物　100×

5.4　铸钢件的金相检验

5.4.1　铸造碳素钢和低合金钢的金相检验

1. 热处理特点

铸钢件铸造时形成的粗大晶粒度、魏氏组织、成分偏析、残余应力等会降低铸钢件的性能，降低铸钢件的使用范围及寿命，一般情况下都需要对其进行热处理。通过热处理，可以细化晶粒、消除魏氏组织、均匀化组织、减少成分偏析、降低铸造应力。常用的热处理工艺有退火、正火、淬火、回火处理。

退火细分为均匀化退火、完全退火、去应力退火。均匀化退火需要在高温（1050～1250℃）下较长时间保温，能消除或改善铸钢件的枝晶偏析和晶内偏析，但退火后晶粒粗大。完全退火通常加热到相变点 Ac_3 以上 30～60℃，然后缓冷，退火后形成细颗粒的等轴铁素体和珠光体。去应力退火是加热到相变点以下适当的温度，保温缓冷，组织不变。

正火处理加热保温和完全退火相同，只是冷却速度更快，通常为空冷或风冷，使奥氏体在更低的温度下进行分解，从而得到分散度更大的珠光体，取得比退火态更高的强度。

调质处理指淬火+高温回火，组织为回火索氏体，调质处理后的铸钢件具有更好的综合力学性能。

2. 铸态组织

晶粒粗大、严重的魏氏组织与组织不均匀是铸造碳素钢和低合金钢铸态组织的典型特点。

图 5-15～图 5-18 所示为铁道机车车辆常用铸造碳素钢和低合金钢的铸态组织，其组织共同特点是针状铁素体魏氏组织+块状铁素体+珠光体，铸态晶粒非常粗大，晶粒度都大于 1 级。不同点是各组成相的含量不同，针状铁素体魏氏组织的形状也有所不同。

碳素钢铸态组织中各组成相所占的比例与碳含量有关。碳含量越低，铁素体含量越高，针状铁素体魏氏组织越发达。随着铸钢碳含量的增加，珠光体的数量逐渐增多，针状铁素体魏氏组织数量减少、针条变短，如图 5-15 与图 5-16 所示。对于成分相同的铸钢，冷却速度不同，产生的组织也有所不同，在一定的冷速范围内会析出更多的针状铁素体。低合金钢铸态组织中，随着 Mn、Cr、Ni 等合金元素的增加，铁素体晶粒变得更细，针状铁素体也变得更细更发达，如图 5-17 和图 5-18 所示。

图 5-15　ZG230-450 的铸态组织　100×

图 5-16　ZG310-570 的铸态组织　100×

图 5-17　B 级钢的铸态组织　100×

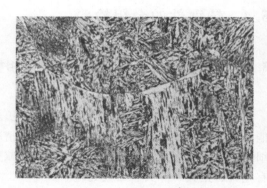

图 5-18　C（E）级钢的铸态组织　100×

　　铸钢浇注时的钢液温度很高，凝固冷却速度较慢，因此晶粒不断长大，形成粗大的奥氏体晶粒。钢液凝固冷却的速度是影响奥氏体晶粒度的关键因素，冷却速度越慢，形成的晶粒越大，相同条件下大铸件比小铸件晶粒大，厚壁铸件比薄壁铸件晶粒大，砂型铸造比金属铸造晶粒大。

　　当 $w_C = 0.20\% \sim 0.40\%$，并且奥氏体晶粒粗大时，铸造碳素钢和低合金钢在一定的冷却速度下易生成魏氏组织。铁道机车车辆用铸钢件多为亚共析钢，因此铸钢中的魏氏组织为铁素体魏氏组织，主要呈针状或三角形。魏氏组织的存在，严重降低了铸钢的力学性能，特别是使铸件的韧性显著降低。

　　钢液冷却凝固时以树枝晶方式生长，先结晶的枝干主要为高熔点的元素，后凝固的枝晶间隙主要为低熔点元素。这种由于冷却的先后顺序造成不同熔点元素的偏聚，形成铸钢的成分偏析，进一步造成铸钢组织的不均匀性。如硫、磷等夹杂物形成元素所形成的化合物，熔点都比较低，因此主要存在于树枝晶的间隙内。如果低熔点化合物呈断续网状分布，则形成Ⅱ型非金属夹杂物，严重降低铸钢的韧性。

　　3. 残余铸态组织

　　局部保留粗大的铁素体晶粒和魏氏组织是铸造碳素钢和低合金钢残余铸态组织的典型特点。

图 5-19 和图 5-20 所示分别为 ZG230-450 和 B 级钢的残余铸态组织，其显微组织特征类似，都由针条状铁素体、大块状铁素体、细块状铁素体与珠光体组成。

图 5-21 所示为 C 级钢残余铸态组织，显微组织为：沿初生奥氏体晶界分布的块状铁素体+针条状铁素体+珠光体+略呈网状的回火索氏体。

图 5-22 所示为 E 级钢残余铸态组织，显微组织为：细块状铁素体+位相分布的针状铁素体+回火索氏体。

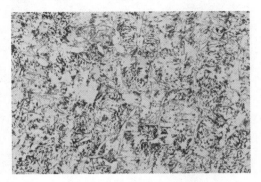

图 5-19　ZG230-450 残余铸态组织　100×

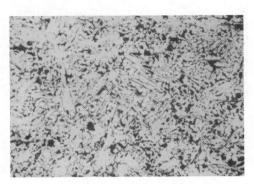

图 5-20　B 级钢残余铸态组织　100×

图 5-21　C 级钢残余铸态组织　100×

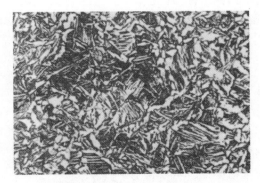

图 5-22　E 级钢残余铸态组织　100×

造成残余铸态组织特征的原因是铸件热处理时奥氏体化温度偏低或保温时间过短，导致铸件不能充分奥氏体化，在冷却过程中，已奥氏体化的组织会转变为细小的铁素体与珠光体或索氏体，未奥氏体化的大块或者针状铁素体魏氏组织则保留下来。残余铸态组织能在一定限度上改善铸件的性能，消除了铸钢的铸造应力，但铸钢的脆性特征未能完全消除，因此合格的铸钢件里不允许存在残余铸态组织。

4. 铸态遗传组织

铸态遗传组织的主要特征：仔细观察时，铁素体已经重结晶为细颗粒；粗略观察时，仍保留部分铸态时铁素体的粗晶、条形特征。

图 5-23 所示为 ZG230-450 遗传 5 级组织，图 5-24 所示为 B 级钢正火 1 级组织，都是由细小的铁素体晶粒、细块珠光体组成，期间有已重结晶细化的条状铁素体遗迹。遗传组织为正火处理时加热温度稍低或保温不足，虽然使铸态组织奥氏体化，但碳原子、铁原子动能不足，未能充分扩散，因此在冷却过程中，虽然重结晶为细小铁素体晶粒，但细小晶粒合起来

仍保留原针条状铁素体轮廓。尽管遗传组织仍保留部分铸态组织的轮廓，但内部已全部重结晶，因此，遗传组织铸钢件也有较好的性能。

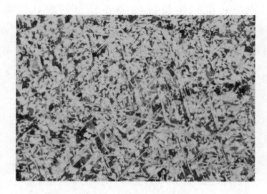 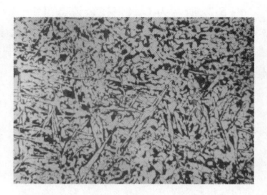

图 5-23　ZG230-450 遗传 5 级组织　100×　　　　图 5-24　B 级钢正火 1 级组织　100×

5. 正火组织

良好的正火组织由细小的等轴铁素体晶粒和珠光体均匀混合组成。图 5-25 所示为 ZG230-450 正火 1 级组织：铁素体+珠光体，晶粒度为 9 级。图 5-26 所示为 B 级钢正火 6 级组织：铁素体+珠光体，晶粒度为 6~7 级。

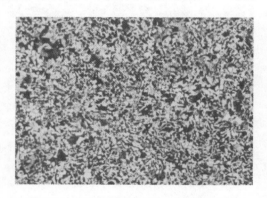 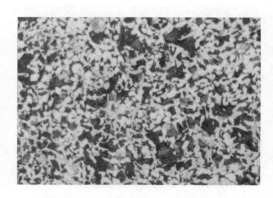

图 5-25　ZG230-450 正火 1 级组织　100×　　　　图 5-26　B 级钢正火 6 级组织　100×

根据铸钢件的大小在 Ac_3 之上适当的温度加热，保温合适的时间，使铸件充分奥氏体化，在空气中空冷或风冷，即可得到正常的正火组织。正常的正火组织只有细小的铁素体与珠光体，完全消除了铸态的粗晶和魏氏组织，消除了铸造应力，使铸件具备良好的塑性和强度，满足期望的力学性能。

图 5-27 和图 5-28 所示为正火过热组织，局部晶粒明显增大，有针条状铁素体及魏氏组织产生。正火加热温度过高时，奥氏体晶粒会增大，冷却后晶粒粗大，产生魏氏组织，降低铸钢件的力学性能。

图 5-29 所示为 ZG230-450 退火 4 级组织：晶粒度 7~8 级，铁素体+珠光体，细小珠光体呈网状，有一定方向性。图 5-30 所示为 ZG230-450 堆垛正火 2 级组织：晶粒度 8~9 级，铁素体+珠光体，细小珠光体呈网状。图 5-31 所示为 B 级钢堆垛正火 4 级组织：晶粒度 7~8 级，断续网状珠光体+铁素体。

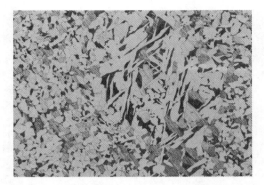

图 5-27 ZG230-450 正火过热组织（8 级） 100×

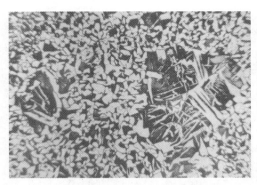

图 5-28 B 级钢正火过热组织（7 级） 100×

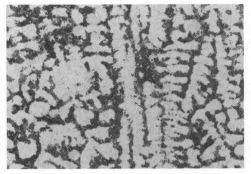

图 5-29 ZG230-450 退火 4 级组织 100×

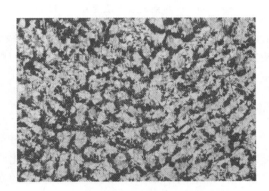

图 5-30 ZG230-450 堆垛正火 2 级组织 100×

堆垛正火和退火组织类似，都为铁素体+珠光体，珠光体呈一定的网状特征。有资料表明，网状特征与铸钢件的冷却速度和锰元素偏析有一定的关系。缓慢冷却时，首先在贫锰区发生 $\gamma \rightarrow \alpha$ 相变，随后在富锰区发生 $\gamma \rightarrow P$ 转变。而铸钢铸态时易形成网状锰偏析，因而导致退火或正火缓冷时出现网状珠光体。网状珠光体造成铸件组织的不均匀性，降低铸件的强度和韧性。

6. 调质组织

调质组织为零件淬火+高温回火后的组织，良好的调质组织为均匀的回火索氏体组织。TB/T 2942.2—2018 中将 E 级钢调质组织分为 10 级，其中 1~7 级合格。

图 5-32 所示为 E 级钢的调质 3 级组织，存在网络遗迹的回火索氏体，奥氏体化温度偏

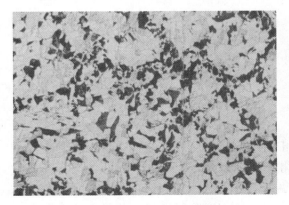

图 5-31 B 级钢堆垛正火 4 级组织 100×

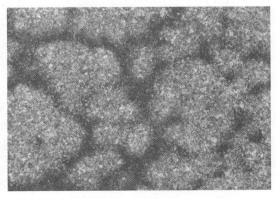

图 5-32 E 级钢调质 3 级组织 100×

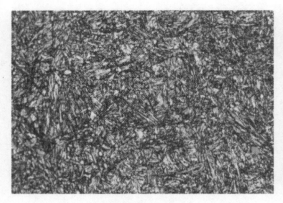

图 5-33　E 级钢调质 5 级组织　500×

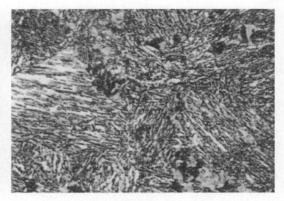

图 5-34　E 级钢调质 9 级组织　500×

下限，成分有偏析。图 5-33 所示为调质 5 级组织，均匀细小的回火索氏体。图 5-34 所示为调质 9 级组织，粗大的回火索氏体+少量屈氏体，奥氏体化温度过高，奥氏体晶粒快速长大。

5.4.2　铸造不锈钢的金相检验

铸造不锈钢具有高的耐蚀性，主要是材料中加入大量铬、镍元素，钢中铬、镍元素会与空气中的氧元素发生作用，形成致密的氧化膜，从而防止金属被空气或其他介质腐蚀。在不锈钢中，铬是缩小奥氏体相区的元素，它的存在能促使铁素体形成；镍是扩大奥氏体相区元素，可使钢中形成奥氏体。当它们共存于不锈钢中时，钢的组织将因其含量不同而发生不同的变化。

铸造不锈钢按照热处理后的显微组织，可以分为五类：奥氏体型不锈钢、铁素体型不锈钢、奥氏体-铁素体型不锈钢、马氏体型不锈钢、沉淀硬化型不锈钢。

ZG07Cr19Ni10 为奥氏体不锈钢，图 5-35 所示为其铸态组织：奥氏体基体上有呈枝晶状分布的铁素体，构成奥氏体+铁素体两相组织。由于铸态时偏析比较严重，局部铬元素含量较高，因此钢中存在铁素体相。

ZG15Cr13 和 ZG20Cr13 为常见的铸造马氏体型不锈钢。图 5-36 所示为 ZG15Cr13 的调质处理组织，为回火索氏体+块状铁素体。图 5-37 所示为 ZG20Cr13 的调质处理组织，为回火索氏体。

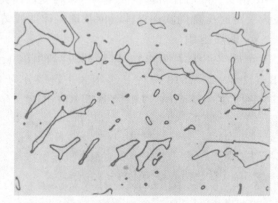

图 5-35　ZG07Cr19Ni10 铸态组织　100×

在奥氏体基体中铁素体含量不低于 15%或铁素体基体中奥氏体含量不低于 15%的钢材称为奥氏体+铁素体型不锈钢。双相不锈钢相对于奥氏体型不锈钢有更高的强度，更好的耐应力腐蚀、晶间腐蚀及抗腐蚀疲劳特性。双相不锈钢相对于铁素体型不锈钢，塑性和韧性大为提高，也克服了铁素体型不锈钢室温和低温冲击性能差，缺口敏感性大和对晶间腐蚀敏感性大的缺点。但双相不锈钢也存在铁素体型不锈钢的 475℃脆性和 σ 相脆性敏感性大的

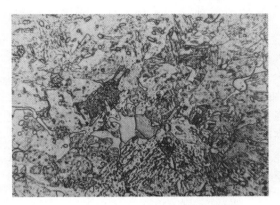

图 5-36 ZG15Cr13 调质处理组织 500×

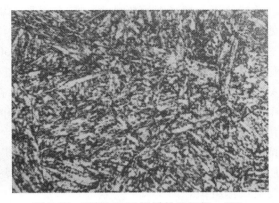

图 5-37 ZG20Cr13 调质处理组织 500×

缺点。双相不锈钢按成分可以分为铬镍双相不锈钢和铬锰氮双相不锈钢。

ZG03Cr26Ni6Mo3N 为铁素体+奥氏体双相不锈钢，图 5-38 所示为 ZG03Cr26Ni6Mo3N 固溶处理后的显微组织，淡灰色为铁素体，白亮色为奥氏体。

5.4.3 铸造高锰钢的金相检验

铸造高锰钢由于加工硬化的特点，金相取样位置应选在距表面 6mm 以内，最好使用线切割进行取样。试样磨平时不要用力过大，抛光时最好使用呢子作为抛光布，金刚石粉抛光剂，轻压试样，尽量减少出现变质层、滑移线

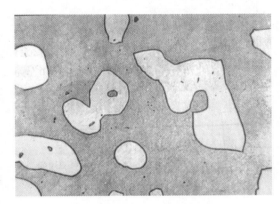

图 5-38 ZG03Cr26Ni6Mo3N 固溶
处理显微组织 500×

等干扰。滑移线只在晶内延伸，不延伸出晶界，同一晶粒内互相平行，不同晶粒内的滑移线方向不同。抛光好的试样需要使用 3%~5% 的硝酸乙醇溶液浸蚀，再用 4%~6% 的盐酸乙醇溶液去除表面腐蚀产物和变形层，在 500 倍下观察，选择最严重视场评定。金相组织、晶粒度和夹杂物级别按 GB/T 13925—2010《铸造高锰钢金相》进行评定。

图 5-39 为 ZGMn13 的铸态显微组织：白色基体为奥氏体（图中 1 处，显微硬度 226HV），基体上分布着长针状的马氏体组织，黑色块状组织为屈氏体（图中 2 处，显微硬度 477HV），大块灰白色鱼骨状为碳化物，与奥氏体构成莱氏体（图中 3 处，显微硬度 687HV），莱氏体边上的羽毛状组织为贝氏体，针状组织为马氏体。

高锰钢铸态组织中有大量脆、硬碳化物在晶界和晶内分布，会严重降低高锰钢的晶界强度、韧性和塑性，因此高锰钢需要经过热处理

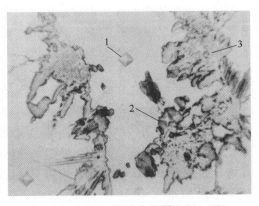

图 5-39 ZGMn13 铸态显微组织 500×

后才能使用。高锰钢的热处理一般有两种，单一的固溶处理（即水韧处理）和固溶+时效处理。

高锰钢水韧处理时需要将铸件加热到1050~1100℃，保温一定时间，使铸态组织中的碳化物完全溶解并使合金均匀，然后淬入水中，快速冷却，防止碳化物析出，得到均匀的单相奥氏体组织，如图5-40所示。高锰钢经过水韧处理后，硬度很低，有良好的韧性，能承受很大的冲击载荷。在使用中，如受剧烈冲击和强大的压力而变形，其表层将迅速产生加工硬化并有马氏体及ε相沿滑移面形成，从而产生高耐磨的表面层，而内层仍为奥氏体组织，保持优良的韧性，因此即使零件磨损到很薄，仍能承受较大的冲击载荷而不发生断裂。图5-41所示为高锰钢受到冲击而形成的组织特征：表层0.07~0.08mm深度为马氏体及ε相，心部为奥氏体组织。

图5-40　高锰钢水韧处理　100×　　　图5-41　高锰钢受到冲击而形成的组织特征　500×

高锰钢铸件水韧处理后，还可以在400℃进行3~4h的时效处理。经过时效处理，奥氏体晶内会产生细小而弥散的碳化物颗粒，这样会进一步增强高锰钢的耐磨性能，并且不会降低高锰钢的韧性。当然，时效处理的温度不能高于450℃，以防止碳化物沿晶界析出，增加脆性。

5.5　案例分析

铸钢件直接铸造而成，多数结构较为复杂，相对于锻件而言，会有更多更严重的缺陷，如热裂纹、冷裂纹、缩孔与缩松、气孔、夹渣和夹砂、补焊、冷隔、金相组织缺陷等。这些缺陷由各自不同的原因出现，都会对铸钢件的质量造成很大的影响。

5.5.1　铸造热裂纹

铸钢件在高温凝固成形过程中产生的裂纹称为热裂纹，通常发生在铸钢件最后凝固或应力集中的部位。铸钢件中如果存在Ⅱ型网状夹杂物、气孔等缺陷则更容易产生热裂纹。热裂纹的显微特征是裂纹沿晶粒边界通过，呈弯弯曲曲不规则的形状，常出现分支，裂纹内可能夹有氧化膜或表面略带氧化色，当铸钢件冷却缓慢时，裂纹两侧会出现脱碳现象。

图5-42所示为ZG16Mn2钢铸件由于晶界上存在大量氧化夹杂物和低熔点夹杂引起的热裂纹，沿着裂纹有明显的非金属夹杂物。图5-43所示为ZG280-520阀体薄壁和厚壁相交的

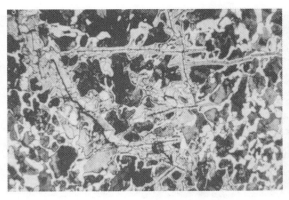
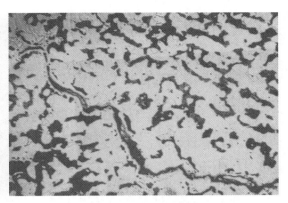

图 5-42　ZG16Mn2 热裂纹　100×　　　　　　图 5-43　ZG280-520 热裂纹　25×

热节处的热裂纹形貌，裂纹沿晶界扩展，形状弯弯曲曲，裂纹两侧有明显脱碳现象。

　　影响热裂纹产生的因素主要有铸件的化学成分、浇注工艺和铸件结构等方面。低碳钢和高碳钢都易出现热裂纹，硫、磷等元素容易形成低熔点化合物，也增加了铸件热裂纹的产生概率。浇注温度过高时容易出现热裂纹，铸件结构越复杂、截面尺寸越大，则愈易发生热裂。

5.5.2　铸造冷裂纹

　　铸钢件凝固后，在冷却至低温时产生的裂纹称为冷裂纹。铸造冷裂纹，一般分布在铸钢件截面尺寸突变、易应力集中的部位，如夹角、沟槽、凹角、缺口的周围、台阶和板壁边缘等，裂纹多数呈穿晶开裂，直线扩展，分支较少，裂纹两侧无脱碳。

　　图 5-44 所示为 ZG35CrMo 阀体在水爆清砂时所形成的冷裂纹。水爆清砂时，铸钢件从较高温度下快速冷却，使铸钢件产生较大的热应力与组织应力，加上铸钢件薄弱部位应力集中的作用，使局部内应力超过材料强度，从而产生冷裂纹。

　　影响冷裂纹的因素主要有化学成分、铸造工艺和铸件结构等。碳含量高时，易产生冷裂纹；磷含量高时，会使钢材变脆，也易产生冷裂纹。铸钢件钢液冶炼不良、夹杂物增多、钢的强度降低，或铸钢件结构复杂、冷却速度过快等均会增加铸钢件产生冷裂纹的概率。

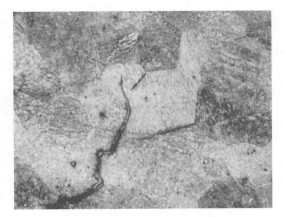

图 5-44　ZG35CrMo 冷裂纹　100×

　　裂纹缺陷的存在，严重破坏了金属的完整性，除少数在浅表层分布的裂纹可通过及时加工除去外，多数铸钢件裂纹无法消除，在以后的加工和使用过程中，裂纹尖端会产生应力集中，使裂纹快速扩展，最后导致铸钢件破裂，严重降低了铸钢件的寿命。

5.5.3　缩孔与缩松

　　金属在凝固过程中，体积会收缩，如果钢液不能及时补充，就会在最后凝固的地方出现收缩孔洞，称为缩孔。缩孔形状不规则、孔壁粗糙、有枝状晶，常出现在铸件最后凝固的部位。钢液凝固时在树枝晶间出现的细小而分散的微小缩孔也称为缩松。图 5-45 所示为某 B+ 级钢侧架转角处出现的缩孔，图中可见孔洞形状不规则、孔壁粗糙、有枝状晶。

图 5-45　缩孔

5.5.4　气孔

铸钢件在凝固过程中，气体的溶解度急剧降低，未及时逸出而滞留于铸钢件内则形成气孔。气孔一般呈圆形、椭圆形或长条形，单个或成串状分布，内壁光滑。图 5-46 所示为 E 级钢车钩切片的典型气孔特征，一个为圆形，一个为条形，内壁光滑。

图 5-46　气孔（10%盐酸水溶液热浸蚀）

5.5.5　夹渣和夹砂

铸造过程中，如果熔渣没有彻底清除干净，或浇注工艺、操作不当，导致砂型落砂，则在铸件中会形成夹渣与夹砂等缺陷。图 5-47 所示为 E 级钢车钩切片上近表面的夹砂特征。

图 5-47　夹砂（10%盐酸水溶液热浸蚀）

5.5.6　补焊

多数铸钢件表面或近表面的缺陷可以通过余量加工去除或补焊进行消除。在补焊时，如果原始缺陷清理不干净，缺陷就会残留在零件内。如果补焊工艺不当，会在补焊的位置造成新的缺陷。图 5-48 所示为补焊区产生气孔缺陷，图 5-49 所示为补焊根部出现马氏体+铁素体魏氏组织，此类组织将极大地增加基体脆性，造成产品早期失效。因此，较重要的合金钢铸件，在补焊前必须进行预热，补焊后及时进行去应力和无损检测等，否则由于热应力与组织应力的存在，很容易在补焊根部位置产生焊接裂纹或由于新的缺陷引发疲劳开裂。

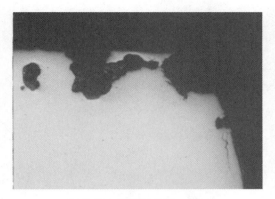

图 5-48　补焊区气孔　25×

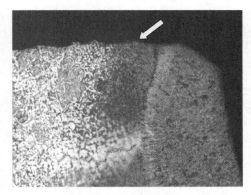

图 5-49　补焊根部异常组织　25×

5.5.7　冷隔

铸件浇注过程中，由于金属液浇注温度低、流动性差，或浇注系统设计不合理，内浇道数量少且断面面积小等因素，使得金属液在型腔中的流动受到阻碍而出现金属不连续的现象称为冷隔。在低倍切片或金相检验中，冷隔呈较为粗大、两端圆秃的裂纹形貌。图 5-50 所示为某 ZG230-450 铸钢件的冷隔缺陷金相图片，可以看出缺陷类似裂纹，走向圆滑、末端圆秃，两侧组织无差异。

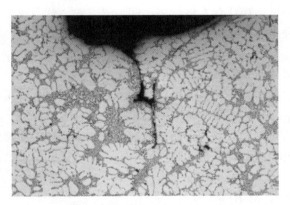

图 5-50　铸钢件冷隔缺陷　25×

第6章

铸铁的金相检验

　　铸铁是一种使用历史悠久的重要工程材料。我国早在春秋时期就已发明了生铁冶铸技术并用其制造生产工具和生活用具，比西欧各国早两千年。由于生产设备和工艺简单、价格便宜，现在铸铁仍是工程上最常用的金属材料，被广泛应用在机械制造、冶金、矿山、石油化工、交通等行业。据统计，按质量计算，铸铁件在农业机械中占 40%~60%，在汽车、拖拉机中占 50%~70%，在机床制造中占 60%~90%。

　　铸铁是一种碳的质量分数大于 2.11% 的铁碳合金。铸铁中的碳通常以固溶、化合和游离三种状态存在。在铸铁的凝固、结晶和随后的热处理过程中，碳的存在状态还会发生变化，从而影响铸铁的组织和性能。在工业铸铁中，除碳、硅以外，还含有锰、硫、磷等其他元素。特殊性能的合金铸铁往往含有铬、钼、铜、镍、钨、钛、钒等合金元素。按对石墨化的作用，合金元素可分为两大类：①促进石墨化的元素，如碳、硅、铝、铜、镍、钴等，其中碳和硅最强烈，是控制铸铁组织与性能的基本措施；②阻碍石墨化的元素，如铬、钨、钼、钒、锰等，以及杂质元素磷、硫。

　　铸铁的金相组织主要由石墨和基体组成，检验内容主要包括石墨的形态、大小、分布情况，以及基体组织和第二相等，并按相应的金相标准进行各项评级。由于铸铁组织中的石墨比较柔软，有些石墨的颗粒尺寸较大，甚至结构较松散，应特别注意防止在试样制备过程中产生石墨剥落、石墨曳尾或抛光不足等制样缺陷，影响铸铁石墨和组织的正常检验。

6.1　铸铁的分类及常用牌号

　　铸铁的分类方法有很多种，一般按铸铁中碳的存在状态、石墨的形态特征及铸铁的性能特点可将铸铁分为五类：白口铸铁、灰铸铁、球墨铸铁、蠕墨铸铁和可锻铸铁。

6.1.1　白口铸铁

　　白口铸铁是指化学成分中的碳以碳化物的形式存在，铸态组织中不含石墨，断口呈白色的铸铁。根据化学成分中的合金元素含量，白口铸铁分为三类：普通白口铸铁，只含碳、硅、锰、磷、硫而不含其他合金元素；低合金白口铸铁，合金元素的质量分数小于 5%；高合金白口铸铁，合金元素的质量分数大于 5%。

　　表 6-1 列出了普通白口铸铁的化学成分实例，用于抗磨铸件的化学成分特点是含碳量高、含硅量低，目的是增加渗碳体数量提高耐磨性。

表 6-1　普通白口铸铁的化学成分实例　　　　（质量分数，%）

序号	C	Si	Mn	P	S	用途
1	3.5~4.5	0.4~1.2	0.2~1.0	0.1~0.3	<0.1	抗磨铸件
2	2.4~2.8	1.2~1.8	0.3~0.6	<0.1	<0.2	可锻铸铁生坯件

在普通白口铸铁中添加质量分数总量不超过5%的合金元素形成低合金白口铸铁。合金元素的加入可提高碳化物的显微硬度，强化金属基体，进一步提高耐磨性。因此，低合金白口铸铁多使用在抗磨铸件上。

按合金种类，高合金白口铸铁可分为镍铬系、铬钼系、高铬系、钨系四大系列。镍铬系的优点是强韧性好，可在较低温度下热处理，该特性对于许多不宜进行高温热处理的大铸件及易形成裂纹的结构件是十分有利的；铬钼系是普遍使用的耐磨材料，具有较好的综合力学性能及较高的性价比；高铬系因铬含量高，淬透性、硬度、韧性、耐蚀性，尤其是抗热磨损的能力较前两者均有明显提高；钨系作为一种新型抗磨材料，按钨、碳含量不同，划分为亚共晶、共晶和过共晶三种类型，高钨铸铁不仅硬度高，而且冲击韧性好。

6.1.2　灰铸铁

灰铸铁是指金相组织中石墨呈片状的铸铁。因片状石墨割裂了基体的连续性，因此灰铸铁的强度不高，脆性较大，但由于石墨的存在，灰铸铁具有良好的减震性、耐磨性、可加工性和缺口敏感性。按照灰铸铁的化学成分和性能特点，将其分为普通灰铸铁、合金灰铸铁和特殊性能灰铸铁，生产上通过孕育处理而获得的高强度铸铁称为孕育铸铁。根据基体组织不同可分为铁素体基体、珠光体基体和铁素体+珠光体基体 3 种。

灰铸铁牌号用"HT×××"表示，"HT"表示灰铁，后面的 3 位数字表示最低抗拉强度。例如，HT150 表示最低抗拉强度为 150MPa 的灰铸铁。普通灰铸铁牌号有 HT100、HT150、HT200，孕育灰口铸铁牌号有 HT250、HT300、HT350 和 HT400。

6.1.3　球墨铸铁

球墨铸铁是铁液经球化处理后，使石墨大部分或全部呈球状形态的铸铁。因球状石墨引起的应力集中现象远比片状石墨的灰铸铁小，与灰铸铁比较，球墨铸铁的力学性能显著提高。根据球墨铸铁的成分、力学性能和使用性能，一般将其分为普通球墨铸铁、高强度合金球墨铸铁和特殊性能球墨铸铁。

球墨铸铁的牌号用"QT×××-××"表示，"QT"表示球铁，后面的两组数字分别表示最低抗拉强度和伸长率。表 6-2 列出了常见球墨铸铁牌号和力学性能。

表 6-2　常见球墨铸铁牌号和力学性能

牌号	基体	铸件壁厚 $t/$ mm	力学性能				应用举例
			R_m/MPa（min）	$R_{p0.2}/MPa$（min）	A（%）（min）	硬度 HBW	
QT400-18	铁素体	$t \le 30$	400	250	18	120~175	汽车、拖拉机底盘零件；1.6~6.4MPa 阀的阀体、阀盖
		$30 < t \le 60$	390	250	15		
		$60 < t \le 200$	370	240	12		

（续）

牌号	基体	铸件壁厚 t/mm	力学性能				应用举例
			R_m/MPa（min）	$R_{p0.2}$/MPa（min）	A(%)（min）	硬度HBW	
QT450-10	铁素体	$t \leqslant 30$	450	310	10	160~210	汽车、拖拉机底盘零件；1.6~6.4MPa阀的阀体、阀盖
		$30 < t \leqslant 60$	供需双方商定				
		$60 < t \leqslant 200$					
QT550-5	铁素体+珠光体	$t \leqslant 30$	550	350	5	180~250	机油泵齿轮
		$30 < t \leqslant 60$	520	330	4		
		$60 < t \leqslant 200$	500	320	3		
QT600-3	铁素体+珠光体	$t \leqslant 30$	600	370	3	190~270	柴油机、汽油机曲轴；磨床、铣床、车床的主轴；空压机、冷冻机缸体、缸套
		$30 < t \leqslant 60$	600	360	2		
		$60 < t \leqslant 200$	550	340	1		
QT700-2	珠光体	$t \leqslant 30$	700	420	2	225~305	
		$30 < t \leqslant 60$	700	400	2		
		$60 < t \leqslant 200$	650	380	1		
QT800-2	珠光体或索氏体	$t \leqslant 30$	800	480	2	245~335	
		$30 < t \leqslant 60$	供需双方商定				
		$60 < t \leqslant 200$					
QT900-2	回火马氏体或屈氏体+索氏体	$t \leqslant 30$	900	600	2	280~360	汽车、拖拉机传动齿轮
		$30 < t \leqslant 60$	供需双方商定				
		$60 < t \leqslant 200$					

由表6-2中数据可知，球墨铸铁的抗拉强度远远超过灰铸铁的抗拉强度，与钢相当。而且基体不同的球墨铸铁性能差别很大。珠光体基体球墨铸铁的抗拉强度比铁素体基体高50%以上，而铁素体基体的球墨铸铁伸长率为珠光体基体的3~5倍。

此外，球墨铸铁具有较好的疲劳强度。表6-3列出了球墨铸铁和45钢的对称弯曲疲劳强度，可见带孔和带台肩的试样疲劳强度大致相同。试验表明，球墨铸铁的扭转疲劳强度甚至超过45钢。在实际应用中，大多数承受动载荷的零件是带孔或带台肩的，在许多情况下完全可以用球墨铸铁代替钢制造某些重要零件，如曲轴、连杆、凸轮轴等。

表6-3　球墨铸铁和45钢的对称弯曲疲劳强度

材料	对称弯曲疲劳强度/MPa							
	光滑试样		光滑带孔试样		带台肩试样		带孔、带台肩试样	
珠光体球墨铸铁	255	100%	205	80%	175	68%	155	61%
45钢	305	100%	205	74%	195	64%	155	51%

球墨铸铁的热处理主要有为获得铁素体基体而进行的退火、为获得珠光体基体而进行的正火和等温淬火、表面淬火及回火等，与钢的热处理大致相同。

6.1.4　蠕墨铸铁

蠕墨铸铁是石墨大部分呈蠕虫状，同时伴有少量球状石墨的铸铁。蠕虫状石墨的形态介于片状和球状之间，在光学显微镜下，是互不连接的短片，与灰铸铁的片状石墨类似，不同的是石墨片的长厚比较小，端部较钝。

蠕墨铸铁具有较好的力学性能和铸造性能，并有良好的导热性、抗热疲劳性和耐磨性，被广泛应用于气缸体、气缸盖、排气管等产品，轨道交通领域的低速制动盘就是典型的蠕墨铸铁件。

表6-4列出了部分蠕墨铸铁单铸试样的力学性能和基体组织。

表 6-4　蠕墨铸铁单铸试样的力学性能和基体组织

牌号	R_m/MPa(min)	$R_{p0.2}$/MPa(min)	$A(\%)$(min)	布氏硬度 HBW	主要基体组织
RuT300	300	210	2.0	140~210	铁素体
RuT350	350	245	1.5	160~220	铁素体+珠光体
RuT400	400	280	1.0	180~240	珠光体+铁素体
RuT450	450	315	1.0	200~250	珠光体
RuT500	500	350	0.5	220~260	珠光体

注：布氏硬度（指导值）仅供参考。

6.1.5　可锻铸铁

可锻铸铁是一定成分的白口坯件经退火而成的铸铁。所谓"可锻"，仅说明它具有一定的塑性和韧性，并不等于说它可以锻造。

按生产工艺不同，可锻铸铁通常分为白心可锻铸铁、珠光体可锻铸铁、黑心可锻铸铁三类。按照化学成分、热处理工艺及组织、性能等差别，GB/T 9440—2010《可锻铸铁件》将其划分为两类，第一类是黑心可锻铸铁和珠光体可锻铸铁，黑心可锻铸铁的金相组织主要是铁素体基体+团絮状石墨，珠光体可锻铸铁的金相组织主要是珠光体基体+团絮状石墨；第二类是白心可锻铸铁，金相组织取决于断面尺寸，薄断面的金相组织是铁素体（+珠光体+退火石墨），厚断面的金相组织由表及里分别是：铁素体（表面区域），珠光体+铁素体+退火石墨（中间区域），珠光体（+铁素体)+退火石墨（心部区域）。

可锻铸铁常用来制造形状复杂、承受冲击和振动载荷的零件，如汽车、拖拉机的后桥壳、管接头、低压阀等。

表6-5列出了部分可锻铸铁的牌号和力学性能。铁素体可锻铸铁的代号为"KT"，珠光体可锻铸铁的代号为"KTZ"，其后的两组数字表示最低抗拉强度和伸长率。

表 6-5　可锻铸铁的牌号和力学性能

分类	牌号	试样直径 d/mm	最低抗拉强度 R_m/MPa(min)	0.2%屈服强度 $R_{p0.2}$/MPa(min)	伸长率 $A(\%)$(min)	硬度 HBW	应用举例
铁素体可锻铸铁	KT300-06	12 或 15	300	—	6	≤150	弯头、三通等管件
	KT330-08	12 或 15	330	—	8		螺栓扳手等，犁刀、犁柱、车轮壳等
	KT350-10	12 或 15	350	200	10		汽车、拖拉机前后桥壳、减速器壳、转向节壳、制动器等
	KT370-12	12 或 15	370	—	12		

（续）

分类	牌号	试样直径 d/mm	最低抗拉强度 R_m/MPa（min）	0.2%屈服强度 $R_{p0.2}$/MPa（min）	伸长率 A（%）（min）	硬度 HBW	应用举例
珠光体可锻铸铁	KTZ450-06	12 或 15	450	270	6	150~200	曲轴、凸轮轴、连杆、齿轮、活塞环、轴套、片、万向接头、棘轮、扳手、传动链条
	KTZ500-05	12 或 15	500	300	5	165~215	
	KTZ600-03	12 或 15	600	390	3	195~245	
	KTZ700-02	12 或 15	700	530	2	240~290	

6.2 灰铸铁的金相检验

灰铸铁的金相检验按照 GB/T 7216—2023《灰铸铁金相检验》的规定方法和内容进行。该标准对石墨形态、石墨长度、石墨含量、珠光体含量、碳化物含量、磷共晶含量、共晶团数量的评定方法作了规定，并列出了相应评级图。

石墨按石墨形态分为 6 类，具体分类见表 6-6 及图 6-1。

表 6-6 石墨分类

石墨类型	名称	图号	石墨类型	名称	图号
Ⅰ	片状石墨	图 6-1a	Ⅳ	团絮状石墨	图 6-1d
Ⅱ	星状石墨	图 6-1b	Ⅴ	团状石墨	图 6-1e
Ⅲ	蠕虫状石墨	图 6-1c	Ⅵ	球状石墨	图 6-1f

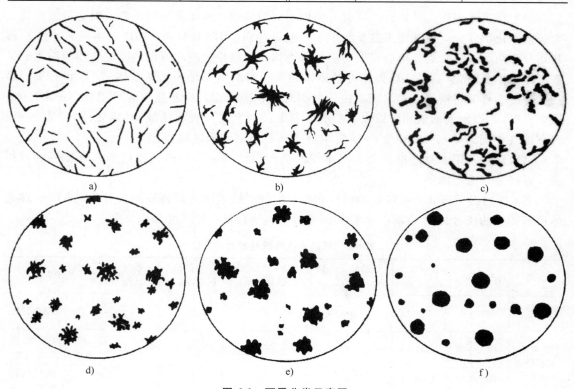

a)   b)   c)

d)   e)   f)

图 6-1 石墨分类示意图

a) Ⅰ b) Ⅱ c) Ⅲ d) Ⅳ e) Ⅴ f) Ⅵ

6.2.1　灰铸铁石墨的检验

灰铸铁在抛光态下检验石墨分布形态，首先观察整个受检面，按大多数视场石墨形态对照相应的评级图评定，放大倍数为 100 倍。表 6-7 和图 6-2 列出了灰铸铁石墨分布形态的 6 种类型。

表 6-7　灰铸铁石墨分布形态

石墨类型	说明	图号
A 型	片状石墨呈无方向性均匀分布	图 6-2a
B 型	片状及细小卷曲的片状石墨聚集成菊花状分布	图 6-2b
C 型	初生的粗大直片状石墨	图 6-2c
D 型	细小卷曲的片状石墨在枝晶间呈无方向性分布	图 6-2d
E 型	片状石墨在枝晶二次分枝间呈方向性分布	图 6-2e
F 型	初生的星状(或蜘蛛状)石墨	图 6-2f

注：1. 图中只有粗大直片状石墨是 C 型石墨，只出现在过共晶灰铸铁中。

2. 图中只有在枝晶二次分枝间呈方向性分布的石墨是 E 型石墨。

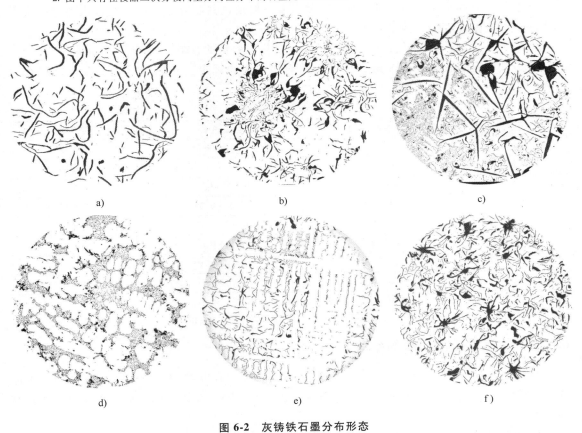

a)　　　　　　　　　b)　　　　　　　　　c)

d)　　　　　　　　　e)　　　　　　　　　f)

图 6-2　灰铸铁石墨分布形态

a) A 型　b) B 型　c) C 型　d) D 型　e) E 型　f) F 型

灰铸铁中上述 6 种石墨形态的特征如下。

A 型特征：片状石墨均匀分布。这种石墨一般是共晶或接近共晶成分的铁液在不大的过冷度下均匀形核和长大而成。生产中，用砂模浇注的壁厚>15mm 的铸件易形成 A 型石墨。

B 型特征：片状与点状石墨聚集成菊花状。其心部为少量点状石墨，外部为曲片状石墨。这种石墨一般是接近共晶成分的铁液经孕育处理后，在较大的过冷度下形成奥氏体与点状石墨共晶体，随着结晶潜热的放出，过冷度降低，便在点状石墨周围析出片状石墨。生产中离心浇注的汽缸套等铸件常出现 B 型石墨。

C 型特征：部分带尖角块状、粗大片状初生石墨及小片状石墨。这种石墨一般是过共晶成分的铁液在过冷度比较小的情况下形成的。常见于碳含量高的较大壁厚铸件中。

D 型特征：点状和片状枝晶间石墨呈无方向性分布。这种石墨是亚共晶成分的铁液在较强烈的过冷度下形成。D 型石墨为过冷石墨。这种石墨常见于金属型浇注的铸件和离心铸件的外表面。

E 型特征：短小片状枝晶间石墨呈有方向性分布，这种石墨是亚共晶成分的铁液在比形成 D 型石墨稍小的过冷度下形成的。在形成 D 型石墨的铸件上，冷却速度较慢的部位往往能见到 E 型石墨。

F 型特征：星状（或蜘蛛状）与短片状石墨混合均匀分布。这种石墨是由较大的块状石墨及其上分布着的小片状石墨所组成。F 型石墨一般是过共晶成分的铁液在较大的过冷度下形成的。在活塞环等高碳薄壁铸件上常见到 F 型石墨。

生产中，在同一铸件的同一部位上往往存在几种形状的石墨。

灰铸铁中石墨长度分为 8 级，分级应符合表 6-8 的规定，对应的石墨长度评定应符合图 6-3。

表 6-8　石墨长度的分级

级别	在 100×下观察，长度/mm	实际石墨长度/mm	图号
1	≥100	≥1	图 6-3a
2	>50～100	>0.5～1	图 6-3b
3	>25～50	>0.25～0.5	图 6-3c
4	>12～25	>0.12～0.25	图 6-3d
5	>6～12	>0.06～0.12	图 6-3e
6	>3～6	>0.03～0.06	图 6-3f
7	>1.5～3	>0.015～0.03	图 6-3g
8	≤1.5	≤0.015	图 6-3h

注：1. 当石墨长度为 1 级和 2 级时，可使用较低的放大倍数（25 倍或 50 倍）。

2. 当长度级别为 6 级至 8 级时，可使用更高的放大倍数（200 倍或 500 倍）。

6.2.2　灰铸铁基体组织的检验

灰铸铁的基本组织一般为珠光体或珠光体+铁素体。在某些情况下，也可以得到贝氏体或马氏体组织。此外，由于受化学成分和冷却速度的影响，在铸铁结晶后，可能出现碳化物和磷共晶。

1. 珠光体含量

抛光态试样用 2%～5% 硝酸乙醇溶液浸蚀后，检验珠光体含量（珠光体+铁素体+碳化物+磷共晶＝100%）。珠光体含量分级应符合表 6-9 的规定，对应的珠光体含量评定应符合图 6-4。

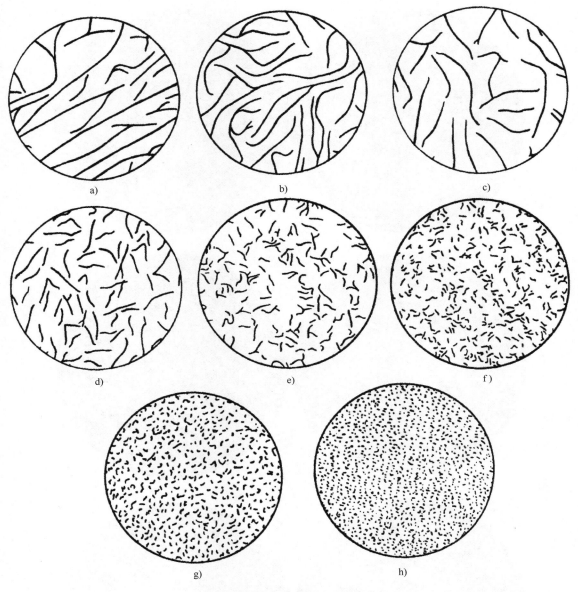

图 6-3 石墨长度等级参照示意图

a) 1级 b) 2级 c) 3级 d) 4级 e) 5级 f) 6级 g) 7级 h) 8级

表 6-9 珠光体含量的分级

级别	名称	珠光体含量(%)	图号
1	珠98	≥98	图 6-4a
2	珠95	95~<98	图 6-4b
3	珠90	85~<95	图 6-4c
4	珠80	75~<85	图 6-4d
5	珠70	65~<75	图 6-4e
6	珠60	55~<65	图 6-4f
7	珠50	45~<55	图 6-4g
8	珠40	35~<45	图 6-4h

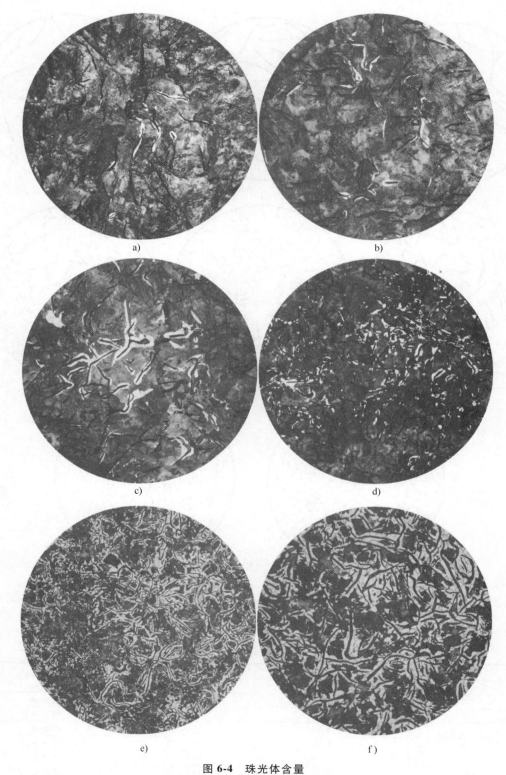

a)   b)

c)   d)

e)   f)

图 6-4　珠光体含量

a）珠 98（珠光体≥98%）　b）珠 95（珠光体 95%~<98%）　c）珠 90（珠光体 85%~<95%）
d）珠 80（珠光体 75%~<85%）　e）珠 70（珠光体 65%~<75%）　f）珠 60（珠光体 55%~<65%）

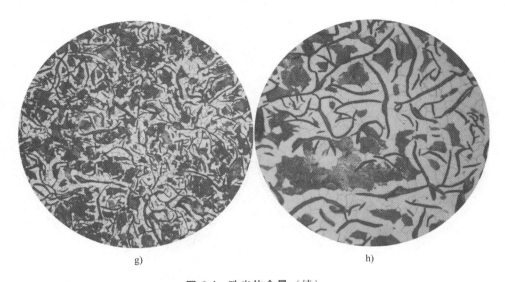

g)   h)

图 6-4 珠光体含量（续）

g）珠 50（珠光体 45%～<55%） h）珠 40（珠光体 35%～<45%）

2. 碳化物含量

在铸铁结晶时，如果铁液按 Fe-Fe$_3$C 亚稳定系相图结晶，则得到碳化物。生产中的大多数普通灰铸铁件碳化物含量均较少，但在合金铸铁和耐磨铸铁中会出现较多碳化物。虽然碳化物具有很高的硬度，却降低了铸铁的韧性，并使加工性能恶化。

抛光态试样用 2%～5%硝酸乙醇溶液浸蚀后，放大倍数 100 倍，检验碳化物含量（珠光体+铁素体+碳化物+磷共晶 = 100%）。GB/T 7216—2023 将碳化物分为 1～6 级，级别的名称依次为碳 1、碳 3、碳 5、碳 10、碳 15、碳 20，各级名称中的数字表示该级碳化物的近似含量（体积分数）。检验时观察整个受检面，以碳化物含量最多的视场作为受检视场，按图 6-5 评定碳化物含量。

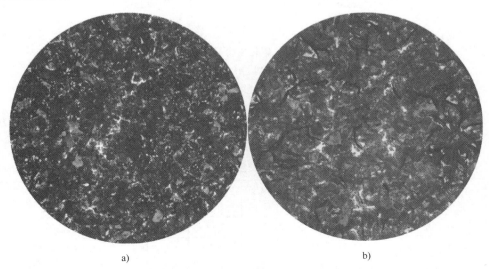

a)   b)

图 6-5 碳化物含量

a）碳 1 b）碳 3

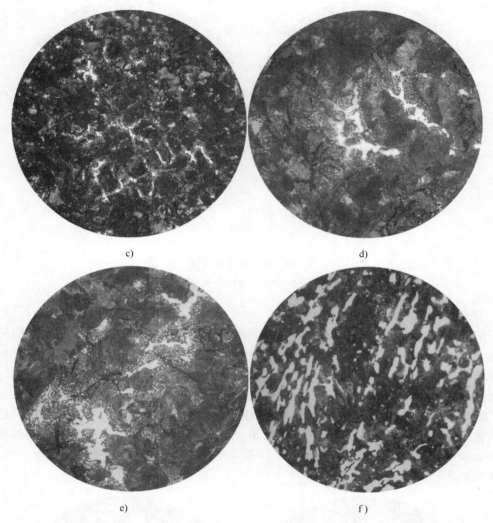

c)   d)

e)   f)

图 6-5 碳化物含量（续）

c）碳 5 d）碳 10 e）碳 15 f）碳 20

3. 磷共晶含量

在金相检验中，为了鉴别碳化物和磷共晶，也可以采用染色法。常用染色剂的配方、染色方法和碳化物、磷共晶的着色情况见表 6-10。

表 6-10 常用染色剂及染色效果

编号	成分	浸蚀温度/ ℃	浸蚀时间/ min	染色效果
1	20mL 硝酸，75mL 乙醇	室温	1～3	基体呈黑色，磷共晶不浸蚀
2	225g 氢氧化钠，2g 苦味酸，75mL 水	煮沸	2～5	渗碳体呈棕色，磷化铁呈黑色
3	10g 氢氧化钠，10g 赤血盐，100mL 水	50～60	1～3	渗碳体不染色，磷化铁呈浅黄色或黄褐色
4	5g 高锰酸钾，5g 氢氧化钠，100mL 水	40	2	渗碳体不染色，磷化铁呈棕色

一般来说，灰铸铁的磷共晶数量随着铸铁中磷含量的增加而增多。由于磷共晶的熔点低，因此，它总是分布在铸铁最后凝固的共晶团边界处。当铸铁的磷含量较低时，磷共晶常分布于几个共晶团的交界处，呈现出边界向内弯曲的孤岛状。当铸铁的磷含量较高时，位于共晶团晶界处的磷共晶可形成断续甚至连续网状，有时会产生严重的枝晶偏析。磷共晶硬而脆，会显著降低铸铁的韧性。

抛光态试样用2%~5%硝酸乙醇溶液浸蚀后，放大倍数100倍，检验磷共晶含量（珠光体+铁素体+碳化物+磷共晶=100%）。GB/T 7216—2023将磷共晶数量分为1~6级，级别名称依次为磷1、磷2、磷4、磷6、磷8、磷10。各级名称中的数字表示该级磷共晶的近似含量（体积分数）。检验时观察整个受检面，以磷共晶含量最多的视场作为受检视场，按图6-6评定磷共晶含量。

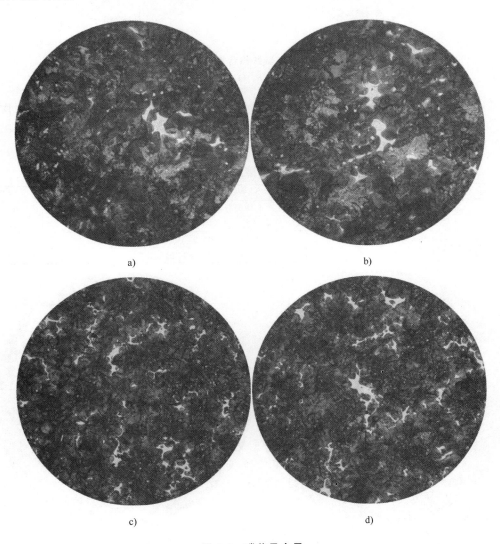

a)   b)

c)   d)

图6-6 磷共晶含量

a）磷1 b）磷2 c）磷4 d）磷6

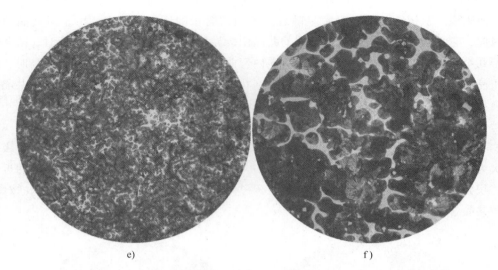

e)   f)

图 6-6 磷共晶含量（续）

e）磷 8 f）磷 10

另外，磷共晶按其组成分为四种：二元磷共晶、三元磷共晶、二元磷共晶-碳化物复合物及三元磷共晶-碳化物复合物。检验时抛光态试样经 2%～5%硝酸乙醇溶液浸蚀，在放大 500 倍下观察。磷共晶类型的组成及形貌见表 6-11 和图 6-7。

表 6-11 磷共晶类型

类型	组织与特征	图号
二元磷共晶	在磷化铁上均匀分布着奥氏体分解产物的颗粒	图 6-7a
三元磷共晶	在磷化铁上分布着奥氏体产物的颗粒及粒状、条状的碳化物	图 6-7b
二元磷共晶-碳化物复合物	二元磷共晶和大块状的碳化物	图 6-7c
三元磷共晶-碳化物复合物	三元磷共晶和大块状的碳化物	图 6-7d

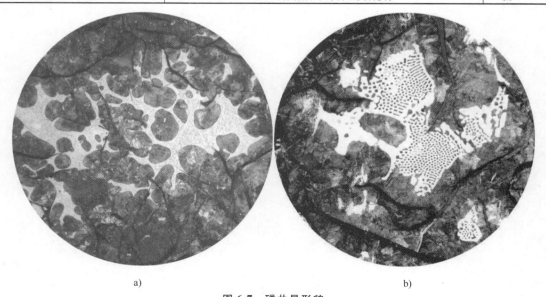

a)   b)

图 6-7 磷共晶形貌

a）二元磷共晶 b）三元磷共晶

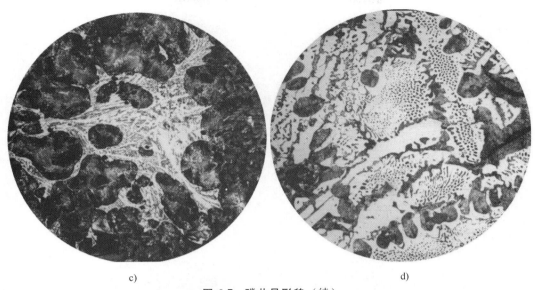

c)   d)

图 6-7 磷共晶形貌（续）

c）二元磷共晶-碳化物复合物   d）三元磷共晶-碳化物复合物

4. 共晶团

灰铸铁在共晶转变时，共晶成分的铁液形成由石墨（呈分枝的立体状石墨簇）和奥氏体所组成的共晶团。由于共晶团边界上常富集一些夹杂物、偏析物及某些低熔点共晶体，所以可以利用适当的浸蚀剂将共晶团边界显示出来。常用的浸蚀剂配方为氯化铜 1g、氯化镁 4g、盐酸 2mL、乙醇 100mL，硫酸铜 4g、盐酸 20mL 和水 20mL。

灰铸铁共晶团的大小反映铸铁强度的高低。在其他条件相同的情况下，共晶团越细小，铸铁的强度越高。共晶团的金相检验按 GB/T 7216—2023 的规定，在 10 倍或 50 倍下观察直径为 70mm 的视场内共晶团的个数或计算每平方厘米面积内共晶团的个数表示共晶团数，并根据共晶团数量分为 1~8 级（见图 6-8）。

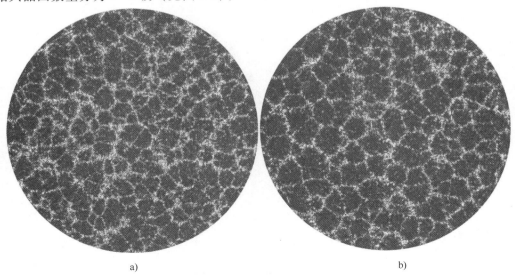

a)   b)

图 6-8 共晶团 25×

a）1 级共晶团>64   b）2 级共晶团≈64

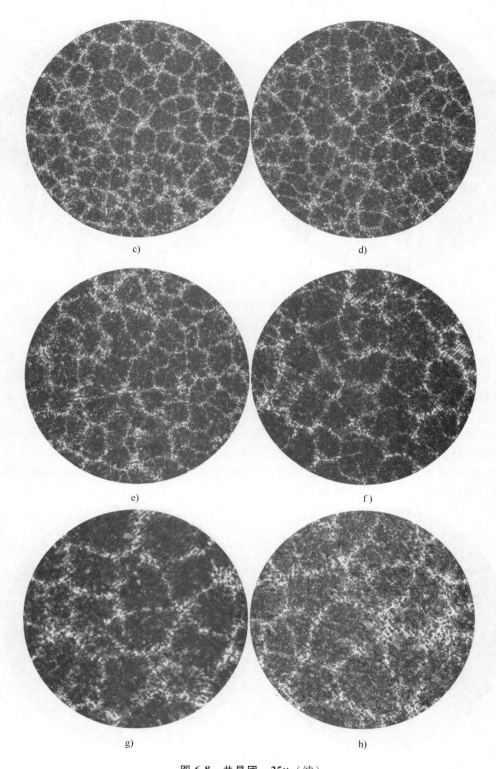

图 6-8　共晶团　25×（续）

c）3 级共晶团 ≈ 48　d）4 级共晶团 ≈ 32　e）5 级共晶团 ≈ 24
f）6 级共晶团 ≈ 16　g）7 级共晶团 ≈ 8　h）8 级共晶团 < 8

6.3　球墨铸铁的金相检验

球墨铸铁的金相检验按照 GB/T 9441—2021《球墨铸铁金相检验》的规定方法和内容进行。该标准规定了球墨铸铁的球化率计算、检验规则、检验项目、评级图、结果表示，规定了目视法评定球墨铸铁显微组织及用计算机图像分析软件评定球墨铸铁球化率的方法，适用于评定铸态、正火态、退火态球墨铸铁的金相组织。

GB/T 9441—2021 相对于 GB/T 9441—2009 在多个方面都进行了修改和完善，增加了最大佛雷德直径、石墨颗粒圆整度等术语和定义，修改了球化率定义和各类评级图谱。

最大佛雷德直径：石墨颗粒外缘轮廓上任意两点之间的最大直线距离 l_{m}。图 6-9 所示为石墨颗粒最大佛雷德直径示意图。

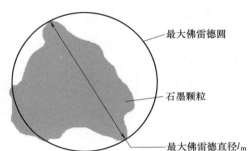

石墨颗粒圆整度：石墨颗粒面积除以最大佛雷德直径的石墨颗粒的圆面积。石墨颗粒圆整度计算见式（6-1）。

$$\rho = \frac{A}{A_{\mathrm{m}}} = \frac{4A}{\pi l_{\mathrm{m}}^2} \qquad (6\text{-}1)$$

图 6-9　石墨颗粒最大佛雷德直径示意图

式中　ρ——石墨颗粒圆整度；

A——石墨颗粒面积（mm^2）；

A_{m}——最大佛雷德直径的石墨颗粒圆面积（mm^2）；

l_{m}——最大佛雷德直径（mm）。

表 6-12 列出了典型石墨颗粒及其圆整度值。

表 6-12　典型石墨颗粒及其圆整度值

石墨颗粒					
颗粒圆整度 ρ	0.98	0.92	0.88	0.84	0.80
石墨颗粒					
颗粒圆整度 ρ	0.76	0.72	0.68	0.64	0.60
石墨颗粒					
颗粒圆整度 ρ	0.57	0.53	0.48	0.44	0.40

（续）

石墨颗粒					
颗粒圆整度 ρ	0.33	0.20	0.13	0.10	0.09

6.3.1　球墨铸铁石墨的检验

检验球化率、石墨颗粒大小分级和石墨颗粒数量时，最少选取 5 个视场，且受检石墨颗粒总数量不少于 500 个。

球化率等于球形石墨颗粒（颗粒圆整度 $\rho \geqslant 0.60$）的面积除以所有石墨颗粒总面积，见式（6-2）。

$$P_{\text{nod}} = \frac{A_{\text{VI}} + A_{\text{V}}}{A_{\text{all}}} \qquad (6\text{-}2)$$

式中　P_{nod}——球化率（%）；

$A_{\text{VI}} + A_{\text{V}}$——颗粒圆整度 $\rho \geqslant 0.60$ 的石墨颗粒的面积，或 GB/T 9441—2021 附录 C 中所示的 Ⅵ 型和 Ⅴ 型石墨颗粒的面积（mm^2）；

A_{all}——石墨颗粒的总面积（小于临界尺寸的石墨颗粒和被视场边界切割的石墨颗粒不予考虑）（mm^2）。

在抛光态下检验石墨的球化等级，放大倍数为 100 倍或调整放大倍数，使石墨颗粒大小与图 6-10 中的评级图相近。球化等级分级说明见表 6-13。

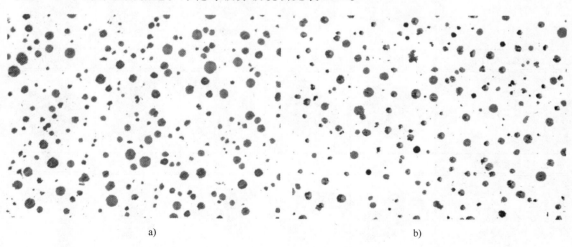

a)　　　　　　　　　　　　　　　　b)

图 6-10　球化评级图　100×

a）95% 球化率，1 级　b）90% 球化率，2 级

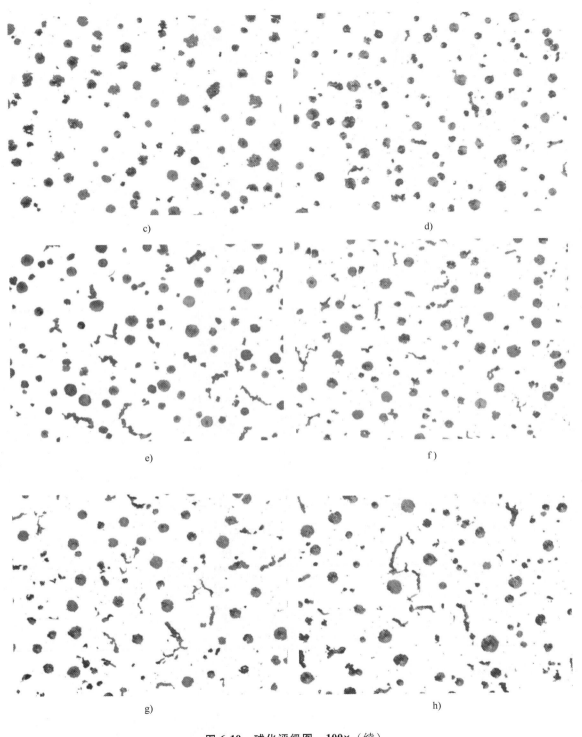

c)

d)

e)

f)

g)

h)

图 6-10 球化评级图 100×（续）

c）85%球化率，3 级 d）80%球化率，3 级 e）75%球化率，4 级

f）70%球化率，4 级 g）65%球化率，5 级 h）60%球化率，5 级

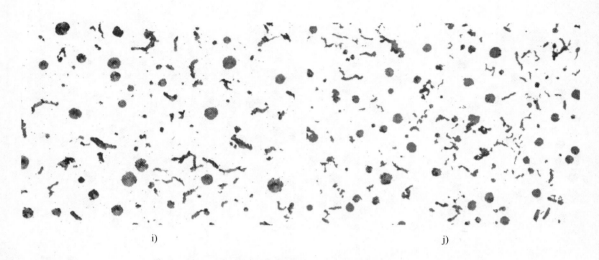

i)   j)

图 6-10 球化评级图 100×（续）

i）55%球化率，6 级　j）50%球化率，6 级

表 6-13 球化等级

球化等级	球化率(%)	评级图及球化率
1	≥95	图 6-10a，95%
2	90～94	图 6-10b，90%
3	80～89	图 6-10c，85%
		图 6-10d，80%
4	70～79	图 6-10e，75%
		图 6-10f，70%
5	60～69	图 6-10g，65%
		图 6-10h，60%
6	50～59	图 6-10i，55%
		图 6-10j，50%

石墨颗粒大小分为 6 级，分级应符合表 6-14 的规定。

表 6-14 石墨颗粒大小分级

级别	在 100×下观察，尺寸/mm	实际尺寸/mm	级别	在 100×下观察，尺寸/mm	实际尺寸/mm
3	>25～50	>0.25～0.5	6	>3～6	>0.03～0.06
4	>12～25	>0.12～0.25	7	>1.5～3	>0.015～0.03
5	>6～12	>0.06～0.12	8	≤1.5	≤0.015

石墨颗粒数按式（6-3）计算。

$$n = \frac{n_1 + \dfrac{n_2}{2}}{A_f} \tag{6-3}$$

式中　n——石墨颗粒数（个/mm²）；

　　　n_1——完全落在视场内的石墨颗粒数量（个）；

n_2——被视场边界所切割的石墨颗粒数量（个）；

A_f——检测视场的面积（mm^2）。

6.3.2 球墨铸铁基体组织的检验

球墨铸铁铸态下的基体组织为铁素体和珠光体。大多数球墨铸铁有必要进行热处理改善其基体组织，从而达到所需要的性能。球墨铸铁的正火处理，可以消除铸造应力，细化晶粒，而且可以获得全部珠光体或以珠光体为主的基体组织。铁素体基体组织往往是通过退火来达到的。此外，由于受到化学成分和冷却速度的影响，在基体组织中，可能出现碳化物和磷共晶。在某些高合金含量的特殊性能球墨铸铁的基体中还会出现马氏体和奥氏体。值得指出的是，在有些情况下，一些合金球墨铸铁（如铜钼合金球墨铸铁）经正火处理后，会在晶界处出现马氏体或贝氏体组织。这是因为在晶界处富集的合金元素促进了马氏体的形成。这将增加球墨铸铁的脆性。

在基体组织中，各种相（或组织）的分布、相对量对铸铁性能的影响起着决定性的作用，这正是金相检验所要分析和解决的问题。

1. 珠光体含量

抛光态试样用 2%～5% 硝酸乙醇溶液浸蚀后，随机选取视场，放大倍数 100 倍，检验珠光体含量。珠光体含量分级应符合表 6-15 的规定，对应的珠光体含量评定应符合图 6-11。

表 6-15 珠光体含量分级

级别	珠光体含量（%）	评级图及其珠光体含量	级别	珠光体含量（%）	评级图及其珠光体含量
珠 95	>90	图 6-11a，95%	珠 35	>30～40	图 6-11g，35%
珠 85	>80～90	图 6-11b，85%	珠 25	≈25	图 6-11h，25%
珠 75	>70～80	图 6-11c，75%	珠 20	≈20	图 6-11i，20%
珠 65	>60～70	图 6-11d，65%	珠 15	≈15	图 6-11j，15%
珠 55	>50～60	图 6-11e，55%	珠 10	≈10	图 6-11k，10%
珠 45	>40～50	图 6-11f，45%	珠 5	≈5	图 6-11l，5%

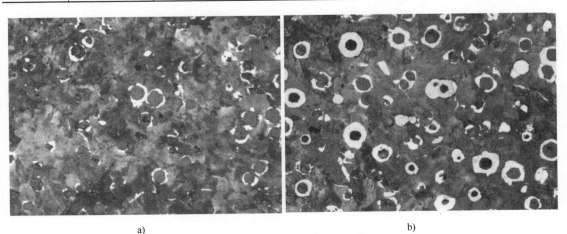

a)　　　　　　　　　　　　　b)

图 6-11 珠光体含量评定

a）珠 95　b）珠 85

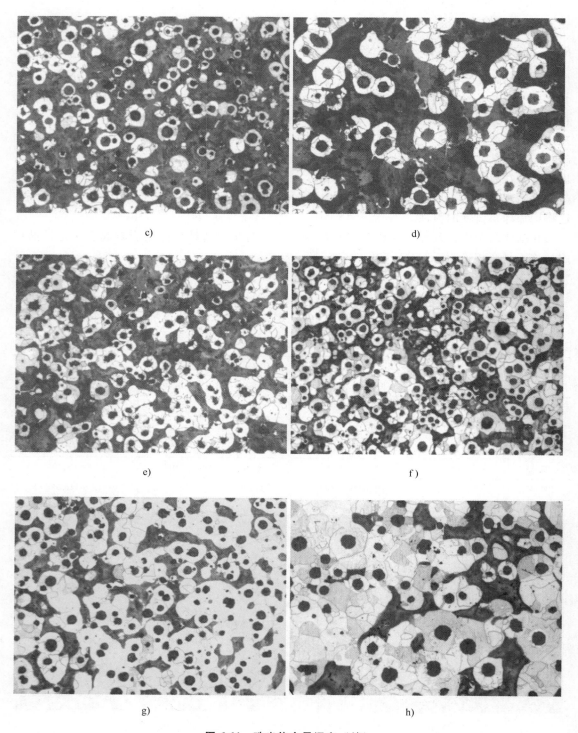

c)

d)

e)

f)

g)

h)

图 6-11　珠光体含量评定（续）

c）珠 75　d）珠 65　e）珠 55　f）珠 45　g）珠 35　h）珠 25

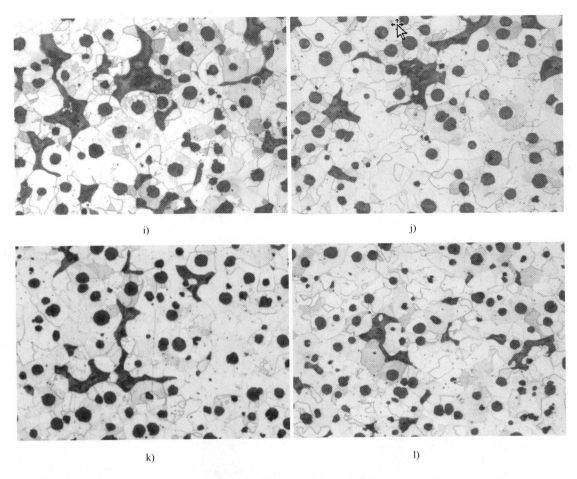

i)　　　　　　　　　　　　　　　　　　　j)

k)　　　　　　　　　　　　　　　　　　　l)

图 6-11　珠光体含量评定（续）

i）珠 20　j）珠 15　k）珠 10　l）珠 5

2. 磷共晶含量

磷共晶含量在抛光态试样用 2%～5% 硝酸乙醇溶液浸蚀后，在放大倍数 100 倍下评定分级，首先观察整个受检面，以磷共晶含量最多的视场作为受检视场，表 6-16 列出了磷共晶分级说明。

表 6-16　磷共晶分级说明

级别	磷共晶含量（%）	级别	磷共晶含量（%）
磷 0.5	≈0.5	磷 2.0	≈2.0
磷 1.0	≈1.0	磷 2.5	≈2.5
磷 1.5	≈1.5	磷 3.0	≈3.0

3. 碳化物含量

碳化物含量在抛光态试样用 2%～5% 硝酸乙醇溶液浸蚀后，在放大倍数 100 倍下评定分级，首先观察整个受检面，以碳化物含量最多的视场作为受检视场，表 6-17 列出了碳化物分级说明。

表 6-17　碳化物分级说明

级别	碳化物含量(%)	级别	碳化物含量(%)
碳 1	≈1	碳 5	≈5
碳 2	≈2	碳 10	≈10
碳 3	≈3		

6.3.3　球墨铸铁等温淬火组织的检验

球墨铸铁等温淬火热处理是指将球墨铸铁加热到 Ac_1（奥氏体开始形成的温度）以上，保持一定时间，然后以避免产生珠光体的冷却速度快速冷却至一定温度（马氏体开始转变温度以上）并保温一定时间，使球墨铸铁得到由针状铁素体和富碳奥氏体组成的奥铁体基体为主的一种热处理工艺，允许少量其他组织（如马氏体、碳化物）的存在，以不影响所要求的力学性能为原则。图 6-12 所示为球墨铸铁等温淬火组织，偏析处可见条、块状碳化物。

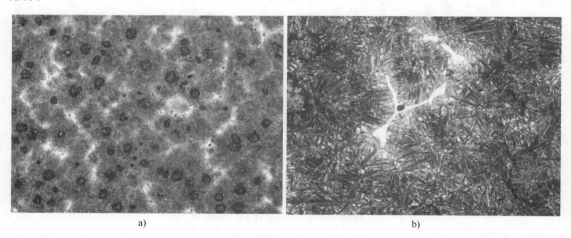

a)　　　　　　　　　　　　　　　　　b)

图 6-12　球墨铸铁等温淬火组织

a）100×　b）500×

6.3.4　球墨铸铁的几种常见铸造缺陷

1. 球化不良和球化衰退

球化不良和球化衰退的显微组织特征是除球状石墨外，出现较多蠕虫状石墨，产生球化不良的原因是铁液硫含量过高、球化剂残余量不足或铁液氧化。产生球化衰退的原因是经球化处理的铁液随着时间的延长，铁液中球化剂的残余量逐渐减少，不能起球化作用。球化不良和球化衰退的球墨铸铁铸件只能报废。图 6-13 所示为球墨铸铁件表面球化衰退。

2. 石墨漂浮

石墨漂浮的金相组织特征是石墨大量聚焦，往往出现开花状，常见于铸件的上表面或泥芯的下表面。形成原因主要是碳当量过高以及铁液在高温液态时停留时间过长。因此，在壁厚较大的铸件上容易出现。石墨漂浮会降低铸件的力学性能。图 6-14 所示为石墨漂浮（开花）。

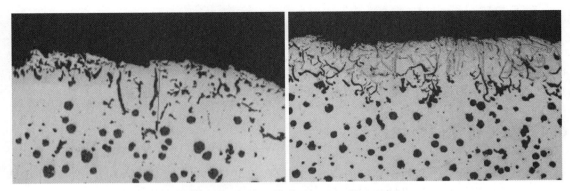

图 6-13 球墨铸铁件表面球化衰退 100×

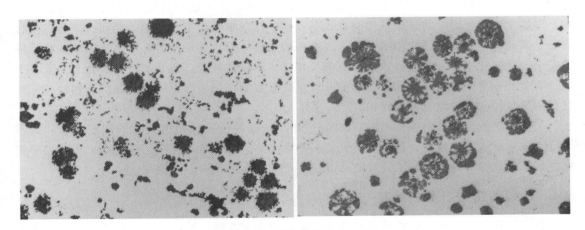

图 6-14 石墨漂浮（开花） 100×

3. 夹渣

球墨铸铁的夹渣一般是指呈聚焦分布的硫化物和氧化物。在显微镜下，夹渣为黑色不规则形状的块状物或条带状物，常见于铸件的上表面或泥芯的下表面。夹渣可能是由于扒渣不尽而混入的一次渣，也可能是由于浇注温度过低，铁液表面氧化而形成的二次渣。具有夹渣的铸件，力学性能低。严重时，会导致铸件渗漏。

4. 缩松

缩松是指在显微镜下所见到的微观缩孔。缩松分布在共晶团的边界上，呈向内凹陷的黑洞。形成原因是铁液在凝固时，铸型对石墨化膨胀的阻力太小，铸件外形胀大，使共晶团之间的间隙较大，凝固时又得不到外来液体的补充而留下显微孔洞，缩松破坏了金属的连续性，降低了力学性能，严重时会引起铸件渗漏。图 6-15 所示为球墨铸铁件显微缩松。

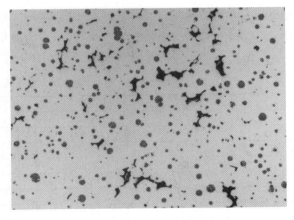

图 6-15 显微缩松 100×

5. 反白口

反白口的组织特征是在共晶团的边界上出现许多呈一定方向排列的针状渗碳体。一般位于铸件的热节部位。形成原因可能是铁液凝固时存在较大的成分偏析，并受到周围固体较快的冷却，促进了渗碳体的形成。这种缺陷与铁液中残余稀土量过高和孕育不良有关。在反白口区域内，往往都存在较多的显微缩松。

6.4 蠕墨铸铁的金相检验

蠕墨铸铁性能介于灰铸铁和球墨铸铁之间，如果蠕化剂加入过量或冷却速度过快，蠕墨铸铁就变成球墨铸铁，如果蠕化剂加入不足或硫含量过高，则变成灰铸铁，其抗拉强度比灰铸铁高约70%，略低于球墨铸铁，是结构件的优良材料。当蠕墨铸铁中球团状石墨数量增加，即蠕化率降低时，将导致强度与伸长率提高，热导率和收缩率变差。然而，蠕墨铸铁目前仍是铁路机车制动盘最常用的材料，要求高的导热性能，其质量的好坏直接影响铁路运输的安全。除蠕化率外，珠光体含量、石墨长宽比、渗碳体数量、磷共晶数量、合金元素、夹杂物数量及分布同样对蠕墨铸铁的性能起着至关重要的作用。因而蠕墨铸铁的金相检验标准对其质量管控起着非常重要的作用。

蠕墨铸铁的金相检验按照 GB/T 26656—2023《蠕墨铸铁金相检验》的规定方法和内容进行。该标准适用于砂型铸造蠕墨铸铁的石墨形态判别，以及蠕化率、珠光体、磷共晶和碳化物数量与分级的评定。对于特种铸造方法生产的蠕墨铸铁可参照使用。

6.4.1 蠕墨铸铁石墨的检验

蠕墨铸铁在抛光态下检验石墨的蠕化分级，放大100倍，最少随机选取5个视场，按式（6-4）计算蠕化率，取所有视场测定结果的平均值，取整数。

$$\rho_{蠕} = \frac{\sum A_{蠕虫状石墨} + 0.5 \sum A_{团絮状石墨}}{\sum A_{每个石墨}} \times 100\% \qquad (6-4)$$

式中　$\rho_{蠕}$——蠕化率（%）；

$A_{蠕虫状石墨}$——蠕虫状石墨颗粒的面积（mm^2），$l_m \geq 10\mu m$，圆整度 $\rho < 0.525$；

$A_{团絮状石墨}$——团絮状石墨颗粒的面积（mm^2），$l_m \geq 10\mu m$，圆整度 $\rho = 0.525 \sim 0.600$；

$A_{每个石墨}$——每个石墨颗粒（$l_m \geq 10\mu m$）的面积（mm^2）。

表6-18列出了蠕化率分级说明，图6-16所示为蠕化率分级图。

表6-18　蠕化率分级说明

级别	名称	蠕化率（%）	图号
1	蠕95	>95	图 6-16a
2	蠕90	>90~95	图 6-16b
3	蠕85	>85~90	图 6-16c
4	蠕80	>80~85	图 6-16d
5	蠕70	>70~80	图 6-16e
6	蠕60	>60~70	图 6-16f
7	蠕50	>50~60	图 6-16g
8	蠕40	>40~50	图 6-16h

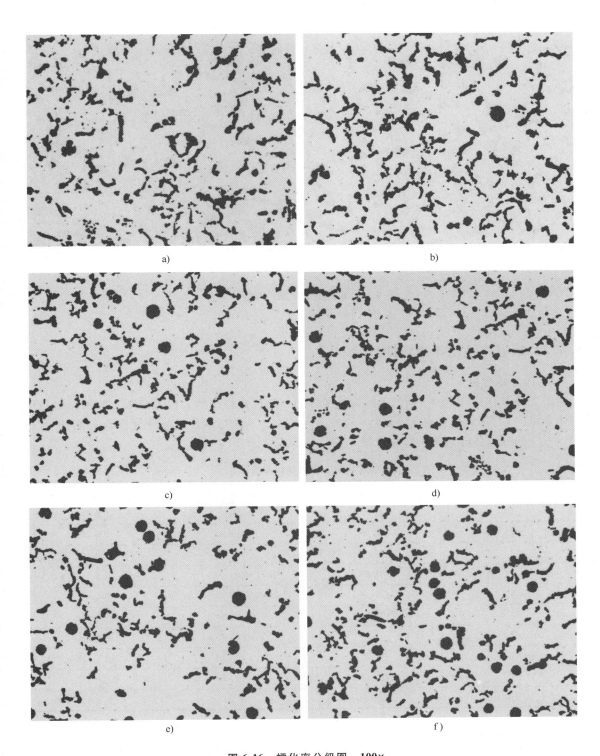

图 6-16　蠕化率分级图　100×

a）蠕 95　b）蠕 90　c）蠕 85　d）蠕 80　e）蠕 70　f）蠕 60

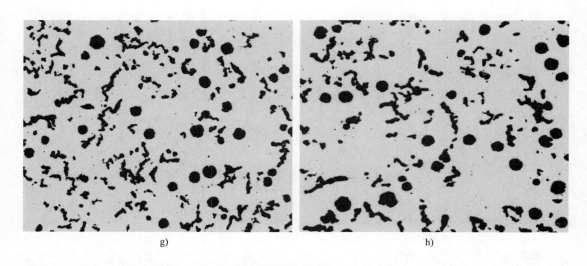

g) h)

图 6-16 蠕化率分级图 100× （续）

g）蠕 50 h）蠕 40

6.4.2 蠕墨铸铁基体组织的检验

1. 珠光体含量

抛光态试样用 2%～5%硝酸乙醇溶液浸蚀后，随机选择视场，放大倍数 100 倍，检验珠光体含量（珠光体+铁素体+碳化物+磷共晶＝100%）。珠光体含量分级应符合表 6-19 的规定，对应的珠光体含量评定应符合图 6-17。

表 6-19 珠光体含量分级

级别	名称	珠光体含量(%)	图号
1	珠 95	>90	图 6-17a
2	珠 85	>80～90	图 6-17b
3	珠 75	>70～80	图 6-17c
4	珠 65	>60～70	图 6-17d
5	珠 55	>50～60	图 6-17e
6	珠 45	>40～50	图 6-17f
7	珠 35	>30～40	图 6-17g
8	珠 25	>20～30	图 6-17h
9	珠 15	>10～20	图 6-17i
10	珠 5	≤10	图 6-17j

2. 磷共晶含量

磷共晶含量在抛光态试样用 2%～5%硝酸乙醇溶液浸蚀后，放大倍数 100 倍下评定分级，首先观察整个受检面，以磷共晶含量最多的视场作为受检视场，表 6-20 列出了磷共晶分级说明。

图 6-17 珠光体含量评定 100×

a) 珠 95 b) 珠 85 c) 珠 75 d) 珠 65 e) 珠 55 f) 珠 45

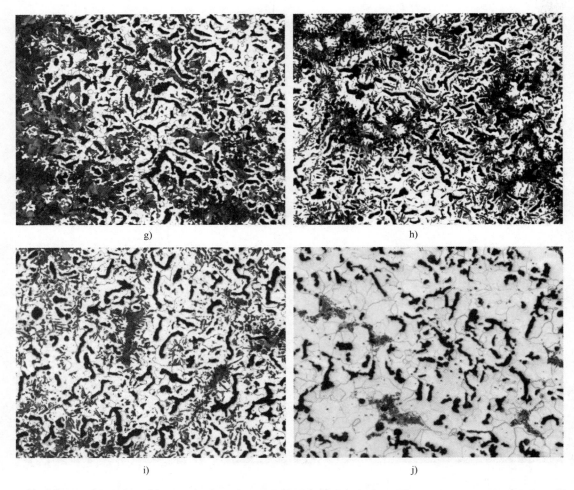

g)   h)

i)   j)

图 6-17　珠光体含量评定　100×（续）

g）珠 35　h）珠 25　i）珠 15　j）珠 5

表 6-20　磷共晶分级说明

级别	名称	磷共晶含量（%）	级别	名称	磷共晶含量（%）
1	磷 0.5	≈0.5	4	磷 3	≈3
2	磷 1	≈1	5	磷 4	≈4
3	磷 2	≈2	6	磷 5	≈5

3. 碳化物含量

碳化物含量在抛光态试样用 2%～5% 硝酸乙醇溶液浸蚀后，放大倍数 100 倍下评定分级，首先观察整个受检面，以碳化物含量最多的视场作为受检视场，表 6-21 列出了碳化物分级说明。

4. 蠕墨铸铁的应用

1965 年，美国人发明了蠕墨铸铁；1970 年，蠕墨铸铁开始了大规模工业生产。我国蠕墨铸铁生产起步很早，1968 年就研制成功并投入生产，目前蠕墨铸铁在我国的生产技术和研究工作均达到了很高的技术水平。

表 6-21　碳化物分级说明

级别	名称	碳化物含量（%）	级别	名称	碳化物含量（%）
1	碳 1	≈1	4	碳 5	≈5
2	碳 2	≈2	5	碳 7	≈7
3	碳 3	≈3	6	碳 10	≈10

我国从 1968 年起就开始生产蠕墨铸铁，最初作为一种新型的工程结构材料得到快速发展，但直到 1999 年才制定了 JB/T 4403—1999。2006 年，ISO/TC25 发布了 ISO 16112：2006《蠕墨铸铁　分类》，按照 ISO 16112：2006，我国于 2011 年修订并发布了 GB/T 26656—2011《蠕墨铸铁金相检验》。2017 年，ISO/TC25 修订并发布了 ISO 16112：2017《蠕墨铸铁　分类》，我国于 2023 年修订并发布了 GB/T 26656—2023《蠕墨铸铁金相检验》，此次修订参考采用了 ISO 16112：2017，在采用 ISO 16112：2017 全部内容的基础上，细化了蠕化率、珠光体含量、磷共晶、碳化物等检验项目和评级图谱，内容上涵盖了 ISO 16112：2017，具有先进性而且符合我国国情，特别对于铸件出口企业，既可以采用国际标准又可以采用等同于国际标准的国家标准。

6.5　案例分析

6.5.1　横臂裂纹分析

横臂使用一段时间后表面出现开裂现象，金相检验后发现裂纹位置球化严重不良，均为片状石墨，且组织以铁素体为主，一方面片状石墨较球状石墨对基体割裂作用大，破坏了基体的连续性，另一方面该区组织中珠光体含量明显比基体低，即强度、硬度偏低，服役过程中易引发早期疲劳断裂。

图 6-18 所示为横臂裂纹宏观及微观形貌。

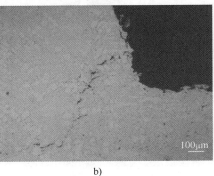
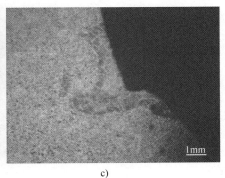

a)　　　　　　　　　　　b)　　　　　　　　　　　c)

图 6-18　横臂裂纹宏观及微观形貌

a）裂纹宏观形貌　b）裂纹微观形貌　c）裂纹显微组织

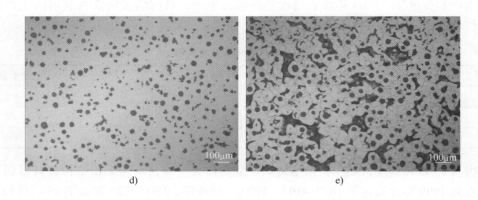

图 6-18　横臂裂纹宏观及微观形貌（续）

d）基体石墨形态　e）基体显微组织

6.5.2　机车气缸套断裂分析

机车气缸套在运行时发生断裂，为脆性断口特征，表面存在锈蚀和油污痕迹，在断面呈黑色的区域切取截面观察微观形貌，可见大量显微疏松缺陷，这相当于结构缺陷，应力集中程度较为严重，将显著降低该处的综合力学性能，同时在运行时易以该处为源发生疲劳断裂。另外，基体石墨长度根据 GB/T 7216—2023《灰铸铁金相检验》评定级别为 3 级，对基体割裂作用明显，在铸造时应注意控制其长度级别。

图 6-19 所示为机车气缸套宏观及微观形貌。

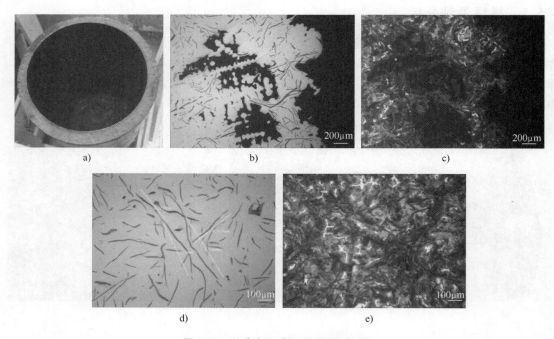

图 6-19　机车气缸套宏观及微观形貌

a）断口宏观形貌　b）截面石墨形态　c）截面显微组织　d）基体石墨形态　e）基体显微组织

6.5.3 铁裙开裂原因分析

某型铁裙材质为QT700-2，钢顶与铁裙之间通过螺栓连接，使用约半年后铁裙发生断裂，断面位于铁裙铸造分型面处，断口宏观形貌如图6-20所示。断面处对称分布有四个螺栓孔，为了便于描述，特将其分别编号为1、2、3和4。仔细观察发现，螺栓孔1、4的孔壁极薄，厚度<1mm，螺栓已完全脱落，且螺栓孔4附近存在较大范围的疏松缺陷；螺栓孔2、3的孔壁较厚，但对应的螺栓及套管均发生剪断。

图6-20 断口宏观形貌

通过宏观分析可知，螺栓孔4处疲劳源为疏松类铸造缺陷，故仅对螺栓孔1、2和3疑似裂源部位进行金相检验，以确定其裂源性质。铁裙裂源处金相如图6-21所示：螺栓孔1裂源处石墨球化良好，未见恶化层；壁厚仅为0.5mm，但脱碳层深度达0.2mm，约占整个截面的40%，大大降低了该处的疲劳强度；螺栓孔2、3裂源处密集分布着大量疏松类孔洞，孔洞已露头于断面，且孔壁多存在脱碳现象，这表明螺栓孔2、3处疲劳源的性质与螺栓孔4相同。

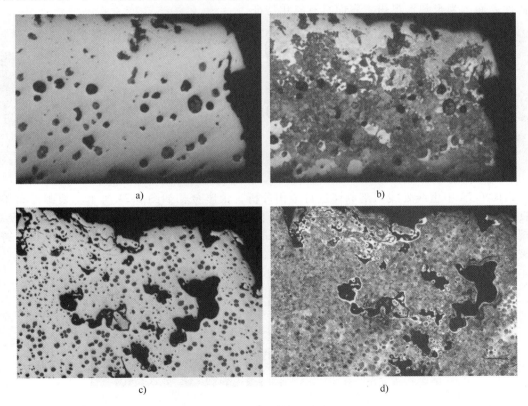

a)   b)

c)   d)

图6-21 铁裙裂源处金相
a）螺栓孔1裂源处石墨形态 100× b）螺栓孔1裂源处显微组织 100×
c）螺栓孔2裂源处石墨形态 15× d）螺栓孔2裂源处显微组织 15×

根据以上检查结果可知，铁裙的断裂发生于铸造分型面处，属于多源疲劳断裂，裂源分别位于四个螺栓孔附近，其中螺栓孔 1 裂源处孔壁薄、脱碳深、强度低；螺栓孔 2~4 裂源均为疏松类铸造缺陷。结合铁裙结构及受力情况可判定：断裂主要缘于分型面上的螺栓孔附近存在大量疏松类铸造缺陷。

众所周知，疏松是铸件凝固缓慢的区域因微观补缩通道堵塞而在枝晶间及枝晶的晶壁之间形成的细小孔洞。本案例中铸件壁较厚，且疏松多出现于内孔表面附近，因此不易被发现而流入成品，降低了零件的力学性能和使用性能。尤其密集分布的疏松类缺陷，一方面严重地割裂了基体的连续性，另一方面其周围多为铁素体组织，使强度大幅度下降。在使用时，缺陷处将形成应力集中，造成早期的裂纹萌生和断裂失效。

6.5.4　销座开裂原因分析

销座材质为 QT700-2，制造工艺为铸造、调质、机械加工，对运行 50 万 km 的销座进行湿法荧光无损检测时，发现表面存在裂纹。销座宏观形貌如图 6-22 所示，整体为对称结构，裂纹几乎位于销孔的对称中心区域。值得提出的是，销座工艺设计为上、下两箱，开裂恰好发生于两箱之间的分型面附近（即披缝处）。此外，销座内孔附近已被检修人员打磨，裂纹已裂穿盘面延伸至底面圆孔处。

平行于裂纹进行切割并将断口打开，断口宏观形貌如图 6-23 所示。断面平整，贝纹线依稀可见，呈典型的疲劳断裂特征；根据裂纹收敛方向可知疲劳源为图 6-23 中箭头处，位于铸件表面，为半圆形黑斑，表面具有氧化特征。

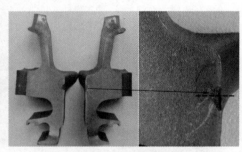

图 6-22　销座宏观形貌　　　　　　　　图 6-23　断口宏观形貌

沿图 6-23 中虚线处线切割取样进行金相分析，销座金相如图 6-24 所示。裂源处石墨球化良好，球径大小约为 $30\sim60\mu m$；源区表面覆盖有一层厚约 $10\mu m$ 的氧化皮，这与宏观、微观分析一致；组织显示源区存在深约 $150\mu m$ 的脱碳层，与铸件表面相当，整体具有铸造热裂纹特征。

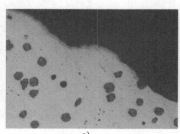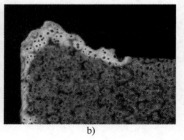

a)　　　　　　　　　　　　　　b)

图 6-24　销座金相　100×

a）裂源处石墨形态　b）裂源处显微组织

第7章

零件表面处理后的金相检验

7.1 表面处理概述

表面处理技术是在利用现代物理、化学、金属学等方面的新技术的基础上，形成的一个重要的现代科学体系。表面处理几乎涉及大部分工业产品，一般可获得许多特殊功能，不但使零件的寿命延长，而且提高零件的耐磨性、耐蚀性、导电性、耐热性、焊接性、润滑性等，还可提高疲劳强度、抗咬合性，达到装饰性目的。

表面处理技术种类繁多，根据使用方法的不同，大致可分为以下五类。

（1）热加工方法　利用高温条件下的材料熔融或热扩散，使零件表面形成镀覆层，如化学热处理、热浸镀、热喷镀等。

（2）电化学方法　利用电化学反应，在零件表面形成镀覆层，如电镀、阳极氧化等。

（3）化学方法　利用化学物质的作用，在不通电的情况下使零件表面形成镀覆层，主要工艺有化学镀、化学转化膜处理，如钝化膜、钢铁零件的磷化等。

（4）高真空方法　利用材料在高真空下的汽化或受激离子化，在零件表面形成镀覆层，如真空蒸发镀、溅射镀、离子镀、化学气相镀、离子注入等。

（5）其他物理方法　利用机械的或化学的方法将有关金属和非金属镀覆于零件表面，如冲击镀、涂装、激光表面加工等。

机械工业常用的表面处理工艺有：①化学热处理，如渗碳、渗氮、氮碳共渗、渗硼、渗金属等；②表面热处理工艺；③热喷涂工艺；④低温化学处理。这些工艺都是使零件表面一定深度内的组织与结构有所改变，金相检验就是对表层组织进行检查并按照相关技术条件进行评定，保证表面处理后的零件质量。

表面处理金相试样的制备与其他金相试样的制备大致相似，由于检验的最重要项目是表层显微组织观察和深度测定，试样边缘不得有倒角现象，必要时要用镶嵌法或夹持法来保证样品边缘的平整。一般取横向试样，并截取零件上最有代表性的区域。检查零件损坏原因或失效分析时，取样部位必须在损坏的断口裂纹等缺陷附近。

7.2 钢的渗碳层检验

渗碳处理是应用最早和用途最广的表面化学热处理工艺。渗碳是将钢件置于渗碳介质中加热、保温，以获得高碳表层的化学热处理工艺。经渗碳淬火之后，钢件表面具有高碳钢淬火后的硬度和耐磨性，心部则具有低碳马氏体或临界区淬火的强韧性，有利于提高零件的承载能力和使用寿命。

渗碳方法可以分为固体渗碳、液体渗碳和气体渗碳三种，它们是以渗碳剂的状态而区分的。在现代工业生产中大量采用的是气体渗碳法，无论以何种渗碳介质进行渗碳，都具有分解、吸收、扩散三个基本过程。

资料表明，表层碳的质量分数在 0.8%～1.0% 时，钢的抗扭强度、疲劳强度和耐磨性等综合性能达到最大。碳的质量分数如果低于 0.8%，钢的耐磨性和强度不足；如果高于 1.0%，则因表层容易形成大块状或网状碳化物，使硬化层脆性增大，工件在使用中容易出现剥落现象，同时残留奥氏体量增多，降低工件的疲劳寿命。渗碳后表层的碳含量对工件的性能影响与表层组织密切相关。也就是说，渗碳只能改变零件表面的化学成分，而零件的最终强化必须经过适当的热处理。根据零件材料和性能要求的不同，渗碳后常用的热处理工艺方法如图 7-1 所示。

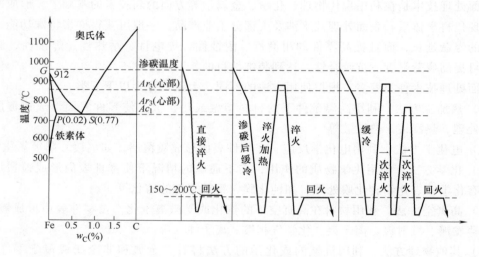

图 7-1　渗碳后常用热处理工艺方法

7.2.1　渗碳用钢

渗碳用钢一般采用低碳钢或低碳合金钢，尤其是大量用于制作齿轮的渗碳钢，是根据渗碳工艺特点及工件工作条件研发的一类专用合金钢。碳的质量分数不大于 0.4% 的碳素钢及合金结构钢均可用作渗碳钢，通常碳的质量分数在 0.15%～0.25%，对于重载件可提高到 0.25%～0.35%。但对于重要用途工件，一般碳的质量分数在 0.20% 以下。因为渗碳工艺需要在高温和较长时间的保温条件下进行。为了避免钢的晶粒长大而降低力学性能，应选择本质细晶粒钢，这样才能使零件在渗碳淬火后心部能获得良好的强韧性。

7.2.2　渗碳后淬火、回火组织及其评定

钢件渗碳过程仅在表面渗层发生组织转变，其金相分析主要考察渗碳工艺；而淬火、回火后则心部组织也要发生不同转变，该状态下的表层及心部组织直接影响工件的服役性能。

相对于钢件渗碳的平衡态下过共析→共析渗层组织，经淬火、回火后组织依次转变为针状马氏体+少量碳化物+残留奥氏体→针状马氏体+少量残留奥氏体→马氏体；心部组织为低碳马氏体，对于淬透性较小的钢或大尺寸工件，心部还可能出现屈氏体、贝氏体或铁素体。此外，渗碳表层还可能出现内氧化现象。由于钢件渗碳淬火后的组织直接影响其性能，因此有必要按相关标准对其进行定性或定量的评定、控制。国际上相关渗碳淬火的金相检验标准不多，其中美国的 AGMA（美国齿轮制造业协会）标准中关于渗碳淬火后残留奥氏体含量评定图被引用较多。对此，我国各行业根据各自行业的特点制定了相关金相检验标准，主要有 GB/T 25744—2010《钢件渗碳淬火回火金相检验》、QC/T 262—1999（2005）《汽车渗碳齿轮金相检验》、JB/T 6141.3—1992《重载齿轮渗碳金相检验》、HB 5492—2011《航空钢制件渗碳、碳氮共渗金相组织分级与评定》、JB/T 7710—2007《薄层碳氮共渗或薄层渗碳钢件 显微组织检测》。

此外，在机车及动车牵引齿轮领域也规定了轨道交通用齿轮的渗碳淬火金相检验方法，本节主要介绍该标准的组织评定方法。

1. 碳化物评级

碳化物按图 7-2 评定，其评级说明见表 7-1。

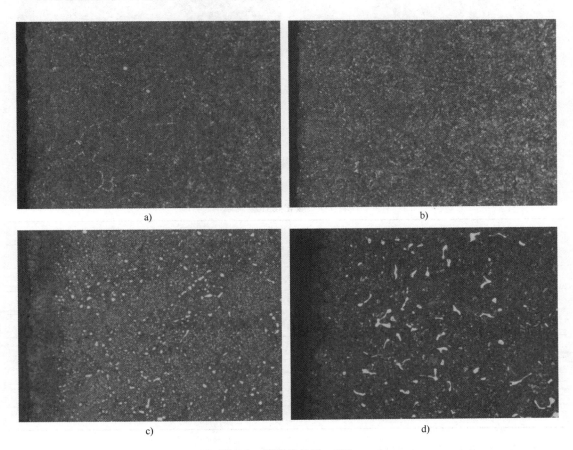

a)

b)

c)

d)

图 7-2 碳化物级别 500×

a）1 级 b）2 级 c）3 级 d）4 级

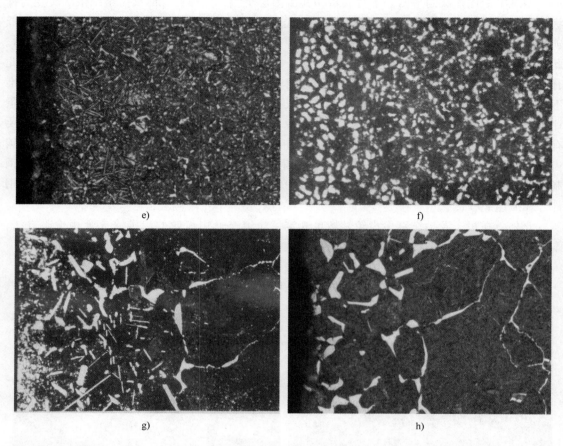

图 7-2 碳化物级别 500×（续）
e）5级 f）6级 g）7级 h）8级

表 7-1 碳化物评级说明

级别	特征说明	图号
1	碳化物呈细小粒状分布,粒径≤1μm	图 7-2a
2	碳化物呈细小粒状分布,粒径≤2μm	图 7-2b
3	碳化物呈粗粒状分布,粒径≤3μm,投影长度≤4μm	图 7-2c
4	碳化物呈粗粒状分布,粒径或厚度≤3μm,投影长度≤6μm	图 7-2d
5	碳化物呈粗粒状、点网状分布,粒径≤3μm,投影长度≤8μm	图 7-2e
6	碳化物呈块状分布,块厚≤6μm,投影长度≤20μm	图 7-2f
7	碳化物呈块状,网状及条状分布,其条长≤40μm	图 7-2g
8	碳化物呈粗厚网状分布	图 7-2h

2. 马氏体及残留奥氏体评级

马氏体及残留奥氏体按图 7-3 评定，其评级说明见表 7-2。

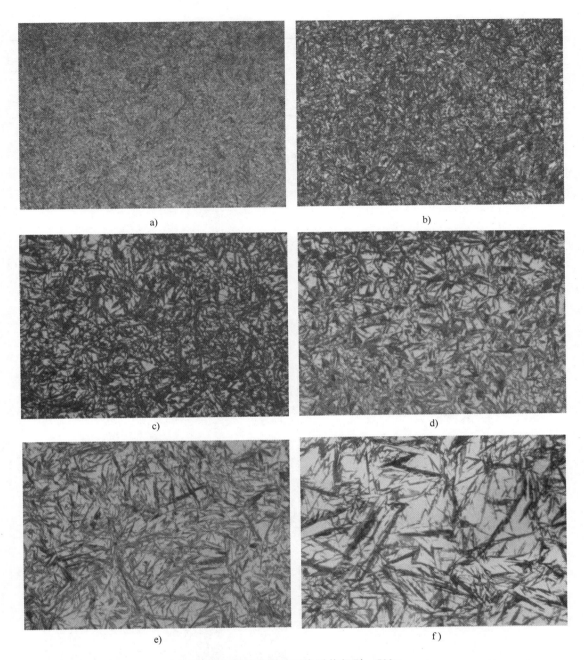

图 7-3　马氏体及残留奥氏体级别　500×

a) 1级　b) 2级　c) 3级　d) 4级　e) 5级　f) 6级

表 7-2　马氏体及残留奥氏体评级说明

级别	特征说明		图号
	马氏体片长	残留奥氏体量	
1	隐针马氏体	≤5%	图 7-3a
2	≤5μm	≤10%	图 7-3b
3	≤10μm	≤20%	图 7-3c

（续）

级别	特征说明		图号
	马氏体片长	残留奥氏体量	
4	≤20μm	≤30%	图 7-3d
5	≤40μm	≤50%	图 7-3e
6	>40μm	>50%	图 7-3f

3. 表面内氧化评级

表面内氧化层深度按图 7-4 评定，其评级说明见表 7-3。

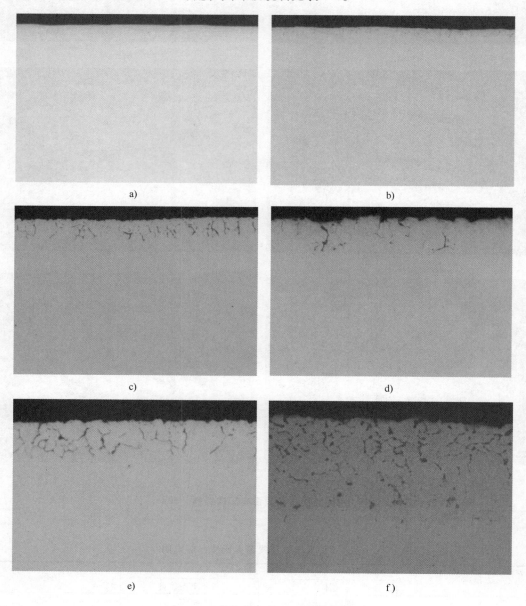

a)　　　　　　　　　　　　　　　　b)

c)　　　　　　　　　　　　　　　　d)

e)　　　　　　　　　　　　　　　　f)

图 7-4　表面内氧化层深度级别　500×

a) 1 级　b) 2 级　c) 3 级　d) 4 级　e) 5 级　f) 6 级

表 7-3　表面内氧化评级说明

级别	特征说明	图号	级别	特征说明	图号
1	无内氧化层	图 7-4a	4	内氧化层≤25μm	图 7-4d
2	内氧化层≤12μm	图 7-4b	5	内氧化层≤35μm	图 7-4e
3	内氧化层≤20μm	图 7-4c	6	内氧化层>35μm	图 7-4f

4. 表面非马氏体评级

表面非马氏体层深度按图 7-5 评定，其评级说明见表 7-4。

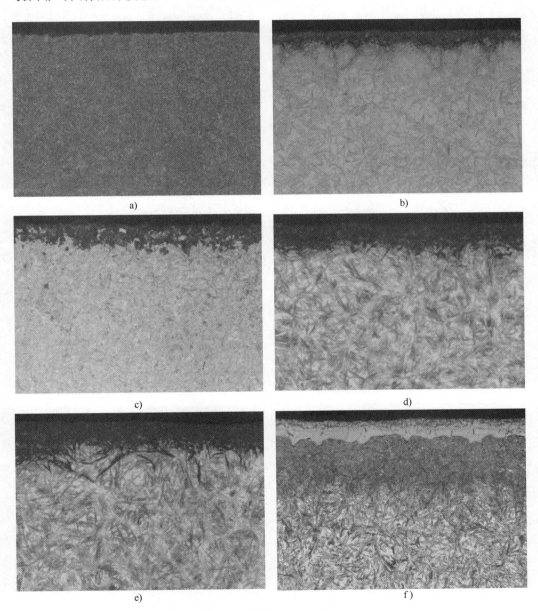

a)　　　　　　　　　　　　　　　　b)

c)　　　　　　　　　　　　　　　　d)

e)　　　　　　　　　　　　　　　　f)

图 7-5　表面非马氏体层深度级别　500×

a）1 级　b）2 级　c）3 级　d）4 级　e）5 级　f）6 级

表 7-4 表面非马氏体评级说明

级别	特征说明	图号	级别	特征说明	图号
1	无明显可见的非马氏体层	图 7-5a	4	非马氏体层≤25μm	图 7-5d
2	非马氏体层≤12μm	图 7-5b	5	非马氏体层≤35μm	图 7-5e
3	非马氏体层≤20μm	图 7-5c	6	非马氏体层>35μm	图 7-5f

5. 心部组织评级

心部组织按图 7-6 评定，其评级说明见表 7-5。

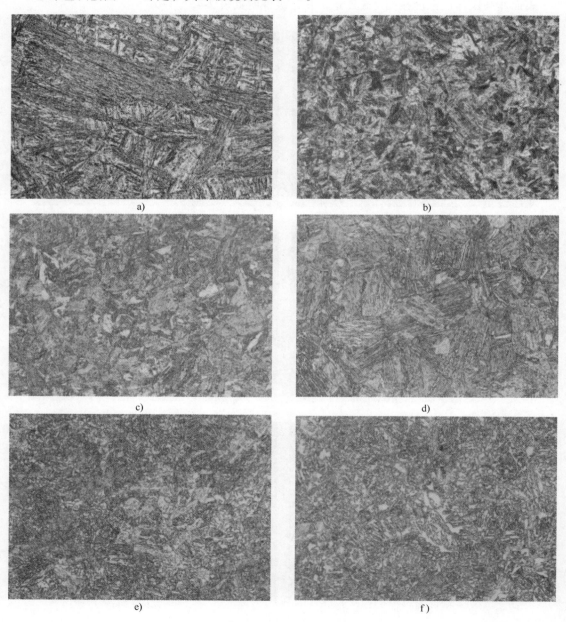

a)   b)

c)   d)

e)   f)

图 7-6 心部组织级别 500×

a) 1 级 b) 2 级 c) 3 级 d) 4 级 e) 5 级 f) 6 级

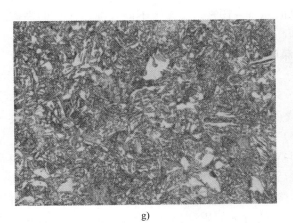
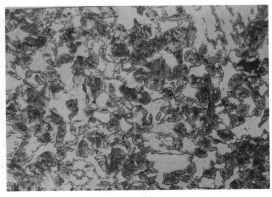

g)　　　　　　　　　　　　　　　　　　　　h)

图 7-6　心部组织级别　500×（续）

g）7 级　　h）8 级

表 7-5　心部组织评级说明

级别	特征说明	图号
1	粗大板条马氏体，条长>30μm	图 7-6a
2	板条马氏体，条长 10~30μm	图 7-6b
3	板条马氏体，条长<10μm	图 7-6c
4	板条马氏体+贝氏体+≤2%小块状及条状铁素体	图 7-6d
5	板条马氏体+贝氏体+≤6%小块状及条状铁素体	图 7-6e
6	板条马氏体+贝氏体+≤10%小块状及条状铁素体	图 7-6f
7	板条马氏体+贝氏体+>10%块状及条状铁素体	图 7-6g
8	板条马氏体，大块状铁素体	图 7-6h

7.2.3　渗碳层深度的测定

渗碳层深度是钢件渗碳工艺的重要技术指标。对于渗碳工艺控制，一般在渗碳缓冷（平衡态）后用金相法或断口法测定。对于具体热处理工艺后的成品一般均采用有效硬化层来表征渗碳层深度。

1. 断口法测定渗层深度

采用直径为 10~15mm 的圆柱试样，在试样中部开一环形缺口，随炉渗碳后，在降温前取出直接淬火，然后击断。断口上渗碳层部分为白色瓷状断口，交界处碳的质量分数约为 0.4%，用读数显微镜测量白色瓷状渗层深度。这种方法较方便，但测量误差较大。

2. 剥层化学分析法

将加工成规定尺寸的圆柱试样随炉渗碳后，在车床上进行分层车削取样，每次进刀深度为 0.05mm，然后用化学分析法测定碳含量。这种方法对渗碳中碳浓度分布的分析较为准确，常用于调试工艺。

3. 金相法

1）将过共析层、共析层及亚共析层深度之和作为总渗碳层深度。按有关标准中规定：

过共析层与共析层之和不得小于总渗碳层深度的 40%~70%，过渡区不能太陡，表层的高碳区域要足够深，以保证淬火后表层有高强度和高耐磨性。

2）将过共析层、共析层及 1/2 亚共析层深度之和作为渗碳层总深度。这个结果与硬度法测定有效硬化层深度的结果相近。

3）从渗层表面测量到珠光体体积分数为 50% 的深度作为渗碳层总深度。在实际操作中，这种方法所观察到的珠光体加铁素体区域往往是参差不齐的，对判定 50% 珠光体界线误差较大。

4）等温淬火后测量渗碳层深度。18Cr2Ni4W 属于马氏体型钢，它没有平衡组织，只能在等温淬火后测量其渗碳层深度。这种钢渗碳后随炉冷却，从表面至心部均为马氏体，在基体与高碳区交界处有贝氏体析出，但在金相显微镜下观察，其界线不甚清晰。一般将试样加热到 860℃，放入 280℃ 等温槽，数分钟后水淬，这时碳的质量分数大于 0.3% 的区域形成淬火马氏体，而在碳的质量分数近 0.3% 的区域，由于 Ms 点高则形成回火马氏体，金相试样浸蚀后则有明显的白色（马氏体）区和黑色（回火马氏体）区的界线。这种方法在柴油机喷嘴偶件、喷油泵柱塞偶件、喷油泵出油阀偶件等零件中采用。其相关测定细节可见 JB/T 7710—2007《薄层碳氮共渗或薄层渗碳钢件　显微组织检验》等行业标准。

4. 有效硬化层及硬化层深度的测定

工件经化学热处理或表面淬火热处理后，表面有效硬化层或硬化层深度的测定均在渗层或淬硬层的法向截面上通过硬度梯度的测定面求得。

（1）由表及里的硬度梯度的测定　在规定的或特别协议的试样上法向取样，按金相分析要求制样，应注意避免倒角或过热，一般不浸蚀。在规定的部位，宽度约为 1.5mm 范围内，在与工件表面垂直的一条或多条平行线上测定维氏硬度，硬度压痕的位置如图 7-7 所示。每两个相邻压痕之间距离 S 应不小于压痕对角线的 2.5 倍。逐次相邻压痕中心至零件表面的距离差值（即 $a_2 - a_1$）不应超过 0.1mm。测量压痕中心至零件表面的距离精度应在 ±0.25μm 的范围内，而每个硬度压痕对角线的测量精度应在 ±0.5μm 以内。

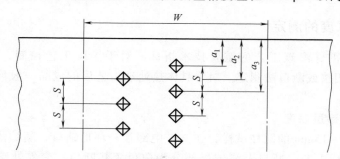

图 7-7　硬度压痕的位置

根据测定结果可计算出硬化层深度，如图 7-8 所示。

（2）钢件渗碳及碳氮共渗淬火硬化层深度测定

1）执行标准：GB/T 9450—2005（ISO 2639：2002）《钢件渗碳淬火硬化层深度的测定和校核》是唯一仲裁方法。

2）淬硬层深度定义：从工件表面到维氏硬度值为 550HV1 处的垂直距离，该 550HV1 称为界限硬度值。

3）适用条件：工件经渗碳或碳氮共渗淬火后，距表面3倍于淬火硬化层深度处（定义为心部）硬度值小于450HV。当该处高于450HV，应选择大于550HV（以25HV为一级）的某一特定值作为界限硬度。例如，该处心部硬度值为470HV，则界限硬度值应定为575HV。

4）表示方法：硬化层深度用字母"CHD"表示，单位为mm。例如，CHD = 0.8mm，表示以550HV为界限值的有效硬化层深度为0.8mm。若不在以550HV为界限值的标准条件下测定，应在"CHD"后标注，如CHD515HV5 = 0.95mm，表示采用维氏硬度试验力为49.03N（5kgf），界限硬度值为515HV条件下，硬化层深度为0.95mm。

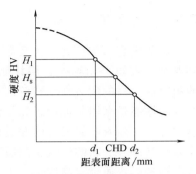

图 7-8　硬化层深度的数学校验

注：$\overline{H_1}$—d_1 处的硬度测量值的算术平均值；H_s—CHD 规定的硬度值；$\overline{H_2}$—d_2 处的硬度测量值的算术平均值；d_1—小于硬化层深度；d_2—大于硬化层深度；CHD—硬化层深度。

5）测定方法：采用HV1（9.807N）载荷测定由表及里硬度梯度曲线，其中 $a_2 - a_1$ 应不超过0.1mm，一般应在各方约定的位置上测得两条或更多条硬度曲线。根据每条曲线确定硬度值为550HV或相应努氏硬度值处至工件表面的距离（见图7-8），当各数值差小于或等于0.1mm时，取平均值为硬化层深度。若差值大于0.1mm，则应重复试验。

当淬硬层深度已大致确定的条件下，可采用内插法校核。在距表面距离小于估计确定硬化层深度的距离 d_1 及大于估计确定硬化层深度 d_2 的位置上至少各测5个硬度值（取平均值，分别为 $\overline{H_1}$，$\overline{H_2}$），可按内插公式（7-1）求得硬化层深度。

$$CHD = d_1 + \frac{(d_2 - d_1)(\overline{H} - H_s)}{\overline{H_1} - \overline{H_2}} \tag{7-1}$$

式（7-1）中，$d_2 - d_1$ 不应超过0.3mm；H_s 为界限硬度值（一般为550HV1），可参考图7-8的曲线示意图。

6）钢件薄表面硬化层或有效硬化层深度测定：对于渗碳（碳氮共渗）层深度在0.3mm以下的工件，上述方法不适用，而要采用GB/T 9451—2005（ISO 4970：1979）《钢件薄表层总硬化层深度或有效硬化层深度的测定》规定的方法。该标准定义，有效硬化层深度指从零件表面垂直方向测量到规定的某种显微组织边界或规定的显微硬度值的硬化层距离。总硬化层深度指从零件表面垂直方向测量到与基体金属间的显微硬度或显微组织没有明显变化的那一硬化层的距离。

具体测定方法、表示方法均与GB/T 9450—2005相同，但维氏硬度测试用的载荷一般应为1.97N（0.2kgf）及2.94N（0.3kgf）。

7.3　钢的渗氮层检验

在500~600℃内将活性氮原子渗入钢件表面的工艺称为渗氮，属于铁素体状态下化学热处理范畴。渗氮能显著提高工件的表面硬度、耐磨性、疲劳强度和耐蚀性，同时热处理畸变小。但渗氮层薄而脆，不宜承受太大的接触应力和冲击载荷。

7.3.1　渗氮钢

渗氮钢有两种概念。狭义而言是指专门为渗氮零件设计、冶炼、加工的一种特殊钢种，其典型代表如38CrMoAl，用其制作机构零件，经渗氮处理后能获得极高的表面硬度、良好的耐磨性、高的疲劳强度和较低的缺口敏感性、一定的抗腐蚀能力、高的热稳定性等。这些优良的性能是采用其他钢种和热处理方法很难达到的，所以它是结构钢中较特殊也是重要的钢种之一。随着渗氮工艺的发展，除气体渗氮工艺外，新的渗氮方法很多，如离子渗氮、气体氮碳共渗等。新的渗氮工艺适用的钢种范围较宽，再则各类零件对使用性能要求不同，其他类钢种如普通合金结构钢、工具钢、不锈钢、耐热钢、马氏体时效钢、微合金非调质钢等经过适当的渗氮处理，也能在一定程度上提高某些性能，有的效果还相当优异，因此广义而言，把凡能通过渗氮处理提高表面性能的钢统称为渗氮钢。本节讨论专用的渗氮钢，即狭义的渗氮钢。

7.3.2　渗氮过程简介

渗氮与渗碳相似，也包括分解、吸收、扩散三个阶段，但不同的是渗氮后不需要淬火处理。

渗氮过程一般是将零件清洗去油之后，放入密封的渗氮炉内，通入氨气，同时将炉温升到渗氮温度（通常为500~550℃）。一部分氨分子在被零件表面吸附的状态下发生分解，得到活性氮原子后，氮原子就以间隙固溶体的形式渗入钢的表面，在渗氮保温时间里，一方面发生渗氮，另一方面氮原子向深层扩散，最后形成一定深度的渗氮层。

7.3.3　渗氮层表面组织评定

铁氮相图中氮含量不同会形成不同的 Fe-N 二元相结构，ε 相是氮含量范围最宽的含氮化合物，它是通常在渗层最表面能够通过金相显微镜看到的白亮层组织。次表层常常含有白色的脉状组织，再往心部是氮的扩散层，一般是含氮索氏体，心部是索氏体组织。

在实际生产中，渗氮处理所采用的钢材，均含有一定量的碳和合金元素，因此渗氮后表层的组织是比较复杂的。一般认为氮的渗入在扩散层中除了与铁形成化合物外，还要与钢中强烈形成化合物的元素结合成极稳定的高硬度合金氮化物，如 AlN、CN、Mo_2N 等。它们均以弥散度很高的细小质点分布在基体中。因此用硝酸乙醇溶液浸蚀后的扩散层易于浸蚀变黑，图 7-9 所示为预先经过调质处理的 42CrMo4 渗氮层金相组织，经硝酸乙醇溶液浸蚀。可以看出图中含氮索氏体经硝酸乙醇溶液浸蚀后颜色发黑，较容易与心部的索氏体组织区别开，有较明显的界线。

图 7-9 中渗氮层最表层是白色化合物层，通常由 ε 相和 γ' 相所组成，次表层即是容易浸蚀变黑的扩散层，实际上是在一般光学显微镜下难于分辨的极细 γ' 颗粒弥散分布在索氏体中 α 相的界面上，也可以说是一种分布均匀的（$\alpha+C+\gamma'$）三相结构，其中 C 代表索氏体中的极细碳化物相。除此以外，还有合金氮化物弥散在基体中提高了硬度。

图 7-10 所示为工件尖端部位渗氮层金相组织。

在图 7-9 和图 7-10 中还能看到在白亮层 ε 相与黑色扩散层之间有白色脉状分布的氮化物组织，一般随着氮浓度的增加而相应地脉状变粗，甚至变成网状分布。一般认为，脉状氮化

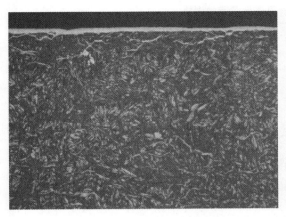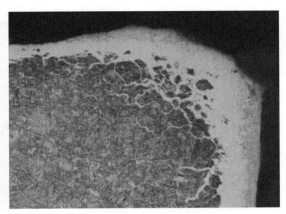

图 7-9　42CrMo4 渗氮层金相组织　500×　　　图 7-10　工件尖端部位渗氮层金相组织　500×

物易成为疲劳的裂源或增大脆性。但通过实践证明，用维氏压头测定脉状区的脆性却并不增大。另外，又根据疲劳试样的试验结果发现，光滑疲劳试样的疲劳裂源产生在渗氮扩散层与心部交界处，而脉状氮化物对光滑疲劳试样的疲劳强度无明显影响，因此对脉状氮化物的允许级别，应视不同零件的要求而异。

7.3.4　渗氮层深度的测定

1. 断口法

断口法将试样制成规定尺寸的缺口试块，渗氮后在缺口处冲断，用肉眼观察试块表面四周有一层很细的瓷状断口区，而心部的断口组织较粗，用 10～20 倍放大镜测量表面瓷状断口的深度，即是渗氮层深度。

2. 金相法

随炉试样经浸蚀后，在 100～200 倍下用带刻度的目镜测量，从表面到渗氮扩散层与基体交界处的距离，即是渗氮层深度。金相法测定渗氮层包含了化合物白亮层和扩散层，当扩散层与基体交界不清时，需要采取其他手段，如采用其他化学浸蚀试剂或热处理的方法使界线清晰显示，这样才能准确测定，否则应改用其他检测方法测量。

3. 显微硬度法

GB/T 11354—2005《钢铁零件　渗氮层深度测定和金相组织检验》规定了硬度法测定渗氮层深度的方法。要求用 2.94N（0.3kgf）载荷，维氏硬度从表面测至高出心部硬度 50HV（过渡层平缓时可测至高出心部硬度 30HV）处作为渗氮层深度界线。

同渗碳层的测定一样，当有争议时，渗氮层的深度测定以显微硬度法为唯一仲裁方法。

7.3.5　渗氮层表面硬度检验

由于渗氮层浅薄，通常用维氏硬度或表面洛氏硬度计来测定渗氮层表面硬度。由于载荷过大会将渗氮层击穿，载荷过小则测量不精确，所以应根据渗氮层深度来选择载荷，见表 7-6。此外，表面硬度的大小也是选择载荷的因素之一。

对于渗氮后还要精磨的零件，可将试样磨去 0.05～0.10mm 后再检测硬度，这样能较真实地反映实际工件的使用性能。

表 7-6　测定渗氮层表面硬度载荷的选择

渗氮层深度/mm	<0.35	0.35~0.5	>0.5
维氏硬度载荷/kgf	≤10	≤10	≤30
表面洛氏硬度载荷/kgf	≤15	≤30	≤60

注：1kgf=9.807N。

7.3.6　渗氮层的脆性检验

一些含铝钢（常用 38CrMoAl）气体渗氮后，表面脆性较大，必须进行脆性检验。而离子渗氮脆性较小，可以不检验脆性。检验脆性的方法是先将渗氮层表面用细砂纸稍加处理，如果磨得太深，就会磨去表面硬化层；应使表面光亮，便于测量维氏硬度时可以看清压痕即可。再根据已经测得的渗氮层深度，按照 GB/T 11354—2005《钢铁零件　渗氮层深度测定和金相组织检验》选择测定脆性的载荷，渗层越深，载荷越大，渗层越浅，载荷越小。如果选择的载荷太大，则维氏压痕会击穿渗层；如果选择的载荷太小，则不能全面反映渗层的脆性情况。接下来是测量维氏硬度，根据压痕情况评定脆性等级。

应在零件工作部位或随炉试样的表面检验渗氮层脆性。一般零件 1~3 级为合格，重要零件 1~2 级为合格，对于渗氮后留有磨量的零件，也可在磨去加工余量后的表面上测定。

表 7-7 列出了渗氮层脆性级别说明，图 7-11 所示为渗氮层脆性级别示意图。

表 7-7　渗氮层脆性级别说明

级别	渗氮层脆性级别说明	级别	渗氮层脆性级别说明
1	压痕边角完整无缺	4	压痕三边或三角碎裂
2	压痕一边或一角碎裂	5	压痕四边或四角碎裂
3	压痕两边或两角碎裂		

另外，GB/T 11354—2005 中规定压痕在放大 100 倍下进行检验，实际检测过程中，放大 100 倍下观察的压痕过小，可能对边角碎裂或塌陷程度观察不甚清晰，因此，必要时可在 200 倍或更高倍数下观察评定。

需要指出的是，图 7-11 中脆性级别示意图往往与实际检测存在差异，目前更为常见的脆性压痕如图 7-12 所示，一般包括三种类型：①角部出现微裂纹；②角部和个别边上出现（放射状）微裂纹；③角部和边上出现（放射状）微裂纹，边周围出现周向微裂纹，似踏边状。

7.3.7　渗氮层的疏松检验

渗氮层疏松级别按表面化合物层内微孔的形状、数量、密集程度分为 5 级，见

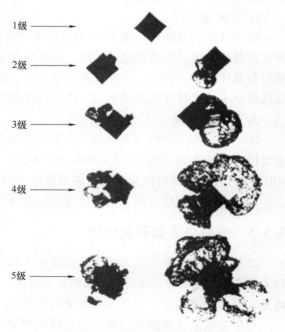

1级
2级
3级
4级
5级

图 7-11　渗氮层脆性级别示意图

表 7-8。

图 7-13 所示为渗氮层疏松 4 级和 5 级实物图。

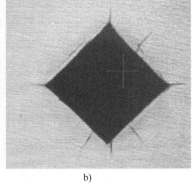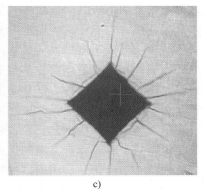

a)　　　　　　　　　　　　b)　　　　　　　　　　　　c)

图 7-12　渗氮层脆性压痕

a）角部出现微裂纹　　b）角部和个别边上出现（放射状）微裂纹

c）角部和边上出现（放射状）微裂纹，边周围出现周向微裂纹

表 7-8　渗氮层疏松级别说明

级别	渗氮层疏松级别说明	级别	渗氮层疏松级别说明
1	化合物层致密，表面无微孔	4	微孔占化合物层厚度 2/3 以上，部分微孔聚集分布
2	化合物层较致密，表面有少量细点状微孔		
3	化合物层微孔密集成点状孔隙，由表及里逐渐减少	5	微孔占化合物层厚度 3/4 以上，部分呈孔洞密集分布

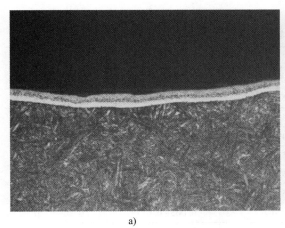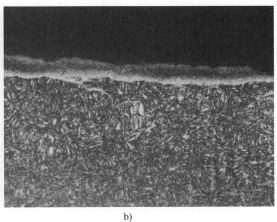

a)　　　　　　　　　　　　　　　　　　b)

图 7-13　渗氮层疏松实物图　500×

a）4 级　b）5 级

7.4　钢的氮碳共渗层检验

在 500~600℃ 内同时渗入氮和碳的工艺称为氮碳共渗，是以渗氮为主的铁素体状态下的

化学热处理。由于氮碳共渗层相比渗氮层韧性比较好，故习惯上称为软氮化。当氮碳共渗的温度低于 Fe-N 系统的共析温度（590℃）时，工件的心部及扩散层均处于铁素体状态，从而称为铁素体氮碳共渗或俗称软氮化。在无特别说明的情况下，氮碳共渗一般均表示为铁素体氮碳共渗。当氮碳共渗温度升高到 Fe-N 共析温度之上，但在 FeC 共析温度以下时，化合物的厚度及形成速度可以明显提高。同时由于氮的渗入，在化合物层底下形成了一层奥氏体层，因而此类高温氮碳共渗称为奥氏体氮碳共渗。虽称之为奥氏体氮碳共渗，在奥氏体氮碳共渗处理过程中，工件心部并不发生奥氏体化，从而有别于氮碳共渗。奥氏体氮碳共渗的研究起步于 20 世纪 70 年代，现已得到一些初步的应用。

虽然氮碳共渗的工艺、设备和组织特性与渗氮相似，但氮碳共渗与渗氮相比具有明显优势。氮碳共渗不仅具有渗氮的优点（如畸变小、抗咬合、高的耐磨性及耐蚀性），同时又具有脆性低、渗速快、适用面广的特点。但氮碳共渗工艺过程不可避免地有一定量有毒的氢氰酸（HCN）排出，应严格控制、防护。

7.4.1 氮碳共渗后显微组织

氮碳共渗后的组织和气体渗氮相似，为表面白色化合物层+扩散层，但表面多相化合物层中无高脆性相，故共渗层韧性较好。氮碳共渗层表面常有黑点状疏松，一般认为是氮分子析出或氧化而形成的化合物疏松。疏松会一定程度上影响工件的耐磨性和疲劳强度，因此应进行疏松程度评定。均匀、少量的疏松有利于表面存油润滑，起到正向作用。

氮碳共渗层深度测定和疏松程度评定，依照 GB/T 11354—2005《钢铁零件　渗氮层深度测定和金相组织检验》进行评定。

表 7-9 是几种常用钢材经 570℃气体氮碳共渗 3h 后的渗层厚度及表面硬度。氮碳共渗层的硬度梯度比较陡，不宜在重载条件下服役。

表 7-9　几种常用钢材经 570℃气体氮碳共渗 3h 后渗层厚度及表面硬度

材料	表面硬度		渗层厚度/mm	
	HV 0.1	HRC（换算值）	化合物层	扩散层
20	550~700	52~60	0.007~0.015	0.20~0.40
45	550~700	52~60	0.007~0.015	0.15~0.30
T10	500~650	49~58	0.003~0.010	0.10~0.20
20Cr	650~800	57~64	0.005~0.012	0.10~0.25
40Cr	650~800	57~64	0.005~0.012	0.10~0.20
35CrMo	650~800	57~64	0.005~0.012	0.10~0.20
38CrMoAl	900~1100	>67	0.005~0.012	0.10~0.20
3Cr2W8	750~850	62~65	0.003~0.010	0.10~0.18
Cr12MoV	750~850	62~65	0.002~0.007	0.05~0.10
W18Cr4V（淬回火）	950~1200	>68	0.002~0.007	0.05~0.10
W18Cr4V（退火）	750~900	62~67	0.002~0.007	0.05~0.10
QT600-3、灰铸铁	550~700	52~62	0.001~0.005	0.04~0.06

图 7-14 是 08 钢经过 650℃奥氏体氮碳共渗的表层金相组织：最外层是以 ε 相为主的化合物层（以下简称 ε 层），次外层是在共渗温度下形成的 γ-Fe，淬火后成为马氏体和残留奥

氏体，这一层称为奥氏体淬火层（简称A层），再向内是过渡层。随着共渗温度的升高，氮和碳的渗入速度加快，渗层深度增加。

7.4.2　氮碳共渗层深度的测定

1. 金相法

对经 760~860℃ 氮碳共渗处理的零件，缓冷后是平衡组织，渗层深度就是三层组织厚度之和。共渗后直接淬火的零件，其深度从表面测到有屈氏体与基体明显交界处。一般渗层中过共析层与共析层的深度之和应为总深度的 50%~75%。

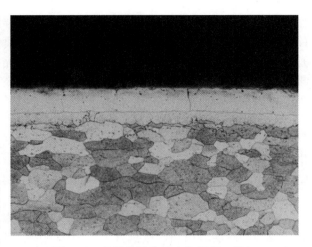

图 7-14　氮碳共渗表层金相组织　500×

在薄层氮碳共渗零件上，GB/T 11354—2005 规定表层碳的质量分数不低于 0.5%，氮的质量分数不低于 0.1%。GB/T 11354—2005 中列出针状马氏体及残留奥氏体级别图和板条马氏体级别图。心部铁素体含量也是重要指标，该标准列出了由无铁素体到 70% 大块铁素体的图谱。

2. 硬度法

当共渗深度>0.3mm 时，硬度测量与前述 GB/T 9450—2005《钢件渗碳淬火有效硬化层深度的测定和校核》相同。当共渗深度≤0.3mm 时，则用 GB/T 9451—2005《钢件薄表面总硬化层深度或有效硬化层深度的测定》评定，该标准规定不能适用于硬化层与基体之间无过渡层的零件，取样方法可以是横截面、纵截面、斜截面和有槽斜截面。鉴于硬度压痕间的距离应不小于压痕对角线的 2.5 倍的规定，建议使用长棱锥形压头的努氏显微硬度，提高测量精度。

7.5　钢的渗硼层检验

渗硼处理是将硼元素渗入钢的表面，促使铁的硼化物形成，得到一薄层比渗氮层硬度更高的硬化层。渗硼层的表面硬度高达 1400~2000HV，因此具有较高的耐磨性、耐热性、高温抗氧化性和耐蚀性。其主要缺点是脆性大，不易磨削加工，而且在 950℃ 渗硼，钢材容易过热和产生较大变形。

渗硼主要用于耐磨且兼有一定耐蚀的条件下或高温下工作的零件，如钻探用水泵的轴套、拖拉机履带销等易磨损件和各种模具、刃具。渗硼既能大大提高使用寿命，又可用普通碳素钢或低合金钢渗硼来代替高合金钢，降低成本，因此有着广阔的发展前景。

7.5.1　渗硼工艺分类

根据介质存在状态的不同，渗硼可分为气相渗硼、液相渗硼和固相渗硼。

1. 气相渗硼

气相渗硼是把渗件置于密封渗罐中，将硼烷、BCl_3 等易热分解的含硼气体渗剂以氢气作为载流体通入高温渗罐进行渗硼。渗件在气体渗硼过程中受热均匀，组织可依据含硼气体流量控制，渗层质量好，渗后工件不存在清理问题。不过，由于热分解含硼气体（常用的是 BCl_3 与 B_2H_6）毒性大，气体渗硼对设备要求完全密封，所产生的尾气需要复杂处理才能排放，且载流氢气属于易爆气体，安全生产要求高。另外，上述气体价格昂贵，因而实际工程应用处于停滞阶段。

2. 液相渗硼

液相渗硼主要是以盐浴渗硼为主，液体渗硼剂由还原剂、供硼剂和添加剂构成。常用的供硼剂以硼砂为主，液体渗硼并不需要复杂设备，操作简单。但是由于渗件在熔融渗剂中黏结严重，难以清洗，坩埚寿命短，导致此方法应用受限。

3. 固相渗硼

固相渗硼的渗硼剂是固体，将渗硼件埋入粉末状固体渗硼剂中，密封加热到设定温度保温而得到渗硼层。固相渗硼具有工艺操作方便、设备要求简单、可重复性强、渗后工件易清理等优点，在实际生产中应用最广泛。固相渗硼又可细分为粉末法与膏剂法。粉末渗剂主要由供硼剂、活化剂、填充剂等组成。

7.5.2 渗硼层显微组织

工件渗硼后的最表层组织是白亮色锯齿形 Fe_2B 相和 FeB 相，硼化物较均匀地楔入基体，碳素钢的最表层组织锯齿形明显，合金钢、铸铁由于合金元素的影响，其最表层组织锯齿形不明显，渗硼深度一般为 $0.1\sim0.2mm$。Fe_2B 相脆性小、硬度高（$1300\sim1500HV$）、耐蚀性与耐磨性都好，而 FeB 相硬度更高（可达 $2300HV$），但脆性大，适用于高耐磨件。二者可通过三钾试剂浸蚀区别，三钾试剂配方见表 7-10。图 7-15 所示为 20 钢渗硼层金相组织，FeB 相在最表层呈深灰色锯齿形，Fe_2B 相在次表层呈浅灰色。

表 7-10　三钾试剂配方

物质	铁氰化钾	亚铁氰化钾	氢氧化钾	水
	$K_4Fe(CN)_6$	$K_4Fe(CN)_3 \cdot 3H_2O$	KOH	H_2O
用量	10g	1g	30g	100mL

图 7-15　20 钢渗硼层金相组织　500×

7.5.3 渗硼层测定

一般渗硼工艺要求深度为 $0.1 \sim 0.2\text{mm}$，由于硼化层是锯齿形的，为了测量准确，JB/T 7709—2007《渗硼层显微组织、硬度及层深检验方法》规定了 3 种测量方法。

方法一：用于碳的质量分数小于 0.35% 的材料。由于峰和谷相差大，视场中测量 5 个谷的深度并取平均值。

方法二：用于碳的质量分数为 0.35% ~ 0.60% 的材料。渗层为指状，渗层明显。测量时取 5 组峰谷，分别测量峰和谷的深度，两者平均后再计算 5 组平均值。

方法三：用于碳的质量分数大于 0.60% 的材料。渗层略有齿状或波浪状，峰谷不明显。测量时取 5 处较深层的平均值。

显微硬度法只限于测量渗硼层硬度值。当工件不易破坏，在保证表面粗糙度 $Ra \leqslant 0.32\mu\text{m}$ 时，表面显微硬度范围为 1200~2000HV。

7.6 钢的渗金属检验

渗镀方法有多种，以工件相接触的介质可分为固体渗、液体渗和气体渗；以工艺手段可分为电泳渗、喷镀渗、电镀渗和化学渗等方法。渗金属是通过热扩散的方法，使待镀的金属元素渗入工件表面形成表面合金层，这层合金层称为渗镀层。渗层与基体之间靠形成合金层来结合（冶金结合），因此在镀层及基体之间有一层过渡层，基体与渗层的结合非常牢固，渗层不易脱落，这是其他镀覆方法所不及的优点。本节介绍比较成熟的几种渗金属方法，包括非金属元素的渗铬、渗铝、渗锌等。

JB/T 5069—2007《钢铁零件渗金属层金相检验方法》规定了钢铁零件渗金属层的金相检验方法，适用于钢铁零件经渗铬、渗铝、渗锌等处理后的试样制备、渗层组织、渗层深度（不适用于渗层与基体没有明显分界的钢种）及显微硬度的检验和测定。

7.6.1 钢的渗铬

钢铁及耐热合金工件通过渗铬处理，在其表层形成一层合金层，使工件表面的耐蚀性、抗氧化性、硬度及耐磨性等都有很大的提高。普通碳素钢通过表面渗铬后可以替代某些价格昂贵的镍铬不锈钢，从而节约了稀缺资源。

渗铬的工艺通常有 3 种：固体粉末渗铬、气体渗铬、盐浴渗铬。目前在工业生产中应用较多的是固体粉末渗铬。

由于渗铬件有优良的耐蚀性、抗氧化性及耐磨性，它可以替代不锈钢和耐热钢用于汽车、仪表、石油化工机械以及工模具制造等。在汽车零部件生产中，用低碳钢渗铬替代铬钢消声器，在相同条件下试验，废气对低碳钢渗铬件产生的腐蚀失重为 21.5g/m^2，而铬钢的腐蚀失重为 34.4g/m^2。渗铬钢用于石油化工机械零部件（如阀、叶片等），可提高产品的耐蚀性及在强腐蚀介质条件中的化学稳定性。渗铬钢还可用于飞机、发电站用汽轮机的高温部件（如静叶片的制造），因渗铬钢件具有优良的抗高温氧化及热腐蚀性能，从而延长了这些零部件的使用寿命。

纯铁或低碳钢渗铬，表面形成以铬铁为主的渗层，硬度与基体相差不大，但有良好的耐蚀性和抗氧化性，在一定场合可以替代不锈钢。中高碳钢和中高碳合金钢渗铬，可形成以铬铁碳化物为主的高硬度渗铬层，可适用于高温、腐蚀环境下工作的工模具。

7.6.2　钢的渗铝

渗铝最常用的方法是热浸渗铝，工艺温度为 $700\sim730℃$，然后在 $860℃$ 以上进行数小时高温扩散退火，使渗铝表面形成一层连续致密的 Al_2O_3 薄膜。渗铝可以提高钢的抗氧化性和耐蚀性（特别是在含硫介质中）。

Al_2O_3 薄膜致密、牢固，阻止向内部氧化。但铝的质量分数达 8% 以上钢的性能极脆，很难进行冷、热变形加工，因此不能用整体合金化的办法，但可以用化学热处理的方法把合金元素扩散渗入钢材表面，形成铝铁合金层，这种热处理工艺就是渗铝。低、中碳钢渗铝后获得高的抗氧化和耐蚀性能，在很多情况下可代替高镍、高铬不锈钢和耐热钢，用于动力、石油化工、冶金、建筑等工业方面，如生产中已大量使用渗铝钢板、钢管等作为抗高温氧化的炉管、烟道、加热管、热风管燃烧器、加热炉构件、夹具、热电偶套管等，取得良好效果，而且还发展了以渗铝为基的铝铬共渗、铝硅共渗、铝铬硅共渗等复合渗层。渗铝工艺也可用于镍基或钴基高温合金。

GB/T 18592—2001《金属覆盖层　钢铁制品热浸镀铝　技术条件》规定了热浸镀铝层孔隙级别、裂纹级别以及铝层与基体金属界面类型评定方法。

渗铝层的厚度测量过程如下。

1. 试样制备

测厚试样的制备按照 GB/T 6462—2005 进行，推荐显示热浸镀铝层厚度的浸蚀剂见表 7-11。

表 7-11　显示热浸镀铝层厚度的浸蚀剂

编号	浸蚀剂	适用范围
1	硝酸溶液（$d=1.42g/cm^3$）4mL 95%乙醇溶液 96mL	各类钢铁的浸渍型镀铝层界面线及组织显示
2	硝酸溶液（$d=1.42g/cm^3$）5mL 95%乙醇溶液 85mL 氢氟酸溶液（$d=1.14g/cm^3$）10mL	各类钢铁的扩散型热浸镀铝层界面线及组织显示

2. 测量视场的确定

按试样横截面长度进行 6 等分，并以中间的 5 个等分点作为测量视场（见图 7-16）。

3. 厚度值的测量

在每个测量视场测出的热浸镀铝层最大厚度值与最小厚度值（见图 7-17 和图 7-18）。

4. 结果计算

取 5 个测量视场测得的 10 个测量值（5 个最大值 δ_{max} 和 5 个最小值 δ_{min}）的算术平均值作为热浸镀铝层厚度。

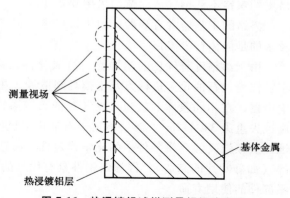

测量视场

基体金属

热浸镀铝层

图 7-16　热浸镀铝试样测量视场确定法

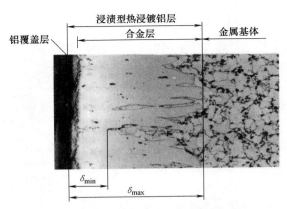

图 7-17　浸渍型热浸镀铝层厚度测量法

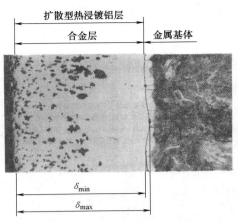

图 7-18　扩散型热浸镀铝层厚度测量法

7.6.3　钢的渗锌

　　渗锌是钢铁材料防腐处理中一种较经济的常用方法，它对在大气中使用的钢材防腐蚀效果相当显著。渗锌层表面在大气条件下，会形成一层致密、坚固且耐腐蚀的 $ZnCO_3 \cdot 3Zn (OH)_2$ 薄膜，提高了渗锌层的耐蚀性能，保护基体材料免受腐蚀。合金元素锌能有效地保护黑色金属免受腐蚀，一般的金属保护层只有在覆盖层完整无缺时才能防止腐蚀；而锌层即使稍有破损而不完整时，仍能保护基体不受腐蚀。渗锌层防止腐蚀的这一特点为钢铁基体提供电化学保护，大量钢材通过化学热处理在表层扩散渗入合金元素锌，形成锌铁合金层来提高耐蚀性能，防止大气、自来水、海水的腐蚀，这种热处理工艺就是渗锌。渗锌目前已广泛用于钢管、钢板、钢带、钢丝，以及紧固件、弹簧等形状复杂的零件上。

　　渗锌的方法有粉末渗锌、热浸渗锌、气体渗锌等。目前生产中应用较多的是粉末渗锌法和热浸渗锌法。

7.7　感应淬火热处理检验

　　感应淬火是利用电磁感应原理，在工件表面产生涡流，使工件表面快速加热并立即冷却而实现表面淬火的工艺方法。感应淬火用钢常选用中碳钢和中碳合金钢，如 40、45、40Cr等，感应淬火和普通淬火相比，有变形小、加热时间短而氧化脱碳少、容易自动化等优点。

　　感应淬火工艺，根据其频率可以分为工频、中频、高频和超音频等。其中，工频频率<0.05kHz，感应电流透入深度很大，硬化层深度能够达到 80~100mm；中频频率为 1~8kHz，硬化层深度为 2~10mm；高频频率>200kHz，其透入电流较小，硬化层深度为 0.5~1.0mm；超音频频率为 30~60kHz，其透入深度为 2.5~3.5mm。

7.7.1　感应淬火层组织

　　中碳钢和中碳合金钢一般是经过预先正火或调质处理，然后才进行感应淬火，故原始组织为细片珠光体+细块铁素体或回火索氏体。当预备热处理为正火态时，表面组织为马氏体；过渡区组织为马氏体+未溶铁素体+屈氏体（见图 7-19）；心部组织为片状珠光体+沿晶界分布的铁素体（见图7-20）。当预备热处理为调质态时，表面组织为马氏体，过渡区组织以马氏体+回火索氏体为主（见图7-21）；心部组织以回火索氏体为主（见图7-22）。

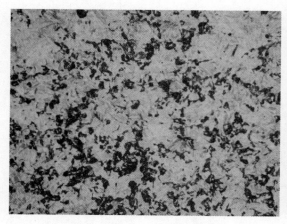

图7-19　预备热处理为正火态的过渡区组织　500×

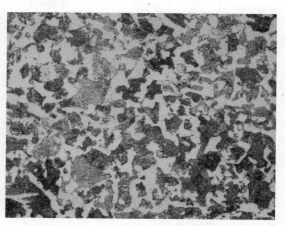

图7-20　预备热处理为正火态的心部组织　500×

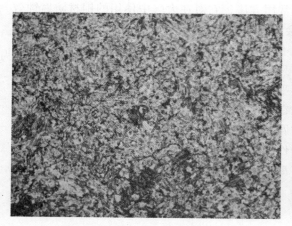

图7-21　预备热处理为调质态的过渡区组织　500×

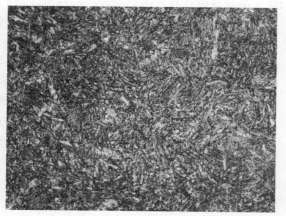

图7-22　预备热处理为调质态的心部组织　500×

7.7.2　感应淬火缺陷组织

欠热组织：以45为例，当感应淬火温度偏低或加热时间较短时，感应层出现未熔铁素体（见图7-23）。

过热组织：以40Cr为例，当感应淬火温度偏高或加热时间较长时，感应层马氏体组织粗大（见图7-24）。

淬火裂纹：当感应层组织过热或淬火应力太大时，在感应区容易出现应力性开裂，图7-25所示为组织粗大引起的淬火开裂，裂纹面为典型的冰糖状沿晶开裂特征（见图7-26）。

感应淬火金相通常依据JB/T 9204—2008进行检验，该标准中的图谱是以淬火温度由高到低依次采集的，1~5级范围对应的晶粒度也是由粗到细列出的。其中3~5级对应的晶粒度均是跨两级，如6~7、8~9、9~10，而1级和2级则分别对应晶粒度1级和3级。那么，当检测过程中遇到晶粒度为2级或者4~5级的情况时，就需要协商决定或半级评定。

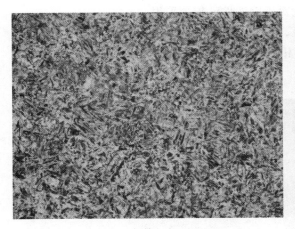

图 7-23　欠热组织　500×

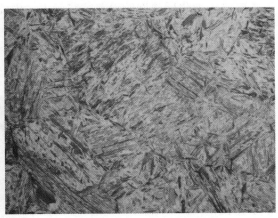

图 7-24　过热组织　500×

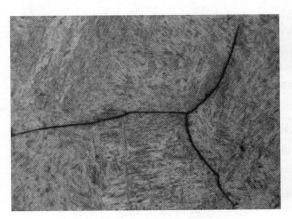

图 7-25　淬火裂纹　500×

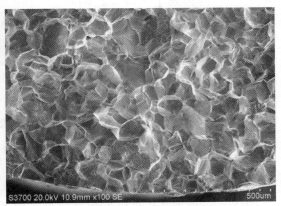

图 7-26　裂纹面电镜形貌　500×

7.7.3　硬化层深度的测定

1. 金相法

对淬火前经正火处理的零件，硬化层深度应从表面测到有 50%（体积分数）马氏体处为止，如果马氏体处的铁素体含量超过 20%（体积分数），则应测到 20%（体积分数）铁素体处为止。

对淬火前经调质处理的零件，硬化层深度应测到有明显索氏体处为止。对珠光体（体积分数为 65%）的球墨铸铁，硬化层深度应测到 20%（体积分数）珠光体处。

用金相法测量硬化层深度，一般规定距表面起至 50%（体积分数）马氏体处。如果体积分数 50% 马氏体处的铁素体含量大于 20%（体积分数），则测至体积分数 20% 铁素体处。这种方法在实际生产中曾长期应用。但是由于中碳钢在感应淬火前一般采用正火处理，组织为珠光体及铁素体，而中碳合金钢在感应淬火前采用调质处理，组织为回火索氏体，两种原始组织不同，经感应淬火后，奥氏体的均匀程度亦有所不同。原始组织为珠光体及铁素体的，经感应加热后过渡区域往往比较宽，50%（体积分数）的马氏体界线难以准确测出。而预先调质处理的回火索氏体组织，感应淬火后过渡区又往往比较窄。总之，采用金相法测定感应淬火硬化层深度的误差往往较大，因此对于钢铁件已较少采用。

但对于球墨铸铁，由于硬化层过渡区域短，界线组织明显，用金相法能清晰地显示出零件硬化层分布，因此 JB/T 9205—2008 中，金相法仍为球墨铸铁的感应淬火硬化层深度测定的方法之一。

图 7-27 为 45 钢表面高频淬火层截面金相组织形貌，上方浅色区域即为感应淬火马氏体区。

2. 硬度法

GB/T 5617—2005《钢的感应淬火或火焰淬火后有效硬化层深度的测定》非等效采用 ISO 3754：1976《钢 火焰淬火或感应淬火后有效硬化层深度的测定》，它具体规定了硬度法测定感应淬火后的有效硬化层深度的方法，适用于有效硬化层深度大于 0.3mm 的工件。

该标准定义：零件经感应淬火回火后的有效硬化层深度（DS）是在其

图 7-27　45 钢表面高频淬火层截面金相组织形貌　25×

垂直表面的横截面上从表面到维氏硬度等于极限硬度的那一层之间的距离。

该标准规定极限硬度（HV_{HL}）是零件表面所要求的最低硬度（HV_{MS}）的函数。对极限硬度值有关各方没有其他协议时，按 $HV_{HL} = 0.8HV_{MS}$ 执行，但同时应满足在距离 3 倍于有效硬化层深度（DS）处的硬度应低于（$HV_{HL} - 100$）。

HV_{MS} 一般由洛氏硬度值换算成维氏硬度值再计算，如感应淬火要求表面硬度为 56~60HRC，则 HV_{MS} 由 56HRC 换算成 615HV。

该标准规定有效硬化层深度测量通常所采用的试验力为 9.8N（1kgf），经有关各方协议，也可采用 4.9~49N（0.5~5kgf）。

有效硬化层深度表达方式如下。

"DS = 0.5"表示采用 $0.8HV_{MS}$ 的极限硬度，并用 9.8N 试验力所检测的有效硬化层深度为 0.5mm。

若按有关协议规定，则应在 DS 下标中标注，如"DS4.9/0.9 = 0.5"表示采用 $0.9HV_{MS}$ 的极限硬度，用 4.9N 试验力所检测的有效硬化层深度为 0.5mm。

洛氏硬度法主要用于确定半马氏体硬度，把测得的半马氏体硬度区间作为有效硬化层深度。碳素钢的半马氏体硬度见表 7-12，合金钢的半马氏体硬度见表 7-13。

表 7-12　碳素钢的半马氏体硬度

牌号	半马氏体硬度 HRC	牌号	半马氏体硬度 HRC
30	34.8~38.0	45	40.8~44.0
35	36.8~40.0	50	42.8~46.0
40	38.8~42.0	55	44.8~48.0

（续）

牌号	半马氏体硬度 HRC	牌号	半马氏体硬度 HRC
60	46.8~50.0	75	52.8~56.0
65	48.8~52.0	80	54.8~58.0
70	50.8~54.0	85	56.8~60.0

表 7-13　合金钢的半马氏体硬度

碳的质量分数（%）	半马氏体硬度 HRC	碳的质量分数（%）	半马氏体硬度 HRC
0.18~0.22	30	0.33~0.42	45
0.23~0.27	35	0.43~0.52	50
0.28~0.32	40	0.53~0.60	55

第 8 章

焊接件的金相检验

焊接是通过加热、加压或两者同时作用的方式，将相同或不同材料的两个或多个部件连接到一起，使工件材质达到原子间结合而形成永久性连接的工艺过程。

焊接必须由外界提供相应的能量，焊接能源主要是热能和机械能。焊接的热源主要有电弧热、化学热、电阻热、摩擦热、等离子焰、电子束、激光束等。

随着焊接技术的不断发展，焊接接头的性能得到了极大的改善，可以达到与母材等强度、等韧性、等塑性。

焊接广泛应用于机械制造、石油化工、家用电器、桥梁建筑、电气工程等几乎所有工业领域。全球钢产量的 40% ~ 60% 需要通过焊接技术来实现其应用。

8.1 焊接方法分类及特点

焊接是轨道车辆转向架和车体上部件之间的主要连接方式，转向架主要采用电弧焊的焊接方式，车体部件的焊接有弧焊、点焊、激光焊和搅拌摩擦焊等焊接方式。其中搅拌摩擦焊是最近几年兴起并在铝合金车体上有了越来越多应用的比较清洁的焊接方式。下面就轨道交通领域常见的焊接方式进行简单介绍。

8.1.1 焊条电弧焊

焊条电弧焊是用手工操作焊条进行焊接的电弧焊方法。焊接时，电弧的高温将焊条与工件局部熔化，形成熔池。焊条药皮在熔化过程中产生气体和液体熔渣，起到保护液体金属的作用。

焊条电弧焊的优点是设备简单、不需要辅助气体保护、操作灵活、应用范围广等；缺点是对焊工操作技术要求高、劳动条件差、生产率低、不适合特殊金属及薄板焊接。

焊条电弧焊可用于 3mm 以上工件的全位置焊接；可用于碳素钢、低合金钢、不锈钢、耐热钢等材料的焊接。

8.1.2 熔化极气体保护焊

熔化极气体保护焊是利用连续送进的焊丝与工件之间燃烧的电弧作为热源，用气体保护电弧、金属熔滴、熔池和焊接区的电弧焊方法。按照保护气体的不同，它分为熔化极惰性气体保护焊和熔化极活性气体保护焊。

熔化极气体保护焊的优点是效率高、熔深大、焊接速度快、焊接变形小、可实现各种位置焊接，灵活性强；缺点是焊接设备较复杂、费用高，保护效果易受外来气流影响。

熔化极气体保护焊可用于大多数钢铁材料和有色金属材料（铝及其合金、铜及其合金）焊接，适合焊接的厚度范围可达 0.6~100mm。

8.1.3　钨极氩弧焊

非熔化极惰性气体保护焊一般称钨极氩弧焊，是用不熔化的钨棒作为电极，利用钨极与工件之间的电弧使金属熔化，用惰性气体做保护，可以根据需要添加或不添加填充金属的焊接方法。

钨极氩弧焊的优点是焊接过程稳定、焊接质量好、适用于薄板焊接等；缺点是抗风能力差、对工件清理要求高、生产率低等。

钨极氩弧焊可用于焊接容易氧化的有色金属（如铝、镁等）及其合金、不锈钢等，一般用于较薄工件的焊接。

8.1.4　电阻点焊

电阻点焊是将焊接件搭接并压紧在两个柱状电极之间，然后接通电源，利用电流经过焊接接触面产生的电阻热熔化金属并形成熔核，利用周围被加热的金属形成的塑性环对熔核进行保护的焊接方法。

电阻点焊的优点是热影响区小、变形和应力小，不需要填充金属，操作简单，生产率高；缺点是目前无损检测较难，搭接接头增加构件重量，接头抗拉强度和疲劳强度较低，设备功率大、成本较高、维修比较困难。

电阻点焊主要适用于 4mm 以下薄板结构的焊接。

8.1.5　激光焊

激光焊是以聚焦的激光束为热源的一种焊接方法。

激光焊的优点是功率密度高，一般以深熔方式进行焊接，焊接速度快、焊接能量输入小、残余应力和应变小；缺点是设备投资大，对焊接件的加工和组装精度要求高。

激光焊可焊接碳素钢、不锈钢及钛合金等。

8.1.6　搅拌摩擦焊

将一个相对耐高温硬质材料制成一定形状的搅拌针，旋转插入两个被焊材料的边缘处，搅拌头在两焊件连接边缘产生大量的摩擦热，从而在连接处产生金属塑性软化区，该金属塑性软化区在搅拌头的作用下受到搅拌、挤压，并随着搅拌头的旋转沿焊缝向后流动，形成塑性金属流，在搅拌头离开后的冷却过程中受到挤压而形成固相焊接接头。

搅拌摩擦焊的优点是生产率高，焊缝应力低、变形小，焊接质量稳定，焊接不需要填充材料和保护气体，成本较低，焊接环境好；缺点是不同的结构需要不同的工装夹具，灵活性差，焊接产生匙孔需要去除，焊接速度不高。

搅拌摩擦焊主要用于铝合金焊接。

8.2　焊接接头宏观检验及常见缺欠

焊接接头的宏观检验包括焊缝外观质量检验和焊接接头低倍组织检验两个方面，熔化焊焊缝的焊接缺欠可以参照 GB/T 6417.1—2005/ISO 6520-1：2007，电阻焊焊缝的焊接缺欠可以参照 GB/T 6417.2—2005/ISO 6520-2：2013。

8.2.1　焊接接头的焊缝外观质量检验

焊缝的外观检测是一种常用的无损检测方法，它以肉眼观察为主，必要时使用放大镜、量具、样板等对焊缝的外观尺寸和表面质量进行全面检查。有时需要借助工业内窥镜观察内部空间的焊缝。

焊接完成后的外观检测应检查判定其是否符合应用或产品标准，或者其他协议所接受的标准，如 GB/T 19418—2003/ISO 5817：2023、GB/T 22087—2008/ISO 10042：2018。

1. 外形和尺寸

焊缝外形和余高是否符合验收标准；焊接表面是否规则，焊波的形状和节距是否均匀一致，是否有满意的视觉外形；焊接宽度应与整个接头的宽度相一致，且符合验收标准；坡口是否完全填满。

2. 焊脚和表面

单面焊对接焊缝的焊透性、根部凹陷、烧穿、根部收缩是否符合验收标准；是否存在咬边；是否存在其他缺欠，如裂缝、孔穴等。

8.2.2　焊接接头的低倍组织检验

低倍组织检验是用肉眼或放大镜的方式，用或不用腐蚀液对试件所进行的检查。焊接接头的低倍检验可以检查焊接缺欠、焊道横截面的形状、多层多道焊缝的层次情况及焊缝柱状晶生长变化形态、宏观偏析、热影响区宽度等。

1. 取样位置及切割方法

检查试验件的焊接接头低倍组织，一般应去除起弧和收弧端 25mm 之后，截取低倍金相试样；检查实物件的焊接接头低倍组织，可根据相关文件的要求或实际的情况截取低倍金相试样，如选择在有可能出现焊接缺欠的部位、焊接条件差的部位、不易进行焊接的部位取样进行检测。

试样的切割应使用不会对金属材料造成热影响的切割方法，如比较大的试样可以用带锯进行切割，效率高；比较小的试样可以用线切割进行切割，切割位置准确、不易产生宏观变形。如果用热切割方法进行切割取样，要留有足够的加工余量，热切割完成后要用冷加工的方式去掉热影响部分。

2. 试样的磨抛和浸蚀

焊接接头低倍检验试样磨抛和浸蚀方法可参照母材金相检验的磨抛和浸蚀方法，通常用于低倍检验的焊接试样在用砂纸研磨后不需要再进行抛光操作，而直接进行浸蚀。浸蚀的程度通常以肉眼观察为主，一般能够清晰显示熔合线即可。可根据材质选用相应的浸蚀剂，通常情况下，碳素钢可选用硝酸乙醇溶液，不锈钢可选用氯化铁盐酸水溶液，铝合金可选用氢氧化钠溶液。

3. 焊接接头的低倍组织

熔化焊焊接接头经过取样、磨抛、浸蚀后，可以显示出焊接接头大体分为三个区域，即焊缝金属、热影响区、母材金属，如图8-1所示。

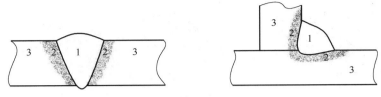

图 8-1　焊接接头的三个区域

1—焊缝金属　2—热影响区　3—母材金属

（1）焊缝金属　除了自熔焊不填充焊丝或焊条外，一般熔化焊的焊缝金属是由焊缝填充材料及部分母材熔融凝固形成的铸造组织，它是从母材开始垂直于等温线方向结晶长大的。单层焊时是典型的柱状晶，多层焊时，前一层焊道的柱状晶受后层焊道的热作用而转化为较细的晶粒。

（2）热影响区　焊接时在高温热源的作用下，焊缝两侧发生组织和性能变化的区域称为"热影响区（Heat Affected Zone，HAZ）"或称"近缝区（Near Weld Zone）"。

（3）母材金属　母材金属即被焊接的材料，是焊接过程中没有受到高温热源的作用而发生组织和性能变化的区域。

8.2.3　熔化焊焊接接头常见焊接缺欠

熔化焊焊接接头的焊接缺欠分为：裂纹、孔穴、固体夹杂、未熔合与未焊透、外形和尺寸不良、其他缺欠。

1. 焊接裂纹

焊接裂纹分为微观裂纹、纵向裂纹、横向裂纹、放射状裂纹、弧坑裂纹、间断裂纹群、枝状裂纹，如图8-2所示。

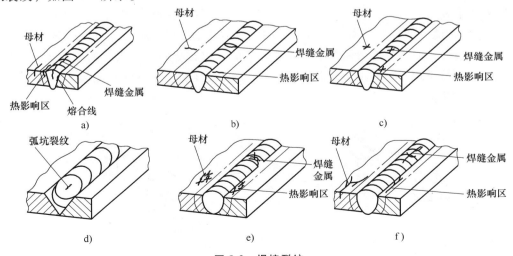

图 8-2　焊接裂纹

a）纵向裂纹　b）横向裂纹　c）放射状裂纹　d）弧坑裂纹　e）间断裂纹群　f）枝状裂纹

2. 孔穴

孔穴分为气孔、缩孔和显微缩孔。气孔包括球形气孔、均布气孔、局部密集气孔、链状气孔、条形气孔、虫形气孔、表面气孔。焊缝中的气孔示例如图 8-3 所示。

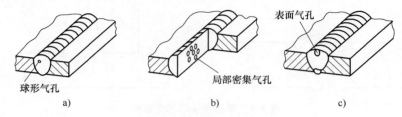

图 8-3　焊缝中的气孔示例

a）球形气孔　b）局部密集气孔　c）表面气孔

经过研究查明，气孔的类型有两类，第一类是高温时某些气体溶解于熔池当中，当凝固和相变时，气体溶解度突然下降而来不及逸出，残留在焊缝内部的气体，如氢气和氮气；第二类是由于冶金反应产生的不溶于金属的气体，如一氧化碳和水蒸气。

缩孔包括结晶缩孔、弧坑缩孔、末端弧坑缩孔；显微缩孔包括微观结晶缩孔、微观穿晶缩孔。焊缝中的缩孔如图 8-4 所示。

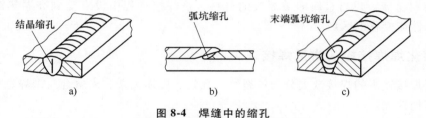

图 8-4　焊缝中的缩孔

a）结晶缩孔　b）弧坑缩孔　c）末端弧坑缩孔

3. 固体夹杂

固体夹杂分为夹渣（残留在焊缝金属中的熔渣）、焊剂夹渣（残留在焊缝金属中的焊剂渣）、氧化物夹渣（凝固时残留在焊缝金属中的金属氧化物）、褶皱（在某些情况下，特别是铝合金焊接时，因为焊接熔池保护不善和湍流的双重影响而产生大量的氧化膜）、金属夹杂（残留在焊缝金属中的外来金属颗粒），一般分为线性的、孤立的和成簇的。固体夹杂的形式如图 8-5 所示。

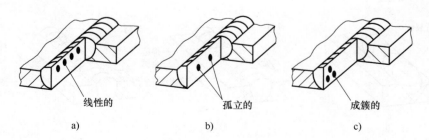

图 8-5　固体夹杂的形式

a）线性的　b）孤立的　c）成簇的

4. 未熔合与未焊透

未熔合是焊缝与母材之间或焊缝金属之间缺乏联系层，包括侧壁未熔合、层间未熔合和根部未熔合，如图 8-6 所示。

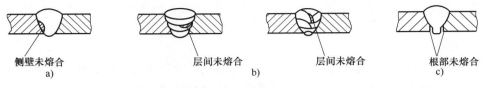

图 8-6　焊缝中的未熔合

a）侧壁未熔合　b）层间未熔合　c）根部未熔合

未焊透是实际熔深未达到名义熔深的要求值，如图 8-7 所示。

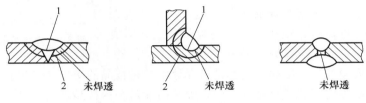

图 8-7　焊缝中的未焊透

1—实际熔深　2—名义熔深

产生未熔合与未焊透的原因有热输入不够、焊接坡口不合理、焊接技术不当、焊前坡口清理不干净等。

5. 外形和尺寸不良

外形和尺寸不良包括咬边、焊缝超高、角焊缝凸度过大、下塌、焊趾不正确、焊瘤、错边、角度偏差、下垂、烧穿、未焊满、焊脚不对称、根部凹陷、焊缝厚度不足等。典型外观和尺寸不良焊接缺欠如图 8-8 所示。

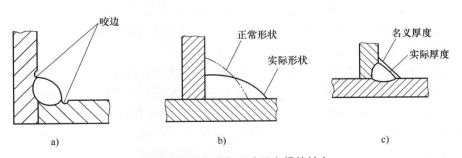

图 8-8　典型外观和尺寸不良焊接缺欠

a）咬边　b）焊脚不对称　c）焊缝厚度不足

6. 其他缺欠

除了以上 5 种缺欠外，还有电弧擦伤、飞溅、焊缝间断等。

8.2.4　弧焊焊接裂纹

焊接裂纹是指金属焊接应力及其他因素共同作用下，焊接接头内局部区域金属的原子结合力遭到破坏而产生的缝隙，通常具有较大的长宽比，末端尖锐。焊接裂纹具有很大的危害性，因此，本小节着重讨论焊接裂纹。

焊接生产中所遇到的裂纹多种多样，有焊缝的宏观裂纹、微观裂纹，有表面裂纹、内部裂纹，有横向裂纹、纵向裂纹等，如果按照产生裂纹的本质来分类，大体可以分为以下五大类。

1. 热裂纹

热裂纹是在焊接时高温状态下产生的，它的特征是沿原奥氏体晶界开裂，裂口具有高温氧化的色彩。目前，热裂纹主要分为结晶裂纹、液化裂纹和多边化裂纹。

（1）结晶裂纹 焊缝结晶过程中，在固相线附近，焊缝金属处于凝固结晶后期，低熔点共晶被排挤到柱状晶的晶界上形成"液态薄膜"。此时金属塑性极低，在焊接产生的拉应力作用下，液态薄膜就成了薄弱地带，当拉应力超过材料的塑性允许值时，便在这个薄弱地带开裂并形成结晶裂纹。焊缝中的结晶裂纹分布如图 8-9 所示。

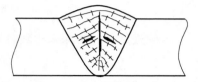

图 8-9　焊缝中的结晶裂纹分布

在生产和研究中发现，结晶裂纹都是沿焊缝中的树枝晶的交界处发生和发展的，最常见的是沿着焊缝中心纵向开裂，有时也发生在焊缝内部两个树枝晶之间。

结晶裂纹通常发生在含杂质较多的碳素钢、低合金钢焊缝中，这种裂纹是在焊缝结晶过程中产生的。以低碳钢的焊接为例，可把熔池的结晶分为以下三个阶段。

1）液固阶段：熔池开始结晶时，随着温度的降低，晶核逐渐长大并且产生新的晶核。由于有较多的液相，晶核之间不发生接触，液态金属可以在晶粒间自由流动。此时焊接拉应力产生的缝隙能够及时地被液态金属填满，因此在液固阶段不会产生结晶裂纹。

2）固液阶段：随着结晶的继续进行，固相不断增多，晶粒不断长大，继续冷却到某一阶段时，已经形成的固相彼此发生接触，并且不断交接到一起，这时，液态金属变少且流动困难，无法填充在拉伸应力作用下产生的微小缝隙。因此，在这一阶段，只要有拉伸应力存在，就有产生裂纹的可能，该阶段也叫作"脆性温度区"。

3）完全凝固阶段：焊缝金属完全凝固之后，焊缝通常表现出很好的强度和塑性，当受到拉伸应力时，一般不会发生热裂纹。

（2）液化裂纹 液化裂纹是在焊接热的作用下，焊接接头的近缝区或层间金属中含有较多的低熔点共晶被重新熔化，在随后的冷却过程中，受到拉伸应力作用沿晶界开裂形成的裂纹。

液化裂纹也产生于脆性温度区，在该区内母材的近缝区和层间，由于存在低熔组成物且低熔组成物开始熔化，塑性和强度急剧下降。在随后的冷却过程中受到收缩应力的作用，处于薄弱状态的晶间在长的时间内承受应变，为产生裂纹提供有利的条件。液化裂纹与结晶裂纹一样也是冶金因素和力学因素共同作用的结果。液化裂纹的形成，主要取决于晶间低熔相的液化程度。液化裂纹的分布如图 8-10 所示。

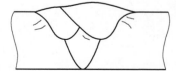

图 8-10　液化裂纹的分布

（3）多边化裂纹 多边化裂纹又称高温低塑性裂纹，这种裂纹多发生在纯金属或单相奥氏体焊缝中，它是在结晶前沿已凝的固相晶粒萌生出大量的晶格缺陷，并在快速冷却条件下，由于不易扩散，它们以过饱和的状态保留于焊缝金属中，在一定温度和应力条件下，晶格缺陷发生移动和聚集，从而形成二次边界，即"多边化边界"。在焊接后的冷却过程中，由于热塑性降低，导致沿多边化边界产生裂纹，称为多边化裂纹。

2. 再热裂纹

厚板焊接结构并采用含有某些沉淀强化合金元素的钢材，在进行消除应力热处理或在一定温度下服役的过程中，在焊接热影响区粗晶部位发生的裂纹称为再热裂纹。再热裂纹的敏感温度根据钢种不同而不同，一般在 $550 \sim 650℃$。

再热裂纹的主要特征：发生在焊接热影响区的粗晶部位并呈晶间开裂；进行消除应力处理之前焊接区存在较大的残余应力，并有不同程度的应力集中；产生再热裂纹存在一个最敏感的温度区间；含有一定沉淀强化元素的金属材料才具有产生再热裂纹的敏感性。

3. 冷裂纹

冷裂纹是焊接生产中较为普遍的裂纹，它是焊后冷却至较低温度下产生的。对于低合金高强钢来讲，冷裂纹大约是在马氏体转变开始温度 Ms 附近，在拘束应力、淬硬组织和氢的共同作用下产生的。

冷裂纹的起源多发生在具有缺口效应的焊接热影响区或有物理化学不均匀的氢聚集的局部地带。

（1）延迟裂纹　延迟裂纹是冷裂纹中的一种普遍形态，有一定的孕育期，具有延迟现象。这种裂纹主要取决于钢种的淬硬倾向、焊接接头的应力状态和熔敷金属中的扩散氢含量，一般包括焊趾裂纹、焊道下裂纹和根部裂纹。

焊趾裂纹起源于母材和焊缝的交界处，有明显应力集中的部位，裂纹走向一般与焊道平行，由焊趾表面向母材深处扩展。焊道下裂纹经常发生在淬硬倾向较大、氢含量较高的焊接热影响区。根部裂纹主要发生在氢含量较高，预热温度不足的情况下。

（2）淬硬脆化裂纹　一些淬硬倾向很大的钢种，即使没有氢的诱发，仅在拘束力的作用下也能导致开裂。它是由冷却时马氏体相变而产生的脆性造成的，一般认为与氢的关系不大。例如，当碳当量高的钢件进行焊接时，靠近熔合线的热影响区位置容易产生马氏体，在焊接后内应力的作用下易产生裂纹。

（3）低塑性脆化裂纹　某些塑性较低的材料冷却至低温时，由于收缩力引起的应变超过了材料本身所具有的塑性储备或材料变脆而产生的裂纹，称为低塑性脆化裂纹。

4. 层状撕裂裂纹

厚壁结构的钢板焊接时，出现平行于轧制方向的阶梯形裂纹，即层状撕裂裂纹，多发生在厚壁结构的 T 形接头、十字接头和角接接头上。焊接接头的层状撕裂裂纹如图 8-11 所示。

层状撕裂一般与材料的强度级别无关，与材料内部的夹杂物含量及分布状态密切相关。

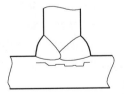

图 8-11　焊接接头的层状撕裂裂纹

5. 应力腐蚀裂纹（SCC）

焊接结构在腐蚀介质和拉伸应力的共同作用下，产生一种延迟破坏的现象，称为应力腐蚀裂纹。应力腐蚀裂纹的截面形态如同枯干的树枝，断口为脆性断口。

应力腐蚀裂纹的特点：从表面上看，应力腐蚀裂纹如同疏松的网状或龟裂分布，在焊缝表面上多以横向裂纹出现；根据材料和腐蚀介质的不同，一般情况下，低碳钢、低合金钢、铝合金等多属于沿晶开裂，在氯化物介质中的奥氏体不锈钢多属于穿晶开裂；对于未进行消除应力处理的焊接结构，由于存在残余应力，即使不承受载荷，只要有腐蚀介质存在，也会产生应力腐蚀裂纹。

8.2.5　铝合金搅拌摩擦焊

搅拌摩擦焊是利用旋转的搅拌头在热、力耦合的锻压作用下形成焊缝的固相连接方法。

搅拌摩擦焊过程中，不同部位的焊缝金属经历不同的热、力过程或塑性材料流动不足都会导致缺陷的形成。焊接时应适当选择焊具尺寸和焊接参数，搅拌头的形状和尺寸、旋转速度和焊接速度、搅拌针扎入的深度和倾斜角度、组对间隙和错边等多种因素都能对搅拌摩擦焊接头组织造成影响，进而也是产生缺陷的主要原因。

1. 飞边

焊接时出现在接头表面，沿焊趾处翻卷的金属残留物称为飞边，如图 8-12 所示。

2. 表面下凹

搅拌摩擦焊后，焊缝表面低于相邻母材表面的现象称为表面下凹，如图 8-13 所示。

图 8-12　飞边

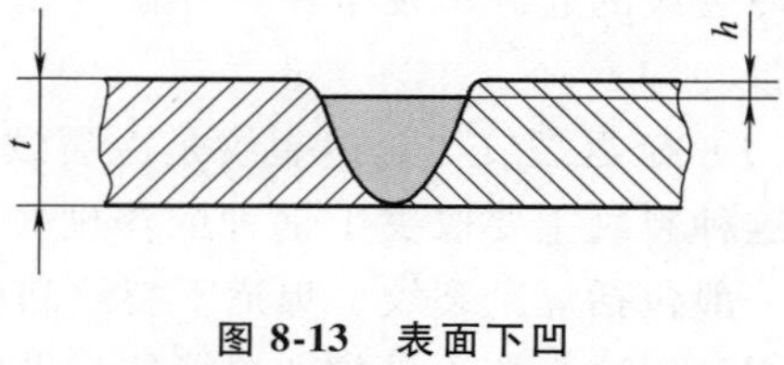

图 8-13　表面下凹

t—母材厚度　h—焊缝表面与相邻母材高度差

3. 未焊透

未焊透是指焊接深度小于要求的（或规定的）深度，通常在该区域存在塑性变形，材料间紧密接触但并未形成有效结合，如图 8-14 所示。

4. 孔洞

搅拌摩擦焊焊缝内部形成的沿焊接方向的隧道状孔洞，如图 8-15 所示。

5. 界面曲钩

界面曲钩是指搭接接头中，在前进侧或后退侧出现的分离并弯曲的接合面，如图 8-16 所示。

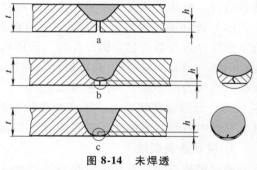

图 8-14　未焊透

注：根部没有完全焊接的原始对接线，a 处未变形，b 处较小变形，c 处剧烈变形。

t—母材厚度　h—根部未完全焊接的对接线高度

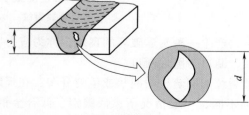

图 8-15　孔洞

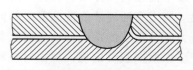

图 8-16　界面曲钩

8.3　焊接区域显微组织检验

由于焊缝金属的冷却速度不均匀以及母材热影响区距离焊缝远近的不同，使得焊接接头各点所经历的热循环不同，这样就会出现不同的组织，表现出不同的性能，因此，整个焊接接头的组织和性能是不均匀的。

8.3.1　焊接接头显微组织的显示方法

金属材料焊接接头显微组织制样方法可以参照其母材的金相制样和浸蚀方式进行，所使用的浸蚀剂可根据相关标准和实际需求而定。

8.3.2　焊接接头各区域显微组织的特点

1. 焊缝金属

（1）焊缝金属的熔池凝固过程　焊接熔池虽小，但它的结晶规律与铸钢锭一样，都是晶核生成和晶核长大的过程。然而，由于焊接熔池的凝固条件不同，它与钢锭相比有以下特点：熔池体积小、冷却速度大；熔池中的液态金属处于过热状态；熔池在运动状态下结晶。

研究表明，对于焊接熔池结晶来讲，非自发晶核起了主要作用。通常情况下，对于熔合区附近加热到半熔化状态基体金属的晶粒表面，非自发晶核就依附在这个表面上，并以柱状晶的形态向焊缝中心成长，形成交互结晶。

由于过冷程度的不同，焊缝会出现不同的组织形态，大致可分为以下五种结晶形态，即平面结晶、胞状结晶、胞状树枝晶、树枝状结晶、等轴结晶。五种不同的结晶形态都具有内在的因素。当结晶速度与温度梯度不变时，随着合金浓度的提高，则成分过冷度增加，从而使结晶形态由平面结晶变为胞状结晶、胞状树枝晶、树枝状结晶，最后到等轴结晶；当合金中溶质浓度一定时，结晶速度越快，成分过冷的程度越大，结晶形态也可由平面结晶过渡到胞状结晶、胞状树枝晶、树枝状结晶，最后到等轴结晶；当合金中溶质浓度和结晶速度一定时，随液相温度梯度的提高，成分过冷的程度减小，因而结晶形态的演变方向恰好相反，由等轴结晶、树枝状结晶逐步演变到平面结晶。

（2）焊缝金属的固态相变过程　焊接熔池完全凝固以后，随着温度的连续下降，钢铁材料的焊缝金属将发生组织转变。转变后的组织与焊缝金属的化学成分和冷却条件有关。

低碳钢焊缝的碳含量较低，固态相变后的结晶组织主要是铁素体加少量珠光体。铁素体一般首先沿原奥氏体边界析出，这样就可以看出凝固组织的柱状轮廓。一部分铁素体可能具有魏氏组织的形态。由于冷却速度不同，焊缝的组织也会有明显的不同，冷却速度越大，焊缝金属中的珠光体越多，而且组织细化，硬度增高。

低合金钢焊缝固态相变后的组织比低碳钢焊缝组织复杂得多。除铁素体和珠光体之外，还会出现多种形态的贝氏体、马氏体等。其中铁素体分为先共析铁素体、侧板条铁素体、针状铁素体和细晶铁素体。

2. 热影响区

焊接热影响区组织、温度、铁碳合金相图的关系如图 8-17 所示。20 钢焊接接头热影响区组织如图 8-18 所示。对于常用的低碳钢和某些低合金钢，在焊接热影响区的组织特征，可以分为以下四个区域。

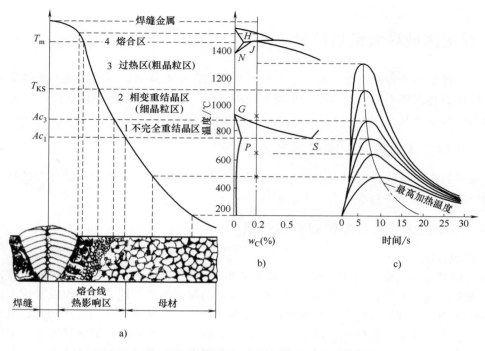

a)

图 8-17 焊接热影响区组织、温度、铁碳合金相图的关系

a) 热影响区的组织示意图　b) 铁碳合金相图　c) 焊接热循环曲线

T_m—峰值温度　T_{KS}—晶粒开始急剧长大的温度

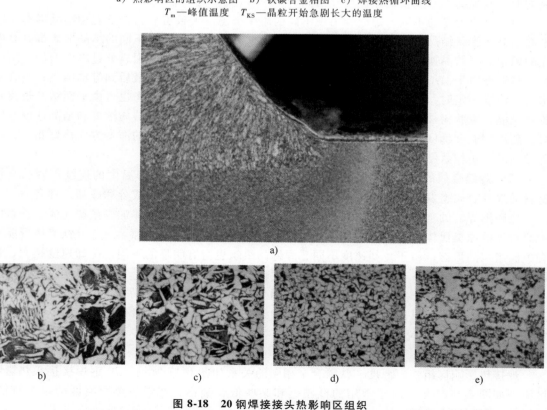

图 8-18 20 钢焊接接头热影响区组织

a) 焊接接头局部特写　b) 熔合区　c) 过热区　d) 相变重结晶区　e) 不完全重结晶区

（1）熔合区　熔合区即焊缝金属与母材相邻的区域，温度处于固相线和液相线之间，又称为半熔化区，该区域焊缝与母材不规则结合，存在化学成分与组织性能的不均匀性，是焊接接头的薄弱区域，对焊接接头的强度和韧性有很大的影响。

（2）过热区（粗晶粒区）　此区域的温度范围是处在固相线以下至1100℃左右。金属处于过热的状态，奥氏体晶粒发生严重的长大现象，冷却之后得到粗大的组织。对于低碳钢的焊接，该区域通常产生魏氏组织，造成粗晶脆化。过热区的韧性很低，通常要降低20%～30%。因此焊接刚度较大的结构时，常在过热区产生脆化和裂纹。

（3）相变重结晶区（结晶粒区）　焊接时，母材被加热到Ac_3线以上的部位，材料处于正火处理温度范围，发生重结晶，然后在空气中冷却，得到细小的珠光体和铁素体，相当于进行了一次正火处理。此区域的塑性和韧性都比较好。

（4）不完全重结晶区　焊接时处于Ac_1和Ac_3之间的范围内的热影响区属于不完全重结晶区，该区域内，一部分组织发生了重结晶相变，成为细小的铁素体和珠光体，而另一部分是始终未溶入奥氏体的铁素体。该区域晶粒大小不一，组织不均匀，因此力学性能也不均匀。

8.4　案例分析

8.4.1　吊座焊缝裂纹

某吊座在例行无损检测过程中，发现管与支架立板连接的焊缝上存在疑似裂纹，该疑似裂纹与焊缝的纵向平行（见图8-19）。沿焊缝的横截面截取金相试样，在低倍图片上可以看出，此处焊缝是一侧角焊缝，另一侧为半Y形坡口的双面焊缝，裂纹位于角焊缝的中间位置。放大100倍后可见裂纹位于焊缝两侧柱状晶交界的位置，裂纹两端较为圆钝，没有扩展迹象。该裂纹是焊接过程中产生的焊接结晶裂纹。

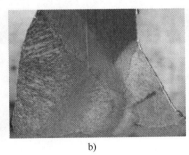

a)　　　　　　　　　　　b)　　　　　　　　　　　c)

图8-19　某吊座在焊缝处的裂纹形貌

a）焊缝位置形貌　b）裂纹处低倍腐蚀形貌　c）裂纹处显微组织　100×

8.4.2　管、板焊缝处疲劳断裂

在无损检测过程中发现，某管与板连接的焊缝附近发现裂纹。在该位置截取理化分析试

样，开裂处的宏观形貌如图 8-20 所示，可见左右两处裂纹在棱线处相交，且两处表面均具有明显的疲劳弧线特征。

裂纹源处的断口形貌如图 8-21 所示，放大形貌显示左侧裂纹源处存在长约 6mm 的夹渣类缺陷，右侧裂纹起源于焊缝与母材之间的未熔合处，且焊缝一侧的断口上可见大量气孔、夹杂缺陷。

根据以上观察可以判断，管、板焊接处的失效性质为疲劳断裂，疲劳源处存在夹渣、未熔合、气孔等焊接缺欠。

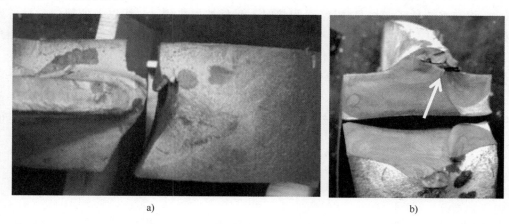

a)   b)

图 8-20 开裂处的宏观形貌

a) 裂纹形貌及位置 b) 断口低倍形貌

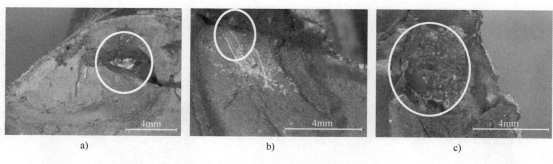

a)   b)   c)

图 8-21 裂纹源处的断口形貌

a) 夹渣 b) 未熔合 c) 气孔

8.4.3 不锈钢转轴断裂

不锈钢转轴是由不锈钢棒与不锈钢板以环焊缝的形式焊接而成的，焊接过程包括焊接操作和焊后酸洗钝化操作，该转轴在使用过程中于焊趾附近发生断裂（见图 8-22）。

扫描电镜观察到焊缝金属外表面存在大量沿晶显微裂纹和腐蚀现象，能谱分析显示腐蚀产物除了含有铁、铬、镍等元素外，还含有较多的氮元素，而硝酸是酸洗钝化膏的主要成分。经与厂家确认，由于焊后酸洗钝化操作不当，造成不锈钢表面过度腐蚀，产生沿晶裂纹，最终导致不锈钢转轴在扭转应力的作用下发生开裂。

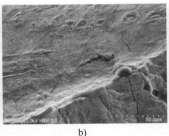
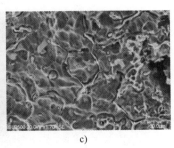

a)　　　　　　　　　　b)　　　　　　　　　　c)

图 8-22　不锈钢转轴断裂的宏观及微观形貌

a）断裂位置　b）焊缝表面的显微裂纹　c）焊缝表面腐蚀形貌

8.4.4　碳素钢焊板焊后延迟开裂

　　碳素钢焊板由封头和筒节两部分经氩弧焊焊接而成，二者材质均为 Q345R，焊料为 ER50-6，焊板在焊接十余天后发生开裂。碳素钢焊板开裂处的实物照片如图 8-23 所示，裂纹外形笔直，垂直于焊缝。

图 8-23　焊板实物照片

　　将开裂处断口打开（见图 8-24），断面无明显的塑形变形痕迹，属脆性断口。根据裂纹收敛方向可判断，裂纹萌生于图中 A、B 两处（焊缝区域），而 C 处则是由 A、B 两处裂纹扩展交汇形成的台阶。此外，裂源表面呈闪亮的金属光泽，没有高温氧化的特征。

　　对断口裂源处和扩展区进行微观形貌观察，由图 8-25 可知，断面光洁、无异物，裂源处未见气孔、夹渣等缺陷，微观形貌以穿晶解理为主，具有明显的脆性断裂特征，扩展区同上。

图 8-24　焊板断口形貌

　　根据以上检查结果可知，焊板裂纹垂直于焊缝，断裂面无高温氧化迹象，整体呈脆性断裂特征，裂源位于焊缝区域。值得提出的是，焊板的开裂发生于焊接十余天后，属于延迟裂纹。

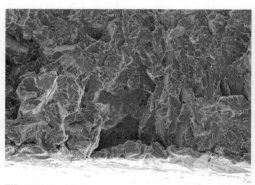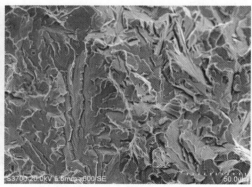

图 8-25　裂源处和扩展区微观形貌

8.4.5　悬挂梁补焊处疲劳断裂

悬挂梁结构和开裂位置如图 8-26 所示，根据其在服役过程中的安装结构可知：电动机安装于两端，悬挂梁整体呈三点弯曲受力特征。服役一段时间后图中箭头所指区域存在裂纹，该处恰好为拉应力区。

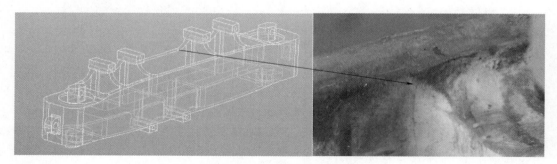

图 8-26　悬挂梁结构和开裂位置

裂纹面宏观形貌如图 8-27 所示，其特点包括：①断面扩展区平坦，贝纹线依稀可见，呈典型的疲劳断裂特征；②根据疲劳裂纹扩展特征可判断，疲劳源为线源，见图中虚线处，仔细观察可发现，线源上部似与基体分离状，且多处分布有孔洞类缺陷，但这些缺陷与本案例中悬挂梁的开裂无直接关系；③扩展方向见图中虚线箭头处，即从②中线源起向基体和外侧扩展。

图 8-27　裂纹面宏观形貌

对截面进行金相检查，裂源处组织如图 8-28 所示，裂源附近组织呈三种不同的形貌特征：①开裂处存在焊补特征，表面（A 区）柱状晶明显；②裂源对应处（B 区）组织以回火马氏体为主，该类组织硬度高、性脆，为焊接不允许出现的组织；③裂源附近［热影响区的过热区（C 区）］存在大范围铁素体魏氏组织，该类组织极大地割裂了基体的连续性，增加了脆性。

图 8-28　裂源处组织

a）裂源处低倍组织　b）裂源处 B 区组织　c）裂源处 C 区组织

根据上述检查结果可知，悬挂梁的开裂主要与腹板在补焊时产生的脆性组织有关，尤其是马氏体的存在极大地削弱了力学性能。因此，在焊接组织中不允许出现马氏体。再加上开裂处恰好位于拉应力区，在应力和脆性组织的共同作用下，该处极易萌生疲劳裂纹。

第**9**章

工模具钢及特种钢的金相检验

9.1 工模具钢及其金相检验

9.1.1 工模具钢的分类及基本特性

GB/T 1299—2014 中，将工模具钢按不同的分类方法进行了分类。按用途可分为八类：刃具模具用非合金钢、量具刃具用钢、耐冲击工具用钢、轧辊用钢、冷作磨具用钢、热作磨具用钢、塑料模具用钢、特殊用途模具用钢。按化学成分可分为四类：非合金工具钢（牌号头带 "T"）、合金工具钢、非合金模具钢（牌号头带 "SM"）、合金模具钢，其中非合金工具钢即为原碳素工具钢。

另外，高速工具钢热处理后具有优良的综合力学性能，因而被广泛应用于切削工具和工模具行业。高速工具钢特有的高硬度、热硬性等性能是由其所含的大量合金元素决定的。合金元素组成及含量不同会形成不同牌号，显示出不同特性。

表 9-1～表 9-4 列出了常见的各类工模具钢的相关资料。

表 9-1 刃具模具用非合金钢的牌号及化学成分

序号	统一数字代号	牌号	化学成分（质量分数,%）		
			C	Si	Mn
1-1	T00070	T7	0.65~0.74	≤0.35	≤0.40
1-2	T00080	T8	0.75~0.84	≤0.35	≤0.40
1-3	T01080	T8Mn	0.80~0.90	≤0.35	0.40~0.60
1-4	T00090	T9	0.85~0.94	≤0.35	≤0.40
1-5	T00100	T10	0.95~1.04	≤0.35	≤0.40
1-6	T00110	T11	1.05~1.14	≤0.35	≤0.40
1-7	T00120	T12	1.15~1.24	≤0.35	≤0.40
1-8	T00130	T13	1.25~1.35	≤0.35	≤0.40

注：表中钢可供应高级优质钢，此时牌号后加 "A"。

表 9-2　常用量具刃具用钢的牌号、化学成分、热处理和用途

牌号	化学成分(质量分数,%)				P　　S	热处理		用途举例
	C	Si	Mn	Cr	≤	淬火温度/℃	淬火硬度 HRC ≥	
9SiCr	0.85 ~ 0.95	1.20 ~ 1.60	0.30 ~ 0.60	0.95 ~ 1.25	0.03	820 ~ 860 (油冷)	62	用于制作板牙、丝锥、钻头、铰刀、齿轮铣刀、拉刀等,还可用于制作冷冲模、冷轧辊等
Cr06	1.30 ~ 1.45	≤0.40	0.50 ~ 0.70		0.03	780 ~ 810 (水冷)	64	用于制作剃刀、刀片、手术刀具及刮刀、刻刀等
Cr2	0.95 ~ 1.10	≤0.40	≤0.40	1.30 ~ 1.65	0.03	830 ~ 860 (油冷)	62	用于制作加工材料不很硬的低速切削刀具,还可用于制作样板、量规、冷轧辊等
9Cr2	0.80 ~ 0.95	≤0.40	≤0.40	1.30 ~ 1.70	0.03	820 ~ 850 (油冷)	62	主要用于制作冷轧辊、钢印、冲孔凿、冷冲模、冲头量具及木工工具等

表 9-3　常用耐冲击工具用钢的牌号及化学成分

牌号	化学成分(质量分数,%)						
	C	Si	Mn	Cr	W	Mo	V
5CrW2Si	0.45 ~ 0.55	0.50 ~ 0.80	≤0.40	1.00 ~ 1.30	2.00 ~ 2.50	—	—
6CrMnSi2Mo1V	0.50 ~ 0.65	1.75 ~ 2.25	0.60 ~ 1.00	0.10 ~ 0.50	—	0.20 ~ 1.35	0.15 ~ 0.35
6CrW2SiV	0.55 ~ 0.65	0.70 ~ 1.00	0.15 ~ 0.45	0.90 ~ 1.20	1.70 ~ 2.20	—	0.10 ~ 0.20

表 9-4　几类有代表性的高速工具钢的牌号及化学成分

牌号	化学成分(质量分数,%)									
	C	Mn	Si	S	P	Cr	V	W	Mo	Co
W3Mo3Cr4V2	0.95 ~ 1.03	≤0.40	≤0.45	≤0.030	≤0.030	3.80 ~ 4.50	2.20 ~ 2.50	2.70 ~ 3.00	2.50 ~ 2.90	—
W18Cr4V	0.73 ~ 0.83	0.10 ~ 0.40	0.20 ~ 0.40	≤0.030	≤0.030	3.80 ~ 4.50	1.00 ~ 1.20	17.20 ~ 18.70		—
W6Mo5Cr4V2	0.80 ~ 0.90	0.15 ~ 0.40	0.20 ~ 0.45	≤0.030	≤0.030	3.80 ~ 4.40	1.75 ~ 2.20	5.50 ~ 6.75	4.50 ~ 5.50	—
W6Mo5Cr4V2Al	1.05 ~ 1.15	0.15 ~ 0.40	0.20 ~ 0.60	≤0.030	≤0.030	3.80 ~ 4.40	1.75 ~ 2.20	5.50 ~ 6.75	4.50 ~ 5.50	Al:0.80 ~ 1.20
W6Mo5Cr4V3Co8	1.23 ~ 1.33	≤0.40	≤0.70	≤0.030	≤0.030	3.80 ~ 4.50	2.70 ~ 3.20	5.90 ~ 6.70	4.70 ~ 5.30	8.00 ~ 8.80

工具钢主要用于制造金属切削工具，如铣刀、滚刀、车刀、钻头等，也可用于制造冲模、拉丝模等承受冲击载荷的各类模具。因此，工具钢和模具钢具有一些共同特性：①高硬度和耐磨性，大多数刃具经过淬、回火后硬度要求能达到 63HRC 以上，冷作模具的硬度也要求达到 60HRC 左右，只有在较高硬度及耐磨性的条件下才能保证工具有足够的切削能力和抗磨损能力；②足够的强度和韧性，刃具在承受切削力的条件下，模具在反复冲击载荷的作用下，均不应产生变形或崩折等缺陷；③较高的热硬性，大多数工模具是在高速切削或高频率冲压下服役，其工作部分必然因摩擦而发热，有时其刃口温度甚至达到 600℃ 左右，在这样的高温下仍要保持高硬度（大于 62HRC），这就要求工模具有较高的热硬性；④良好的可加工性，适于进行切削加工、冷挤压、拉拔和锻压等；⑤良好的热处理性能，要求淬火温度范围要宽、过热敏感性要小、脱碳敏感性要低、淬透性和淬硬性要高、热处理后的畸变要小；⑥良好的尺寸稳定性，这对量具和精密刀具保持使用精度尤为重要。

9.1.2　工模具钢的金相检验

1. 低倍组织

钢材应检验酸浸低倍组织，在酸浸低倍试片上不得有目视可见的缩孔、夹杂、分层、裂纹、气泡和白点等缺陷。中心疏松和锭型偏析分别按 GB/T 1299—2014 附录 A 中图 A.1 和图 A.2 评定，合格级别按标准要求或供需双方协商确定。

2. 显微组织

（1）珠光体　工模具钢材料的原始状态一般为（球化）退火状态，目的是获得球状珠光体组织；但在球化时由于受到温度、时间、冷速、尺寸等因素的影响，通常会出现球状珠光体、细片状珠光体、粗片状珠光体等混合组织。因此，对退火态交货的材料规定了合格级别，不同材料或不同规格对应的合格级别存在差异。热压力加工用钢不检验珠光体级别。图 9-1 所示为非合金工具钢珠光体组织标准评级图，图 9-2 所示为合金工具钢珠光体组织标准评级图。

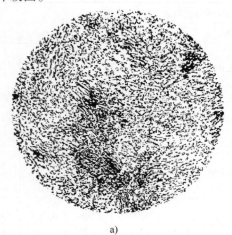
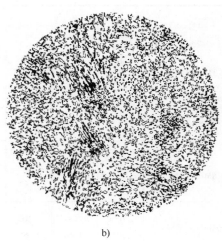

a) 　　　　　　　　　　　　　　　　　　　b)

图 9-1　非合金工具钢珠光体组织标准评级图

a）1 级　b）2 级

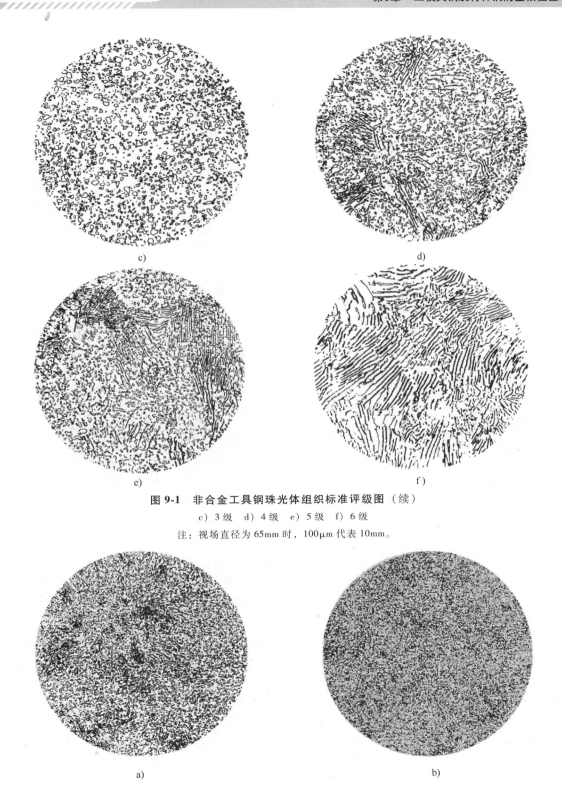

c)

d)

e)

f)

图9-1 非合金工具钢珠光体组织标准评级图（续）

c）3级 d）4级 e）5级 f）6级

注：视场直径为65mm时，100μm代表10mm。

a)

b)

图9-2 合金工具钢珠光体组织标准评级图

a）1级 b）2级

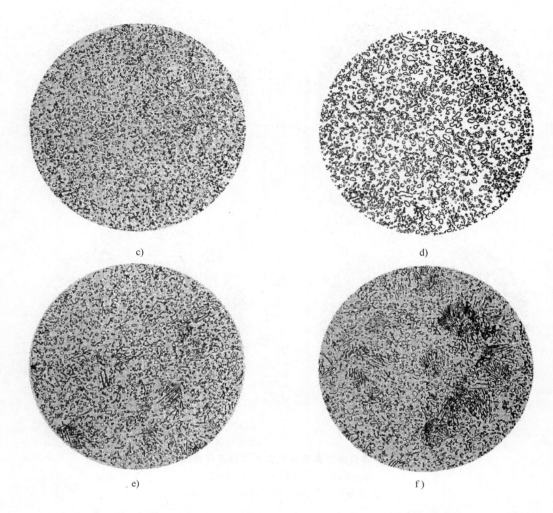

c)　　　　　　　　　　　　　　　　　d)

e)　　　　　　　　　　　　　　　　　f)

图 9-2　合金工具钢珠光体组织标准评级图（续）

c）3 级　d）4 级　e）5 级　f）6 级

注：视场直径为 80mm 时，100μm 代表 10mm。

（2）网状碳化物　工模具钢多为过共析钢，热处理过程中过剩碳化物将沿晶界析出构成网络状，称为网状碳化物。网状越明显，连续性越强，材料越趋于脆化，则被评定级别越高。网状的粗细及连续程度与钢的化学成分、热加工终了温度、冷却速度有关。退火状态交货的非合金工具钢除 T7、T8 外，均需要检验网状碳化物，按 GB/T 1299—2014 附录 A 中图 A.4 评定，合格级别应符合标准规定。

网状碳化物的检查在正常的淬火回火后进行，用体积分数为 4% 的硝酸乙醇溶液深腐蚀，放大 500 倍下检查，取最严重视场与评级图比较。一般要求钢材不能有完整的网状存在，即 ≤3 级。

图 9-3 和图 9-4 所示分别为非合金工具钢和合金工具钢网状碳化物标准评级图。

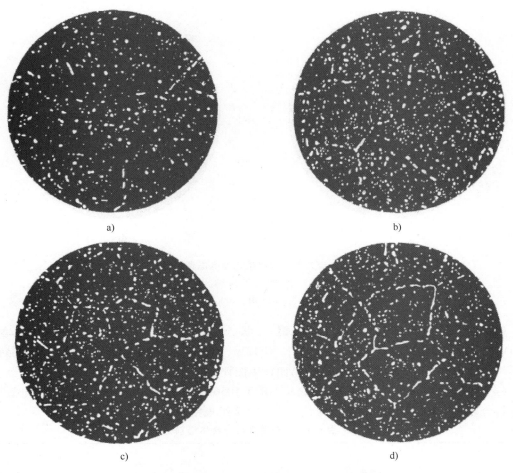

图 9-3 非合金工具钢网状碳化物标准评级图

a）1 级 b）2 级 c）3 级 d）4 级

注：视场直径为 65mm 时，100μm 代表 10mm。

图 9-4 合金工具钢网状碳化物标准评级图

a）1 级 b）2 级

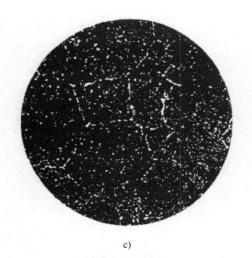 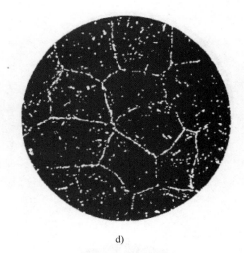

c)   d)

图 9-4　合金工具钢网状碳化物标准评级图（续）

c）3 级　d）4 级

注：视场直径为 80mm 时，100μm 代表 10mm。

（3）共晶碳化物不均匀度　退火状态交货的 Cr8Mo2SiV、6Cr4W3Mo2NbV、6W6Mo5Cr4V、W6Mo5Cr4V2、Cr8、Cr12、Cr12W、Cr12MoV 和 Cr12Mo1V1 应检验共晶碳化物不均匀度，按 GB/T 14979—1994 中第四评级图评定。

（4）非金属夹杂物　非金属夹杂物按 GB/T 10561—2023 的 A 法检验与评级，电渣重熔钢应符合表 9-5 中 1 组规定，真空脱气钢应符合 2 组规定。

表 9-5　非金属夹杂物合格级别

非金属夹杂物类别	1 组		2 组	
	细系	粗系	细系	粗系
	合格级别/级，≤			
A	1.5	1.5	2.5	2.0
B	1.5	1.5	2.5	2.0
C	1.0	1.0	1.5	1.5
D	2.0	1.5	2.5	2.0

注：1. 根据需方要求，可检验 DS 类非金属夹杂物，其合格级别由供需双方协商确定。

2. 4Cr2Mn1MoS、8Cr2MnWMoVS 和 5CrNiMnMoVSCa 等易切削塑料模具钢不检验 A 类夹杂物。

（5）脱碳层　脱碳层的测定按 GB/T 224—2019《钢的脱碳层深度测定法》进行。钢材表层的碳含量降低，将会引起等温转变图发生变化，使得退火冷却过程中钢材的表层与心部会发生不同的组织转变。钢材严重脱碳时，表层出现铁素体的全脱碳组织，随后铁素体逐渐减少，珠光体逐渐增多，直至出现非脱碳原始组织为止。

（6）石墨碳　游离石墨碳的析出是非合金工具钢容易产生的缺陷。具有石墨碳的钢材强度差、脆性大，易于崩口和剥落，故不允许有石墨碳存在。

钢材（尤其是硅含量高的材料）退火温度过高，保温时间过长，冷却速度缓慢，或者经过多次退火处理，都会使钢中的碳以石墨的形式析出。从金相上观察，石墨碳多呈点状或厚片状，由于石墨碳的析出，石墨周围贫碳，会出现大块状铁素体。石墨化组织如图9-5所示。

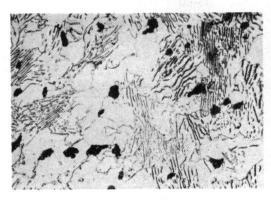

图 9-5　石墨化组织　500×

3. 淬火欠热组织

淬火加热温度偏低或保温时间不足，均会出现淬火欠热现象。非合金工具钢淬火欠热组织为马氏体+颗粒状碳化物+细珠光体，如图9-6所示。珠光体组织的出现会造成硬度偏低，影响刀具的耐磨性，大大降低刀具的使用寿命。如果出现淬火欠热组织，可以适当提高加热温度重新进行淬火处理，以获得正常淬火组织。

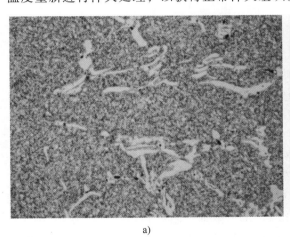

a)   b)

图 9-6　淬火欠热组织　500×

a）Cr12MoV　b）H13（美国牌号，相当于我国的4Cr5MoSiV1）

4. 过热组织和过烧组织

过热是由于淬火加热温度过高或保温时间过长，从而导致钢的组织粗大。从显微组织看，过热组织表现为马氏体针叶粗大、碳化物数量减少、残留奥氏体数量增多。工厂中判定淬火过热的方法通常是观察马氏体针叶长度，其针叶越长则过热情况越严重，图9-7所示为H13过热组织。过热进一步严重则称为过烧，此时除马氏体异常粗大外，还伴随有晶界重熔现象，在晶界上有奥氏体转变产物。

图 9-7　H13 过热组织　500×

出现过热和过烧的工具，其耐磨性、切削性能和使用寿命显著下降，有时会产生崩刃和断裂事故。极端情况下，工具甚至掉到地上都会破碎。生产中要严格控制热处理工艺过程，保证获得细小针状马氏体与弥散分布的颗粒状碳化物以及少量残留奥氏体组织，满足使用要求。

9.2　轴承钢及其金相检验

9.2.1　轴承钢的分类及基本特性

根据工作条件和破坏形式，轴承通常必须具备高硬度、高耐磨性、高的抗接触疲劳性能、高的弹性极限、足够的韧性、高的尺寸稳定性和较好的耐蚀性。这就要求轴承钢具有高的淬硬性、淬透性及回火稳定性，较小的脱碳敏感性和良好的冷热加工等工艺性能。

为适应不同的工作环境和使用条件，需要用不同材料来制造轴承。我国轴承用钢主要分为四类：高碳铬轴承钢、渗碳轴承钢、高碳铬不锈轴承钢和高温轴承钢。高碳铬轴承钢以GCr15、GCr15SiMn 为代表。渗碳轴承钢主要有 15Mn、G20CrMo、G20Cr2Ni4 等，用于制造耐冲击的轴承套圈、滚动体和汽车、拖拉机、轧机、铁路轴承等。高碳铬不锈轴承钢主要有G95Cr18、G102Cr18Mo、12Cr18Ni9、14Cr17Ni2 和 Cr13 型钢，制造在腐蚀介质中使用的套圈、滚动体。高温轴承钢以 Cr4Mo4V、G102Cr18Mo、W6Cr5Mo4V2 为代表，用于制造耐高温的轴承零件。此外，耐冲击轴承钢以 65Mn、50SiMo、55SiMoV 为代表，用于制造冶金矿山机械用轴承零件。防磁轴承采用 25Cr18Ni10WN、70Mn18Cr4V2WN 或铍铜 TBe2。

滚动轴承对轴承钢的要求较高，因此对冶金质量的要求比一般工业钢材更严格，质量检验项目较多，其中纯洁度和均匀性是两大基本要求。

9.2.2　高碳铬轴承钢的金相检验

1. 低倍组织

钢材应进行酸浸低倍检验，其横向酸浸试样上不应有残余缩孔、裂纹、皮下气泡、过烧、白点等有害缺陷，中心疏松、一般疏松、锭型偏析、中心偏析的级别应符合规定。

2. 非金属夹杂物

钢材应具有高的纯洁度，生产厂应对每炉钢进行非金属夹杂物检验，按 GB/T 10561—2023 中的 A 法进行评级，其检验结果应符合如下规定：①对于 A 类、B 类、C 类和 D 类非金属夹杂物，模铸钢所有试样的三分之二和每个钢锭至少有一个试样，以及所有试样的平均值，连铸钢所有试样的三分之二和所有试样的平均值均应不超过表 9-6 的规定；②对于 DS 类的非金属夹杂物，最大值不应超过表 9-6 规定；③对于氮化钛，牌号为 G8Cr15、GCr15 的钢材应按形貌分别并入 B 类、D 类、DS 类评级，其他牌号的钢材由供需双方协商评级。

表 9-6 非金属夹杂物的合格级别

冶金质量	A		B		C		D		DS
	细系	粗系	细系	粗系	细系	粗系	细系	粗系	
	合格级别/级，≤								
优质钢	2.5	1.5	2.0	1.0	0.5	0.5	1.0	1.0	2.0
高级优质钢	2.5	1.5	2.0	1.0	0		1.0	0.5	1.5
特级优质钢	2.0	1.5	1.5	0.5	0		1.0	0.5	1.0

3. 脱碳层

高碳铬轴承钢的锻（轧）件脱碳层应由表面测至无铁素体为止，球化退火件应由表面测至球化体明显减少区域。图 9-8 所示为 GCr15 的脱碳组织。

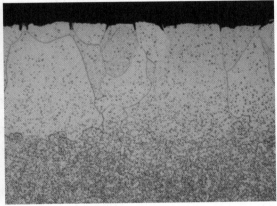

图 9-8 GCr15 的脱碳组织 500×

4. 球化组织

球化退火钢材的显微组织应为细小、均匀、完全球化的珠光体组织。球化退火不良时，会出现细片状和粗片状珠光体。显微组织检验取横向试样，抛光面用体积分数为 2% 的硝酸乙醇浸蚀后，放大 500 倍或 1000 倍观察（仲裁时以 1000 倍为准）。图 9-9 所示为 GCr15 的球化组织。

5. 碳化物不均匀性

钢材中碳化物的不均匀性直接影响使用状态下的组织，从而影响轴承使用寿命。碳化物不均匀性，根据其形式，主要包括碳化物网状、碳化物带状、碳化物液析，以及球化组织中碳化物颗粒大小和分布不均匀。碳化物不均匀性的形成原因：一是铸锭原始成分偏析，二是奥氏体过饱和析出。前者指钢在凝固过程中由于选择性结晶而造成的碳和铬的偏析，后者则指钢材在冷却过程中二次渗碳体沿奥氏体晶界析出而造成的网状碳化物。

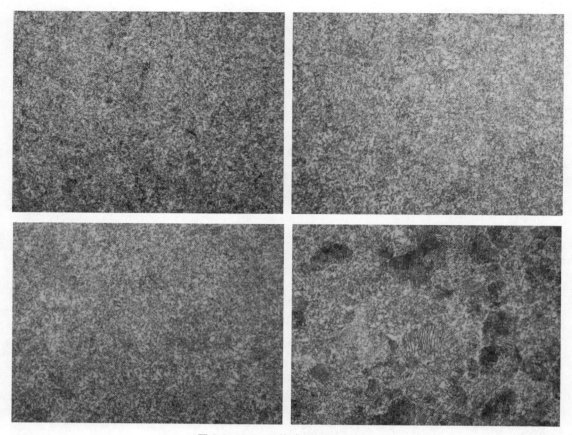

图 9-9　GCr15 的球化组织　500×

（1）碳化物网状　网状碳化物是指轴承钢热轧或锻造后冷却过程中沿奥氏体晶界析出的二次渗碳体，其严重程度主要表现为碳化物网的连续性和厚度。这种碳化物在以后球化退火、淬火、回火处理过程中并不能完全消除，将被保留在使用状态的组织中，成为轴承零件的疲劳破坏源。因此，对轴承钢的网状碳化物提出了严格的限制。图 9-10 所示为碳化物网状。

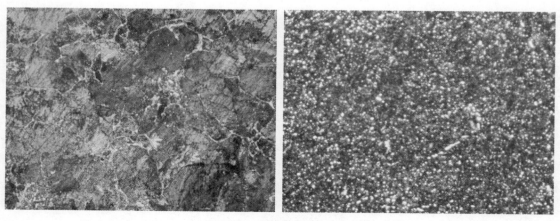

图 9-10　碳化物网状　500×

（2）碳化物带状　钢锭中树枝状偏析，在晶界上存在的大量碳化物，经压力加工后沿加工方向分布，成为碳化物的带状偏析。图9-11所示为碳化物带状。

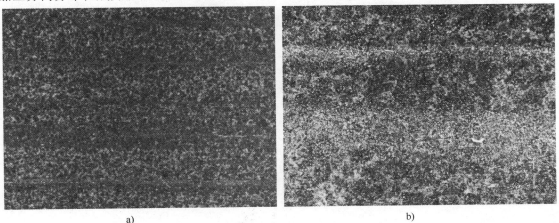

a)　　　　　　　　　　　　　　　　　b)

图9-11　碳化物带状

a）100×　b）500×

（3）碳化物液析　高碳铬轴承钢按其平衡组织是过共析钢，但在铸锭不平衡凝固过程中，碳和铬产生树枝状偏析，碳偏析到一定浓度，则有少量液体发生共晶反应，形成由碳化物和奥氏体组成的莱氏体共晶组织。其中的碳化物是直接从液体中析出的，一般尺寸较大，有的呈离异共晶形态。这种碳化物经轧制后呈白亮多角状小碎块，沿轧制方向分布成链状或带状而保留在钢中，称为碳化物液析。这种碳化物液析大多分布在材料的中心区域，图9-12所示为其中一种形态。

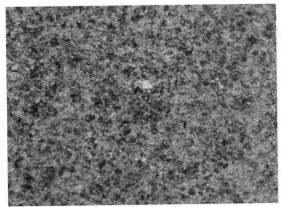

图9-12　碳化物液析　500×

6. 淬火、回火组织

GCr15在正常淬火工艺下所获得的组织为淬火马氏体、残留碳化物和残留奥氏体。为了保证零件在使用过程中的尺寸稳定性，钢在淬火后必须进行回火。高碳铬轴承零件淬火、回火后金相组织评级应根据马氏体粗细程度、残留奥氏体数量及残留碳化物数量多少和颗粒大小进行评定。由于淬火温度、保温时间、冷却速度等因素影响，可能会形成一些异常组织。图9-13所示为GCr15对应的几种异常淬火、回火组织。

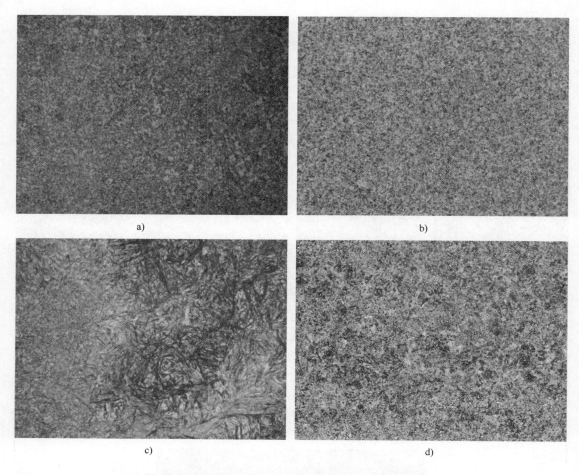

a) b) c) d)

图 9-13 GCr15 对应的几种异常淬火、回火组织 500×
a）欠热组织 b）正常组织 c）过热组织 d）冷却不良组织

9.3 弹簧钢及其金相检验

9.3.1 弹簧钢的分类及基本特性

弹簧钢是具有弹性特性且用于制造弹簧或弹性元件的钢。它要具有高的弹性极限和屈强比、足够的疲劳强度和塑性、韧性，以承受交变载荷和冲击载荷的作用。弹簧的常用材料可分为金属材料和非金属材料两种，其中金属材料又包括弹簧用结构钢、不锈钢、铜合金、镍及镍合金等。轨道交通中结构钢类弹簧钢应用最广泛，对应的弹簧钢有碳素弹簧钢和合金弹簧钢，碳素弹簧钢中碳的质量分数为 0.6% ~ 1.0%，合金弹簧钢中碳的质量分数为 0.3% ~ 0.8%。弹簧钢中的主要合金元素有硅、锰、铬、钨、钼、钒、硼等，主要作用是提高弹簧钢的淬透性和弹性极限。硅元素使弹性极限提高的效果很突出，但也使钢热处理时容易脱碳；锰元素增加淬透性，但也使钢的过热敏感性和回火脆性倾向加大。钨、钼、钒等元素的加入，可以减少硅锰弹簧钢的脱碳和过热倾向，同时可进一步提高弹性极限、耐热性和回火稳定性。

在动载荷作用下的工作弹簧，其材料应具有较高的疲劳极限。疲劳极限和材料的抗拉强度和屈服极限有相关的正比关系，因此要求弹簧钢材具有高的屈服极限与抗拉强度。材料表面状态对疲劳强度影响也很大，因此，对疲劳寿命要求高的弹簧应选用表面质量较好的冷拉材料。首先，要尽可能消除钢材的表面缺陷。其次，金属材料在高温下长期承受载荷时，其内部组织结构会发生不同程度的变化，并使材料的高温性能（如强度、疲劳极限及弹性模量等）降低，所以高温环境下弹簧的原材料应有足够的热稳定性，也就是高温下可以保持原有力学性能。再次，低温时钢材的冲击韧性和塑性将随温度降低而减小，即有冷脆现象。金属材料的低温性能在很大程度上取决于它们的化学成分和处理方法，因此低温下服役的弹簧必须选用低温材料及相应工艺。

表 9-7 列出了部分弹簧钢的类别、特性和用途。

表 9-7　部分弹簧钢的类别、特性和用途

类别	牌号	推荐硬度 HRC	特性和用途
碳素弹簧钢	65、70、80、85、65Mn、70Mn、T9A、T8MnA	36～46	强度较高，加工性能好，适用于冷成形工艺，但淬透性差，适于制造线径较小的各种用途的弹簧
硅锰钢	55SiMnVB 60Si2Mn	45～50	弹性极限、屈强比、淬透性和回火稳定性均较高，过热敏感性小，但脱碳倾向较大。尤其硅与碳含量较高时，碳易于石墨化，使钢变脆。主要用于制造汽车、拖拉机、机车上的板簧和螺旋弹簧，以及气缸安全阀弹簧
硅铬钢	55SiCr 60Si2Cr 60Si2CrV	47～52	与硅锰钢相比，当塑性相近时，具有较高的抗拉强度和屈服强度，尤其 60Si2CrV 有更高的弹性极限和较高的高温强度。主要用于制造汽轮机汽封弹簧、调节弹簧及大型螺旋弹簧和板簧
铬钒钢	50CrV	45～50	良好的工艺性能、力学性能，好的淬透性和回火稳定性，较高的静强度和疲劳强度，良好的塑性和韧性。主要用于制造气门弹簧、喷油嘴弹簧、安全阀弹簧、轿车缓冲弹簧及受应力较高的大截面螺旋弹簧和扭杆弹簧
铬锰钢	55CrMn 60CrMn	45～50	具有较高的强度、塑性和韧性，淬透性好、耐蚀性能好。适于制造承受载荷高、截面尺寸较大的板簧、螺旋弹簧、扭簧等
	60CrMnB 60CrMnMo	43～47	较 60CrMn 具有更好的淬透性
耐热钢	30W4Cr2V	43～47	高温时具有较高的强度，淬透性好。主要用于制造锅炉安全阀弹簧、蝶形阀弹簧
高速钢	W18Cr4V	47～52	具有高的热硬性、高温强度和耐磨性。主要用于制造工作温度高于 500℃ 的弹簧

（续）

类别	牌号	推荐硬度 HRC	特性和用途
不锈弹簧钢丝	06Cr19Ni10 12Cr17Ni7 12Cr18Ni9	—	耐腐蚀、耐高低温，有良好的工艺性能，只能通过加工硬化方法提高强度。适于制造小截面材料弹簧，如仪表中心圈、挡圈和胀圈
	30Cr13 40Cr13	—	强度高，在大气、蒸汽、水和弱酸中具有较好的耐蚀性，但不宜用于强腐蚀介质中，耐高温，适用于做较大尺寸的弹簧，成形后进行淬火、回火
	07Cr17Ni7Al	47~50	耐蚀性与奥氏体不锈钢相近，有很高的强度、硬度，耐高温，加工性能好。适于制造形状复杂、表面状态要求高的弹簧

9.3.2 弹簧钢的金相检验

1. 低倍

钢材的横截面酸浸低倍组织试片上不应有目视可见的缩孔、气泡、裂纹、夹杂、翻皮、白点、晶间裂纹。

2. 非金属夹杂物

非金属夹杂物按 GB/T 10561—2023 中的 A 法评定，并按最严重视场表示结果。

3. 脱碳层

钢材的总脱碳层（全脱碳+部分脱碳）深度，应符合 GB/T 1222—2016 中规定。以剥皮、磨光状态交货的钢材，表面不应有脱碳层。

4. 显微组织

以 60Si2Cr 为例，其淬火组织如图 9-14 所示。

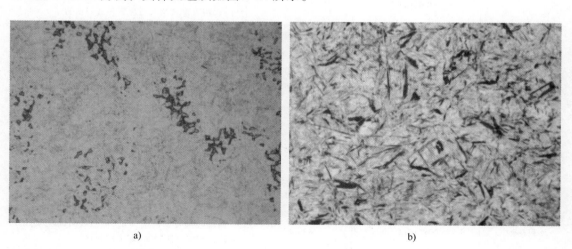

a)　　　　　　　　　　　　　　　　　　b)

图 9-14　60Si2Cr 淬火组织　500×

a）欠热组织　b）正常组织

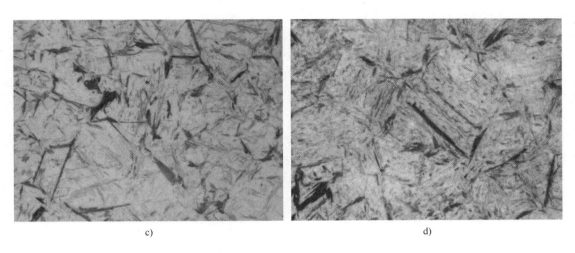

c) d)

图 9-14　60Si2Cr 淬火组织　500×（续）

c）轻微过热组织　d）过热组织

除较大尺寸的弹簧外，弹簧钢丝也是一种制作螺旋弹簧的常用材料，其经过等温淬火及冷拉加工便具有很高的强度。弹簧钢钢盘条坯料采用直接通电等方法加热并奥氏体化后，在 500~550℃ 的铅浴或盐浴中经等温分解成索氏体，然后经过多次冷拉，变形量达 80%~90% 后至所需直径。通过调整钢中的碳含量及冷拉时的压缩量，可以得到相应的理想力学性能。用这类钢丝冷卷成弹簧后，无须经过淬火回火处理，只需进行一次 200~300℃ 去应力回火，以消除绕制成形时产生的内应力，使得弹簧定形。图 9-15 所示为冷拉钢丝纵截面显微组织。

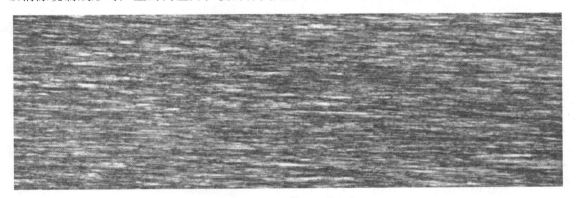

图 9-15　冷拉钢丝纵截面显微组织　200×

9.4　不锈钢及其金相检验

9.4.1　不锈钢的分类及基本特性

不锈钢通常是指在大气、水、酸、碱和盐等溶液，或其他腐蚀介质中具有良好的化学稳定性的钢的总称。一般来讲，耐大气、蒸汽和水等弱介质腐蚀的钢称为不锈钢，而将其中耐酸、碱和盐等浸蚀性强的介质腐蚀的钢称为耐酸（蚀）钢。广义的不锈钢也包括耐热钢，即具有良好的抗高温氧化性能（和高温强度）的不锈钢。

不锈钢具有良好耐腐蚀（氧化）性能的根本原因是在铁碳合金中加入了铬、铝、硅等主要合金元素，以及镍、钼、铌、钛、钴等其他元素。铬是不锈钢中最重要的元素，在腐蚀介质的作用下，其表面生成了一层钝化膜，而钝化膜的稳定性则决定了不锈钢的耐蚀性，其耐蚀性与腐蚀介质的种类、浓度、温度、流速等因素有关。我国将不锈钢中铬的质量分数规定为不小于12%。

不锈钢不仅具有良好的耐蚀性、氧化性能，通常还具有优异的力学性能（如强度、韧性）、物理性能（磁性能、弹性）和工艺性能（铸造、压力加工、热处理、焊接），因而在化工、能源、机械、轻工等行业得到广泛的应用。

1. 不锈钢中常见的合金元素及其作用

不锈钢中除了铁、铬、碳三个基本元素外，常见的合金元素有镍、锰、硅、氮、铌、钛、铜等。

碳是不锈钢中的主要元素之一，尤其是马氏体不锈钢中的重要强化元素。碳会强烈促进奥氏体的形成，但碳在钢中极易和其他合金元素（如铬）生成合金碳化物 $(Cr, Fe)_{23}C_6$，并在晶界析出造成晶界贫铬，导致不锈钢的晶界腐蚀敏感性。为此以耐蚀性为主的奥氏体不锈钢中要严格控制碳含量，并加入钛、铌、钽等强碳化物形成元素，使 TiC、NbC、TaC 等碳化物优先生成，以提高不锈钢的耐晶间腐蚀性能。

铬是不锈钢获得耐蚀性的最重要的合金元素，它能溶于铁素体，扩大铁素体区，缩小、封闭奥氏体区，并提高钢中铁素体的电极电位。一般要求钢中铬的质量分数在11.7%以上，才能提高钢的耐蚀性。铬能与碳生成 $(Fe, Cr)_7C_3$ 和 $(Cr, Fe)_{23}C_6$ 两种碳化物。

镍是增大奥氏体稳定性及扩大 γ 区，缩小 α 区和 $\alpha+\gamma$ 区的元素，但它的作用只有与铬配合时才会发挥出来。加入适量的镍可使钢的马氏体相变点降低到室温以下，可得到单一组织的奥氏体不锈钢，减少 δ 铁素体的含量。

锰的作用和镍相似，能扩大 γ 区，提高奥氏体的稳定性，但价格便宜，常用来代替贵重元素镍。

氮也是扩大 γ 区及稳定奥氏体的元素。在奥氏体不锈钢中，氮和碳有许多共同特性，如增加奥氏体稳定性、有效提高钢的冷加工强度等。但氮和铬的亲和力要比碳与铬的亲和力小，奥氏体钢很少见到 Cr_2N 的析出。因此，加适量的氮能在提高钢的强度和抗氧化性能的同时，不降低不锈钢的抗晶间腐蚀性能。不锈钢中加入氮可以增加钝化作用，显著提高耐点蚀性能。氮在钢中的溶解度有限（$w_N < 0.15\%$），加入铬和锰能提高其溶解度，加入镍和碳能减少其溶解度。

钛和铌都是缩小和封闭奥氏体区的元素。不锈钢中加入钛和铌是由于它们能优先于铬与碳结合生成 TiC、NbC，避免含铬碳化物的生成，提高抗晶间腐蚀能力。钛和铌均能强化铁素体，但易导致少量 δ 铁素体的出现。

铝和硅也是缩小和封闭奥氏体区的元素。铝和硅能分别和氧结合生成致密的 Al_2O_3 和 SiO_2 氧化膜，作为合金元素加入可以提高不锈钢的抗氧化性能，但过量的铝和硅又会降低钢的塑性，因而在结构用不锈钢中应用较少。

钼是缩小和封闭奥氏体区的元素，它在铁素体中起到强化作用。钼能促进形成铁素体和 δ 铁素体，从而使钢的高温性能及冲击韧性降低。不锈钢中加入钼可以增加钝化作用，提高耐蚀性，特别是耐点蚀性能。

2. 不锈钢的组织分类

随合金元素含量的变化，不锈钢的组织有铁素体、奥氏体、铁素体＋奥氏体和马氏体等。

不锈钢的基本元素为铬，影响不锈钢组织和性能的重要元素是碳，而为了满足其他的特殊需要还加入其他元素，以改善不锈钢的组织和性能。例如，为了提高耐蚀性而加入钼、铜、硅和钒等，为了改善耐晶间腐蚀性而加入钛和铌。另有一些冶金过程不可避免的杂质元素等，它们对金相组织的影响大致可以划分为两类：一类是形成或稳定奥氏体的元素，如镍、锰、碳、氮、铜等，其中尤以碳、氮作用程度最大；另一类是铁素体形成元素，如铬、钨、钼、硅、钒、钛和铌等，其作用是促进铁素体的形成。这些合金元素共同存在于不锈钢中，组织就是它们互相作用的结果：形成或稳定奥氏体的元素占优势，不锈钢的组织就以奥氏体为主，很少或没有铁素体；如果这些元素的作用不足以使奥氏体保持到室温，就会发生马氏体转变，显微组织为马氏体；如果形成铁素体的元素占优势，钢的显微组织就以铁素体为主。

为确定这些合金元素对不锈钢显微组织的影响，确定铁素体形成量与这些合金元素的定量关系，许多研究者做了大量的工作，提出了铬当量和镍当量的概念及经验公式。最著名的当属描述金属焊缝组织与铬镍当量关系的 Schaeffler 图和 WRC-92 图，如图 9-16 和图 9-17 所示。

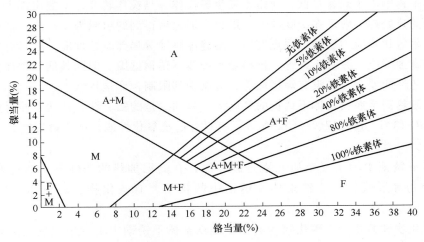

图 9-16　Schaeffler 图

A—奥氏体　M—马氏体　F—铁素体

根据不锈钢金相组织的不同，将不锈钢划分为五类，即铁素体不锈钢、马氏体不锈钢、奥氏体不锈钢、奥氏体-铁素体（双相）不锈钢和沉淀硬化不锈钢。按照合金元素种类的不同，又可分为铬系不锈钢、铬镍系不锈钢、铬镍钼系不锈钢、铬锰镍（氮）系不锈钢等数种。近些年来，又开发出了高纯铁素体不锈钢、超低碳奥氏体不锈钢等新钢种。

9.4.2　不锈钢的金相检验

1. 铁素体不锈钢金相检验

铁素体不锈钢一般指 $w_{Cr}=11\%\sim30\%$，含有微量的碳，具有体心立方晶体结构，使用状

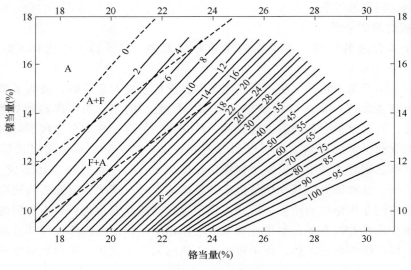

图 9-17　WRC-92 图

态下以铁素体为基体组织的铁基合金。根据铬含量，可大致分为 Cr13 型、Cr17 型、Cr25 型三大类。

铁素体不锈钢由于碳含量低，通常不发生奥氏体→马氏体转变，不能用淬火的方法进行强化。常用的热处理一般是在 700~800℃ 退火，退火后得到的组织为铁素体。铁素体不锈钢具有良好的耐氯化物应力腐蚀、耐点腐蚀、耐缝隙腐蚀等局部腐蚀性能，还具有抗应力腐蚀和苛刻介质腐蚀性能，并且不含镍，价格较奥氏体不锈钢低廉。但因其低温韧性差，缺口敏感性高，工艺性能差，几乎没有焊接性等，应用受到限制，产量较低。

铁素体耐热钢是在铁素体不锈钢的基础上，添加少量的铝、钛、硅元素而得到的钢，典型牌号有 06Cr13Al、10Cr17、16Cr25N 等，有良好的抗氧化性能，用于燃烧室、燃油喷嘴和锅炉用部件。

铁素体不锈钢中的主要杂质元素是碳和氮，在高温加热的条件下，通过形成间隙固溶体或化合物等形式析出。铁素体不锈钢中的相主要有碳化物、氮化物、金属间相和马氏体等。

（1）碳化物和氮化物　碳化物和氮化物是铁素体不锈钢中不希望出现但又难以防止的相，它们一般沿着晶界析出，对铁素体不锈钢的耐蚀性、韧性、脆性转变温度、缺口敏感性、焊后耐蚀性的不良影响较大。不锈钢中的碳化物有三种：$(Cr,Fe)_6C$，铬的质量分数可达 15%，一般出现在低铬钢中；$(Cr,Fe)_{23}C_6$，铬的质量分数可达 25%，一般出现在高铬钢中；$(Cr,Fe)_7C_3$，铬的质量分数可达 55%，一般出现在中铬钢中。常用不锈钢中常见的碳化物是 $(Cr,Fe)_{23}C_6$。

铁素体不锈钢中的主要氮化物有 CrN 和 Cr_2N。铁素体不锈钢在高温加热和随后的冷却过程中，即使急冷，也常常难以防止碳化物和氮化物的析出。

（2）金属间相　铁素体不锈钢中的金属间相主要有 σ 相和 α′相。σ 相属于富 Cr 的金属间化合物，无磁性，是一种高硬度的脆性相，其形成和转变均是可逆的。它使不锈钢韧性和耐蚀性下降。α′相早期发现是因为铬的质量分数高于 15.5% 的铁素体不锈钢，在 400~550℃

长时间保温会产生强烈脆化，并使钢的强度和硬度显著提高，这一现象被称为475℃脆性，铁素体不锈钢应避免在该温度区间停留。

（3）马氏体　铁素体不锈钢碳含量较高时，若在900℃以上温度处理，由于有奥氏体形成，随后的冷却过程中将产生马氏体转变，室温下的组织为铁素体+马氏体。900℃以下温度处理时的组织为铁素体+细小弥散分布的碳化物。

06Cr13退火组织如图9-18所示。室温下组织与铬、镍当量之间的关系如图9-19所示。

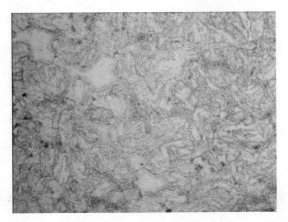

图9-18　06Cr13退火组织　500×

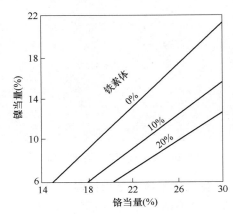

图9-19　室温下组织与铬、镍当量之间的关系

2. 马氏体不锈钢金相检验

马氏体不锈钢是一种可以通过热处理（淬火、回火）对其性能进行调整的不锈钢。根据其成分分为马氏体铬不锈钢和马氏体铬镍不锈钢两大类。

马氏体不锈钢的主要合金元素是铬、碳、铁和镍，其组织由化学成分和热处理工艺决定。最常用的马氏体铬不锈钢为Cr13型，铬的质量分数为12%～14%，碳的质量分数为0.1%～0.4%，牌号有12Cr13、20Cr13、30Cr13、40Cr13等。铬固溶于铁素体内，可提高钢的强度和耐蚀性；碳主要使钢热处理强化，碳含量越高，钢的硬度与强度越高，但耐蚀性下降。

马氏体不锈钢的退火组织为铁素体+碳化物，碳化物沿晶界分布，使钢的强度和耐蚀性都很差，属于为淬火回火热处理准备组织。

低碳马氏体不锈钢一般采用淬火+低温回火，组织为回火马氏体，具有良好的强度和韧性。

中碳马氏体不锈钢一般采用淬火+高温回火（调质处理），组织为回火索氏体，具有良好的综合力学性能。

高碳马氏体不锈钢一般采用淬火+低温回火，组织为回火马氏体+碳化物+少量残留奥氏体，具有高的强度和耐磨性。

马氏体耐热钢是在马氏体不锈钢的基础上，添加钨、钼、钒、硅等合金元素发展而来的，常用材料有14Cr11MoV、15Cr12WMoV、40Cr10Si2Mo、42Cr9Si2等，空冷即可得到马氏体组织。最终热处理为淬火+高温回火（调质），显微组织为回火索氏体。马氏体耐热钢可用于制造在高温条件下工作的零件，如汽轮机叶片、内燃机进排气阀门等。

图9-20所示为12Cr13淬火组织。对于这种亚共析类的马氏体不锈钢（耐热钢），正常

淬火后组织为马氏体+铁素体。

图 9-21 所示为 20Cr13 淬火组织，为单一马氏体。

图 9-22 所示为 40Cr13 淬火组织，可见过多的碳化物在偏析处聚集分布。

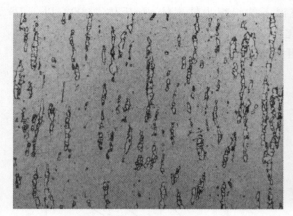

图 9-20　12Cr13 淬火组织　100×

图 9-21　20Cr13 淬火组织　100×

3. 奥氏体不锈钢金相检验

奥氏体不锈钢是 $w_{Cr} = 17\% \sim 25\%$，$w_{Ni} = 8\% \sim 25\%$，低碳，以面心立方晶体结构的奥氏体为基体的不锈钢，无磁性，不能以热处理进行强化，但可通过冷作硬化显著强化。奥氏体不锈钢具有良好的高低温塑性、韧性、耐蚀性及良好的焊接性能，故得到了广泛的应用，其生产量约占不锈钢生产总量的 70%。

奥氏体不锈钢常用钢基本可分为 Cr-Ni 和 Cr-Mn 两大系列。最常用的是 Cr-Ni 奥氏体不锈钢，即通常所说的"18-8"不锈钢，

图 9-22　40Cr13 淬火组织　100×

我国牌号为 06Cr19Ni10，美国标准牌号为 300 系列中 304、316 等。Cr-Ni 奥氏体不锈钢有良好的耐蚀性、冷变形硬化性能和焊接性能，在常温或低温下均有一定的塑性和冲击韧性，但力学性能比较差，对晶间腐蚀和应力腐蚀比较敏感，可通过适量添加合金元素加以改善或消除。

镍是重要的战略物资，价格昂贵，我国镍资源贫乏，为节省镍，以锰、氮或再加少量镍，亦可获得奥氏体基体的不锈钢。Cr-Mn-N 或 Cr-Mn-Ni-N 不锈钢，除强度比 Cr-Ni 钢高外，其他诸如耐蚀性、工艺性能等都不如 Cr-Ni 奥氏体不锈钢，适用于承受载荷较重、耐蚀性要求不高的设备和部件，如辐条钢丝、篮筐、厨具等，应用受限。

奥氏体不锈钢由于含有大量的镍，碳含量极低时室温下的组织为单相奥氏体组织。但若碳含量较高，缓冷后，组织中会出现少量的碳化铬（$Cr_{23}C_6$）。随碳含量增加，碳化铬含量也增加，钢的组织为奥氏体+碳化物两相组织，减少了奥氏体中的铬含量，从而严重降低了钢的耐蚀性。工业上用的 Cr-Ni 奥氏体不锈钢的碳含量均较低，其质量分数一般控制在

0.1%左右，要求耐蚀性高的甚至控制在 0.03%以下。

这类钢的热处理通常是固溶处理，显微组织为奥氏体，强度很低。为提高强度，可进行冷变形处理，剧烈的冷变形使钢的强度大大提高（加工硬化和形变诱发马氏体转变所致），但塑性和耐蚀性显著下降。

奥氏体不锈钢加热到 450~800℃时，会从过饱和的奥氏体中析出 $Cr_{23}C_6$，从而使晶界贫铬，产生晶间腐蚀现象。

奥氏体不锈钢中的相如下。

（1）铁素体　根据不锈钢铬、镍当量图分析，一般情况下，在常用奥氏体不锈钢中，铁素体的生成量不过百分之几，铸造状态下铁素体量较多是因为铸造组织成分偏析严重所致。少量铁素体将以小块状分布于奥氏体晶界处，含量较多也会以长条状分布。奥氏体不锈钢变形材料中一旦有铁素体形成，用热处理或再加工的方法均无法消除。

铁素体的存在，对奥氏体不锈钢的性能影响非常大，使其热加工裂纹倾向增大、耐蚀性严重下降；高温下长时间加热，可转变为 σ 相，使钢变脆等。但焊缝中含有少量铁素体可以降低焊接热裂纹倾向。

奥氏体不锈钢中应尽量避免铁素体的生成，主要从化学成分上实现，即加大奥氏体形成元素的含量。

（2）马氏体　大部分常用铬镍奥氏体不锈钢自高温奥氏体状态骤冷到室温所获得的奥氏体组织都是亚稳态的。当继续冷却到室温以下或更低温度，或在经受冷变形时，其中一部分或大部分奥氏体将转变成马氏体，即发生马氏体转变。骤然降温和冷变形是诱发马氏体转变的外部条件。奥氏体不锈钢中合金元素含量越高，越不易发生马氏体转变。

奥氏体不锈钢中马氏体的形成，对力学性能和冷成形性能有重要影响，同时增加钢的铁磁性。随马氏体数量的增加，钢的强度提高、塑性下降。

亚稳奥氏体不锈钢（如 12Cr17Ni7）的加工硬化主要是马氏体的形成，其铁磁性随变形率增大而明显增大；稳定奥氏体不锈钢（如 10Cr18Ni12）的加工硬化主要是由晶粒细化、晶格扭曲和位错密度增大造成的，铁磁性随变形率变化很小。

（3）碳化物　碳化物 $M_{23}C_6$ 是不含钛、铌等强碳化物形成元素的奥氏体不锈钢中的主要碳化物，沉淀温度范围是 400~950℃（也称为敏化温度）。在该温度范围内加热，碳化物将在晶界很快形成，造成晶界铬的贫化，强烈降低奥氏体钢的耐晶间腐蚀性能；而且随着碳化物的增多，对力学性能也有影响，主要是降低塑性和韧性。对于焊后使用或在制造及应用过程中有可能再次在敏化温度区间加热的奥氏体不锈钢，应降低碳含量（质量分数小于0.03%或更低），或者加入钛或铌以抑制 $M_{23}C_6$ 在晶界沉淀。碳化物 MC 主要存在于用钛或铌等元素稳定化的奥氏体不锈钢中。这种碳化物优先生成，呈颗粒状在晶内均匀分布，起到了固定碳的作用，减少了碳化物 $M_{23}C_6$ 的析出，提高了材料的耐晶间腐蚀性能。为充分发挥钛、铌的作用，需要进行稳定化处理，即加热到 850~900℃保温 2~4h，使 MC 优先沉淀出来。M_6C 出现在含钼或铌的奥氏体不锈钢中，受钢的化学成分影响较大，氮、镍、钼和铌是促进其生成的元素。M_7C_3 必须在碳含量很高的情况下才能形成，因而常用奥氏体不锈钢在正常情况下不会出现该碳化物。

（4）金属间相　铁素体不锈钢中的金属间相主要有 σ 相和 γ′ 相等。σ 相属于富铬的金属间化合物，无磁性，是一种高硬度的脆性相，其形成和转变均是可逆的。它使不锈钢的韧性和耐蚀性下降。奥氏体不锈钢中 σ 相的沉淀温度区间是 650~1000℃。影响奥氏体不锈钢中 σ 相沉淀的内在因素主要是，合金成分硅、钼、钛和铌促进其形成，镍、氮和碳抑制其形成。合金化程度较低的简单奥氏体不锈钢（如"18-8"不锈钢）是不会出现 σ 相的。一般奥氏体不锈钢的固溶处理可使 σ 相溶解到奥氏体中，避免在 σ 相形成温度下加热即可避免其不利影响。对于无法进行固溶处理或在高温下使用的材料，只能通过调节合金成分（如提高镍含量）来防止 σ 相形成。γ′相不是奥氏体不锈钢中的常见相，但它在钢中弥散沉淀在晶内时，可显著提高钢的强度和硬度。许多沉淀硬化不锈钢就是利用 γ′相的沉淀硬化效用来获得高强度。γ′相的沉淀温度在 500~900℃ 之间，加热到超过 1000℃ 可使其溶解到奥氏体中。

奥氏体耐热钢是在奥氏体不锈钢的基础上，加入大量的奥氏体稳定化元素，可在室温下得到奥氏体组织，并使奥氏体具有良好的热强性和热稳定性，工作温度可达 600℃ 以上。常见牌号有 022Cr19Ni10、06Cr18Ni11Ti、45Cr14Ni14W2Mo、53Cr21Mn9Ni4N 等。碳含量低的奥氏体耐热钢在室温下的组织为奥氏体；碳含量高的奥氏体耐热钢（45Cr14Ni14W2Mo）常采用固溶处理后再进行高温时效处理，显微组织为奥氏体+粒状碳化物。

304 显微组织如图 9-23 所示。

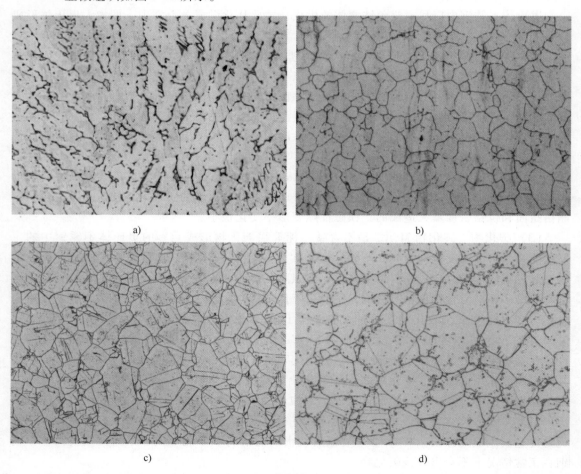

a)　　　　　　　　　　　　　　　　　b)

c)　　　　　　　　　　　　　　　　　d)

图 9-23　304 显微组织　200×

a）铸态组织　b）无孪晶　c）有孪晶　d）碳化物析出

4. 双相不锈钢金相检验

双相不锈钢的显微组织为奥氏体和铁素体的混合组织，兼具奥氏体不锈钢和铁素体不锈钢性能。根据需要调整两相的相对含量，可以得到不同性能特点的材料。

双相不锈钢的晶界腐蚀倾向比奥氏体不锈钢小，抗应力腐蚀能力比奥氏体不锈钢强；韧性比铁素体不锈钢高，强度比奥氏体不锈钢高；塑性和冷变形性能较奥氏体不锈钢差；轧制后组织呈带状分布，具有各向异性现象；具有475℃脆性现象，应避免在该温度区域加热和高于300℃使用。

两相的相对含量可根据 GB/T 13305—2008《不锈钢中 α-相面积含量金相测定法》评定。

图 9-24 所示为双相不锈钢显微组织。

5. 沉淀硬化不锈钢金相检验

沉淀硬化不锈钢是基体为奥氏体或马氏体组织，能经沉淀硬化（或称时效硬化）处理提高强度的不锈钢。

沉淀硬化不锈钢的特点是具有高的强度、良好的延展性和耐蚀性，易于进行冷加工，热强性好。

沉淀硬化不锈钢根据基体组织分为三类：马氏体型、半奥氏体型和奥氏体型。这类钢通过马氏体转变强化基体，并利用金属碳化物和金属间化合物沉淀析出的硬化作用进一步获得高的强度。半奥氏体沉淀硬化不锈钢的典型牌号有 07Cr17Ni7Al（17-7PH）、07Cr15Ni7Mo2Al（15-7PHMo）；马氏体沉淀硬化不锈钢的代表牌号是 05Cr17Ni4Cu4Nb（17-4PH）。

沉淀硬化不锈钢通常采用以下几种形式的热处理。

（1）固溶处理　加热到 950~1000℃，保温 1h 后空冷，显微组织为奥氏体+少量 δ 铁素体，此时材料有良好的冷变形性能。

（2）调整处理　固溶处理后进行，有中间时效法、高温调整及深冷处理、冷变形法等，以获得不同的强化效果。

（3）时效处理　400~500℃温度下时效，依靠强化相的沉淀析出达到强化效果。

图 9-25 所示为 17-4PH 显微组织。

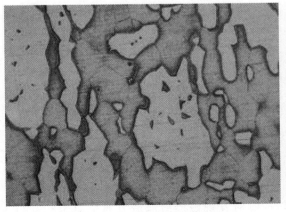

图 9-24　双相不锈钢显微组织　500×

图 9-25　17-4PH 显微组织　500×

不锈钢的金相检验与其他钢种检验的项目基本相同，如低倍检验、夹杂物、晶粒度等的检验，只是由于它们含有大量的合金元素，低倍腐蚀需要的腐蚀条件要强烈一些；显微检验的制样过程要仔细一些，用力要小，避免扰乱层（显微观察，奥氏体组织上有许多应变线）产生；有条件的情况下，最后一道抛光最好能采用电解抛光。不锈钢夹杂物数量较少，晶粒更细。成分决定组织，不锈钢的显微组织要根据不同的成分和热处理工艺进行评定。

9.5 案例分析

9.5.1 304 不锈钢波纹管开裂

某 304 不锈钢波纹管在服役 2 年后发生漏油现象，拆卸检查发现局部波谷位置已裂穿（见图 9-26）。将开裂处取下，采用无水乙醇超声清洗后进行电镜形貌观察和能谱分析，如图 9-27 和图 9-28 所示。裂纹面呈疲劳断裂特征，疲劳源处均可见尺寸为 $5 \sim 10 \mu m$ 的多角形 TiN 夹杂物，属于冶金缺陷。该类夹杂物硬度高、脆性大，当它分布于波纹管表面或近表面区域时，极易成为疲劳源而萌生裂纹。

图 9-26 波纹管开裂处宏观形貌

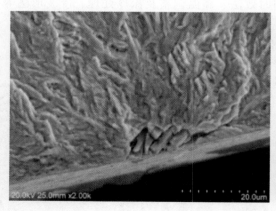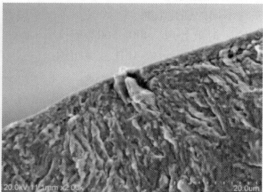

图 9-27 疲劳源处高倍电镜形貌

9.5.2 17-4PH 不锈钢轴磁痕

某 17-4PH 不锈钢轴表面精加工后，在磁粉检测时发现磁痕沿锻造方向呈短条状分布。沿纵向取样进行金相检验，如图 9-29 和图 9-30 所示，近表面组织为回火索氏体+沿变形方

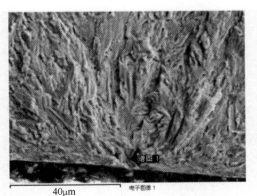

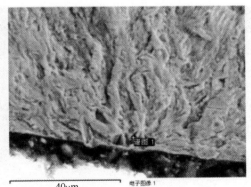

元素	质量分数(%)	摩尔分数(%)
N K	19.98	46.61
Ti K	65.84	44.91
Cr K	4.12	2.59
Fe K	10.06	5.89
总量	100.00	

元素	质量分数(%)	摩尔分数(%)
N K	19.52	46.13
Ti K	60.08	41.53
Cr K	5.51	3.51
Fe K	14.89	8.83
总量	100.00	

图 9-28 疲劳源处能谱分析结果

向分布的条状铁素体。因二者磁导率差异较大，在磁粉检测时显示磁痕积聚。

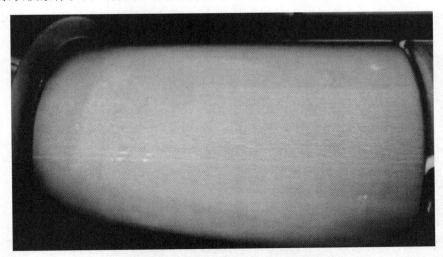

图 9-29 17-4PH 不锈钢轴磁粉检测形貌

9.5.3 316L 不锈钢换热器开裂

某 316L 不锈钢换热器使用约半年后出现泄漏。渗透检测显示存在多处漏点（见图 9-31 中箭头），缺陷均集中出现于波峰或波谷，是板片冷冲压成形过程中变形最大的位置。缺陷处电镜形貌如图 9-32 所示。缺陷包括点状和裂纹两种类型，其中裂纹或单条存在或聚集呈树枝状，但几乎所有裂纹均表现为尾部尖细和分叉特征，能谱分析可见缺陷处腐蚀产物中包含较多量的 Cl^{-1} 和 S^{-2} 等强腐蚀性元素。金相检验结果如图 9-33 所示。裂纹起源处多伴有

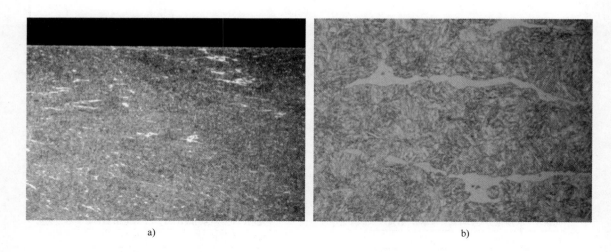

a)   b)

图 9-30　近表面显微组织

a）50×　b）500×

腐蚀坑存在，腐蚀坑深度较浅（<100μm），裂纹整体呈树枝状扩展，局部板片裂穿，这也是发生泄漏的原因所在。

综上，316L 不锈钢板片的失效性质为应力腐蚀开裂，冷加工产生较大的残余拉应力和环境中存在的 Cl^{-1} 是造成板片发生早期失效的主要原因，高温工作环境加速了裂纹的萌生和扩展。

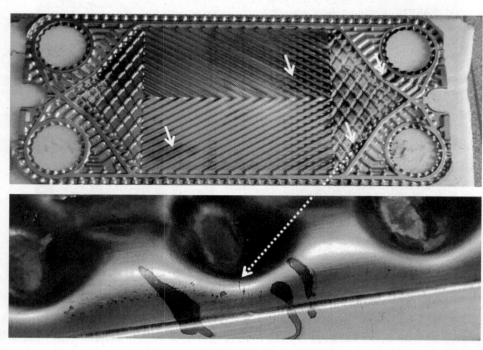

图 9-31　换热器渗透检测形貌

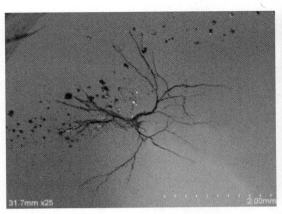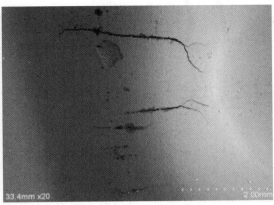

图 9-32　缺陷处电镜形貌

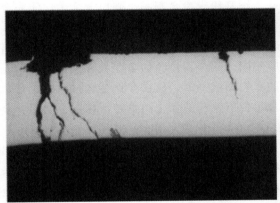

图 9-33　缺陷处金相检验结果

第10章

非铁金属和粉末冶金材料的金相检验

钢铁材料以外的金属材料统称为非铁金属材料，粉末冶金材料包括铁基粉末冶金材料、铜基粉末冶金材料和硬质合金几大类。非铁金属和粉末冶金材料的范围很广，包括铝合金、铜合金、镁合金、钛合金、轴瓦合金，以及铁基、铜基粉末冶金制品、硬质合金等性质完全不同的材料，这些合金材料在机械行业的应用极其广泛。

非铁金属和粉末冶金材料的金相检验，无论是样品的制备、浸蚀试剂的选择还是金相组织的鉴别，都有其各自的特点，与钢的金相检验不同。从金相检验的角度来看，钢中合金元素的作用，主要在于改变相变的过程，对相变的产物影响不大，而在非铁金属材料中，合金中的相与合金元素有很大关系，不同的合金元素组合所生成的强化相也各不相同，如铝合金中会出现各种复杂的强化相（Al_2Cu、Al_2CuMg、Mg_2Si 等）和杂质相［$Al_6(FeMn)$、AlFeMnSi 等］；在铜合金中，锌、锡、铝、锰、硅等各种元素的加入也将生成不同的析出相。因此，非铁金属材料在金相检验时必须根据合金元素的不同，并结合其热处理工艺，来判定合金中的各种相，在进行这类合金的金相检验时，要充分发挥相图的作用。而粉末冶金制品（包括硬质合金）又偏重于孔隙度、污垢、石墨（非化合碳）等的检验。

非铁金属材料的铸件在凝固过程中，由于冷却条件的不同，其凝固行为也会有所不同，可以形成树枝晶、柱状晶、羽毛状晶等，有些合金体系还会产生严重的枝晶间偏析、生成非平衡的枝晶间低熔点共晶产物，由此也决定了这些合金的热处理工艺特征，如容易产生过热过烧组织。变形非铁金属材料中还会出现粗晶环、成层、挤压裂纹等特有的组织特征。这些都是在进行非铁金属材料的金相检验时必须特别注意的。

10.1 铝及铝合金的金相检验

10.1.1 概述

铝及铝合金的密度很小，具有优良的塑性，高的导电性、导热性和耐蚀性，其铸造性、可加工性也十分优异，特别是通过合金化、热处理化、加工硬化等手段可以显著提高铝合金的强韧性，并使它们的比强度和比刚度远远超过一般的合金结构钢，因而在航空航天、交通运输等领域得到广泛的应用。

铝及铝合金的金相检验中的一项重要内容是检验铝合金在加工过程中形成的不良组织，如铸造铝硅合金中的针状共晶硅、铸造铝合金中的针孔及各类宏观缺陷、加工铝合金中的加工缺陷、铸造及变形铝合金热处理过程中产生的过热过烧组织等。这些不良组织会显著恶化铝合金的性能，必须通过金相检验来判定铝合金制品的质量。因此，金相检验是铝合金制品质量控制的重要手段。

铝及铝合金中的相分析主要依赖于相图的运用。铝是面心立方晶格，无同素异构转变，因而铝合金的强化主要依靠合金化（固溶强化）、时效强化（弥散强化）和冷加工（加工硬化），铝合金中出现的各类相均可以在有关的相图中得到。确认各种合金（杂质）的加入而形成的金属间化合物相是铝合金金相检验的另一项重要内容。

按照加工方法和铝与其他元素形成的二元相图，可将铝合金分为铸造铝合金和变形铝合金。图 10-1 所示为铝合金的分类示意图。

合金组元含量在 D 点以右的合金，由于出现共晶组织，其塑性差，液体流动性好，适合铸造，故称铸造铝合金。根据在铝基体中加入的主要合金元素分为铸造铝硅合金（ZL1××）、铸造铝铜合金（ZL2××）、铸造铝镁合金（ZL3××）、铸造铝锌合金（ZL4××）、铸造铝混合稀土合金、铸造铝锂合金等。

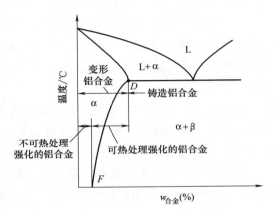

图 10-1　铝合金的分类示意图

合金组元含量在 D 点以左的合金可通过加热得到单相固溶体，其塑性变形能力较好，适合冷加工，故称变形铝合金。根据能否采用热处理手段来强化性能，铝合金分为可热处理强化铝合金和不可热处理强化铝合金。变形铝合金按照性能和用途还可分为防锈铝合金、硬铝合金、锻铝合金和超硬铝合金等。

10.1.2　铝及铝合金的金相组织

1. 铸造铝合金

（1）Al-Si 系合金　此系列合金中 w_{Si} 一般为 5%～13%，属于亚共晶和共晶型合金，不可热处理强化。简单的 Al-Si 二元共晶型合金（ZL102），在铸态下为 α+Si 共晶组织，硅呈粗大的针状和多角状，只能通过钠盐或磷等元素进行变质处理，使粗大的共晶硅变细，以改善合金的力学性能和加工性能。

Al-Si 系合金强化元素含量较少，淬火加热温度距共晶点较远，一般固溶处理时不易过烧。当固溶温度过高产生过烧时，组织将出现复熔球、晶界熔化和硅相聚集长大等特征。

（2）Al-Cu 系合金　此系列合金中 w_{Cu} 为 4%～11%，可热处理强化，主要强化相是 θ 相（Al_2Cu）。合金中加入少量的镁和锌，还可形成 S 相（Al_2CuMg）或 T 相（AlCuZn）等强化相，实现补充强化。此系列合金在室温下和高温下都具有高的力学性能，是发展高强度、高耐热性铸造铝合金的基础。

（3）Al-Mg 系合金　Al-Mg 系合金是铝合金中密度最小、耐蚀性最高的合金，突出表现在抗电化学腐蚀方面。因在淬火状态下成为单相 α 相，即使有 Mg_2Si 相存在，由于其电极电位较 α 相低而成为阳极，电化学腐蚀过程中 Mg_2Si 相不断蚀耗，铸件表面形成单相 α 相而使腐蚀终止。但此系列合金的铸造性差，熔炼工艺复杂，热强性能低，镁含量高的合金有长期使用"变脆"的现象，所以其使用受到一定的限制。

（4）Al-Zn 系合金　铸造状态下合金的组成相除 α、硅和 Mg_2Si 等相外，还有少量有害的黑色针状 β 相（$Al_9Si_2Fe_2$）。Mg_2Si 相由于其含量较低，组织中往往不易发现。

2. 变形铝及铝合金

（1）工业纯铝　工业纯铝中 w_{Al} 一般为 98.80% ~ 99.99%，主要杂质相为铁和硅。当铝中铁和硅的含量很少时，硅可溶入基体，而铁形成针状或细条状 Al_3Fe 相；当其含量较多时，可形成三元化合物，若铁含量大于硅含量，可形成不定形片状或骨骼状的 α 相（$Al_{12}Fe_3Si$），若硅含量大于铁含量，则形成针状或细条状 β 相（$Al_9Si_2Fe_2$）。

（2）防锈铝合金　防锈铝合金包括 Al-Mn 系和 Al-Mg 系两类合金。

1）Al-Mn 系合金的常用牌号为 3A21，锰是合金的主要添加元素。当 w_{Mn} > 1.6% 时，由于形成大量的脆性化合物 Al_6Mn，合金变形时易开裂。合金中主要组成相除 α 固溶体和 Al_6Mn 相外，还可能存在 Al_6(FeMn)、T（$Al_2Mn_3Si_2$）和 α（$Al_{12}Fe_3Si$）或 β（$Al_9Si_2Fe_2$）等相。

2）w_{Mg} < 2% 的 Al-Mg 系合金在退火处理后为单相 α 固溶体。随着镁含量的增加，组织中出现 β 相（Al_8Mg_5），当 w_{Mg} > 5% 时，为 α+β（Al_8Mg_5）两相组成。随着 β 相（Al_8Mg_5）的出现，合金的塑性下降。

此类合金中的主要组成相，除有 α、β（Al_8Mg_5）、Al_6Mn、Al_7Cr、Al_3Ti 等相外，还有 Al_3Fe、(FeMn)Al_6 和 Mg_2Si 等杂质相。共晶组织中的 β 相呈骨骼状，浸蚀前为浅灰色。

（3）硬铝合金　硬铝合金属于热处理强化合金，它包括 Al-Cu-Mg 系和 Al-Cu-Mn 系。

1）Al-Cu-Mg 系合金中，Al-Cu-Mg 三元相图平衡结晶终了的铝角部分，主要由 S（Al_2CuMg）、θ（Al_2Cu）、T（Al_6CuMg_4）、β（Al_8Mg_5）和 α 等相组成，由于 Al-Cu-Mg 系合金中的实际镁含量较低，均处于相图中 α+S、α+θ+S、α+θ 三个相区中，因此合金中只有 θ、S 两个主要强化相。

2）Al-Cu-Mn 系合金中，w_{Cu} 高达 6% ~ 7%，铜在合金中和铝形成强化相 Al_2Cu，在淬火人工时效后可使合金强化。当 w_{Mn} = 0.4% ~ 0.5% 时，弥散析出的细小 T 相（Al_2CuMn_2）可提高合金耐热性。当锰含量过高时，T 相（Al_2CuMn_2）增多，而且变得粗大，使相界面增加，加速了扩散作用，使合金耐热性降低，焊接时热裂倾向增大。

（4）超硬铝合金　常用超硬铝合金的主要组成相为 α、$MgZn_2$、T（$Al_2Mg_3Zn_3$）和 α+T（$Al_2Mg_3Zn_3$）共晶相，以及 (FeMn)Al_6 和 Mg_2Si 相等杂质相。

（5）锻铝合金　锻铝合金通常可分为以下两类。

1）Al-Mg-Si-Cu 系合金。当铜含量很低时，镁与硅质量比为 1.73 时形成 Mg_2Si 相，铜全部固溶于基体中；当铜含量较高时，镁与硅质量比小于 1.08 时便可形成 ω（$AlCu_4Mg_5Si_4$）相，剩余铜形成 θ 相（Al_2Cu）。所以，Al-Mg-Si 合金中加铜后除 Mg_2Si 相外，还可出现 ω、S、θ 三相。

2）Al-Cu-Mg-Fe-Ni 系合金。此系列合金中铜、镁含量比硬铝合金低，使合金中具有较多的 S 相（Al_2CuMg）。铁、镍在合金中形成 Al_9FeNi 相，该相有很好的热稳定性；当铁过剩时形成 Al_7Cu_2Fe 相，当镍过剩时还会形成 AlCuNi 相。

10.1.3　铝及铝合金的金相检验方法

1. 宏观检验

宏观检验使用简单的手段，可以在很大的范围内对铝合金制品的内在缺陷进行检验，因而是一种行之有效的常规检验手段。

（1）宏观检验试样的制备　铝合金低倍检验试样应根据检验目的或有关标准的要求从特定部位取样。对受检面应采用铣削加工方法（或其他方法）使其表面粗糙度 Ra 不超过 3.2μm，再用汽油、乙醇、丙酮等溶剂将试样表面的油污去尽，以利于低倍组织的清晰显示。

铝合金低倍试样的浸蚀常用碱蚀法，即对铸件和铸锭试样在室温下用 80～120g/L（或质量分数为 10%～15%）的 NaOH 水溶液，对加工制品试样在室温下用 150～250g/L 的 NaOH 水溶液，不同的是合金分别浸蚀不同的时间（3～30min），以显示组织缺陷清晰为止。浸蚀剂的用量与试样浸入部分体积之比应不小于 10。试样浸蚀后，先用水冲洗，然后用质量分数为 20%～30%的 HNO_3 水溶液除去试样表面的黑色腐蚀膜，再用水冲洗干净并干燥后即可进行检验。低倍试样也可擦蚀，但以浸蚀法为准。

（2）宏观检验金相标准　目前铸造铝合金低倍检验金相标准只有一个，即 JB/T 7946.3—2017《铸造铝合金金相　第 3 部分：铸造铝合金针孔》，该标准将针孔度分为五级，并给出了五级针孔度等级参考图像（见图 10-2），检验时可将试样对照分级标准图片做目视比较，确定试样的针孔度等级。

铸造铝合金中的其他宏观缺陷还有很多种，但目前尚无相关的标准对各类缺陷予以定义，因此其检验可以参照变形铝及铝合金铸锭缺陷标准进行检验。

（3）铝合金中的宏观缺陷种类及特征　GB/T 3246.2—2012《变形铝及铝合金制品组织检验方法　第 2 部分：低倍组织检验方法》规定了变形铝及铝合金铸锭和加工制品的低倍组织检验时试样制备（包括铸锭、挤压制品、锻件、板材等）、试样浸蚀、组织检验、缺陷分类及试验报告等内容。该标准中将缺陷分为 22 种，具体内容可详见该标准。

2. 显微组织检验

（1）金相样品的制备　铝及铝合金的制样过程中应避免形成较深的形变层。取样时，可以用手工或机械锯切的方法取样，然后用铣刀、锉刀或粗砂纸将受检面磨平（磨去 1～3mm），而不宜用砂轮切割或磨平；再用金相砂纸由粗到细逐道磨制，注意磨样过程中用力要适中，并避免将上道粗砂粒带入下一道，如采用预磨机则最好用煤油进行冷却和润滑。若样品较小或需要观察试样的表面（如检验包覆层）可镶嵌试样，但要注意镶嵌热量对部分铝合金的时效强化作用，故尽可能采用冷镶法制样。铝合金的抛光可以采用机械抛光、化学抛光和电解抛光，以机械抛光较为常用。机械抛光分为粗抛和细抛两步，粗抛可用浓度较大、粒度较粗（5μm 左右）的氧化铝、氧化铬粉与水混合的悬浮液或金刚石研磨膏，在 500～600r/min 的细帆布或毛呢上进行；细抛则采用浓度较小、粒度较小（小于 1μm）的氧化铝、氧化铬悬浮液或金刚石研磨膏，在 150～200r/min 的丝绒上进行；如果磨制不当，磨面表面将生成一层灰白色的氧化膜，经浸蚀后表面发灰，高倍观察时可见铝基体上的许多小黑点。正确的抛光样品表面极光亮，无磨痕和污物；对工业纯铝和高纯铝试样细抛后无法去除磨痕的，可用电解抛光的方法制样。

（2）浸蚀剂的选择　浸蚀剂的选择应根据合金成分、材料状态及检验目的而定。常用

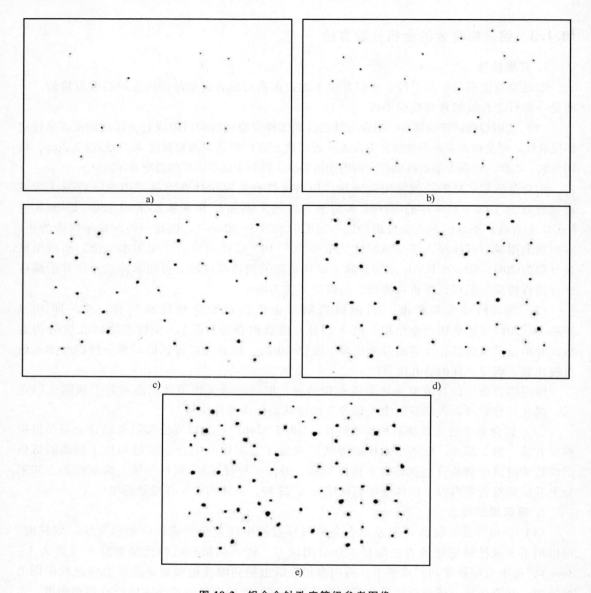

图 10-2　铝合金针孔度等级参考图像

a）1 级　b）2 级　c）3 级　d）4 级　e）5 级

注：针孔度等级为 1 级、2 级、3 级的参考图像中的针孔放大倍数为 3 倍，针孔度等级为 4 级、5 级的参考图像中的针孔未放大。给出的参考图像仅供指导用，最终根据针孔数量和直径的定量检测来判定针孔度级别。

的浸蚀剂有 HF（1mL）+H$_2$O（200mL），HF（50mL）+H$_2$O（50mL），HF（2mL）+HCl（3mL）+HNO$_3$（5mL）+H$_2$O（190mL），HNO$_3$（25mL）+H$_2$O（75mL），H$_2$SO$_4$（10～20mL）+H$_2$O（80～90mL），H$_3$PO$_4$（10mL）+H$_2$O（90mL）等，可分别用于显示铝的一般组织、晶粒组织、辨别铝合金中的各类相。浸蚀剂应采用化学纯试剂盒蒸馏水配置。

在偏光下观察铸锭、退火状态样品的晶粒及加工变形材料的显微组织，抛光后的试验应进行阳极化制膜处理。

（3）铸造铝合金的金相检验标准　铸造铝合金的金相检验可以分别在抛光态和浸蚀后

进行。JB/T 7946.1—2017 用于铸造铝硅合金的变质效果的评定，JB/T 7946.2—2017 用于铸造铝硅合金的热处理过烧组织的评定，JB/T 7946.4—2017 用于铸造铝铜合金晶粒度的评定。此外，金相检验也通常包括显微疏松的观察。

1）铸造铝硅合金变质效果的评定是铸造铝合金金相检验中最主要的一个方面。JB/T 7946.1—2017 分别给出了用于评定钠变质和磷变质的两个系列的变质效果评定方法，其中以钠变质较为常用。另外，工业生产中也比较广泛地采用锶变质处理（见图 10-3），目前我国尚无相应的金相检验标准，在实践中可参照钠变质效果评定方法进行。铸造铝合金钠变质

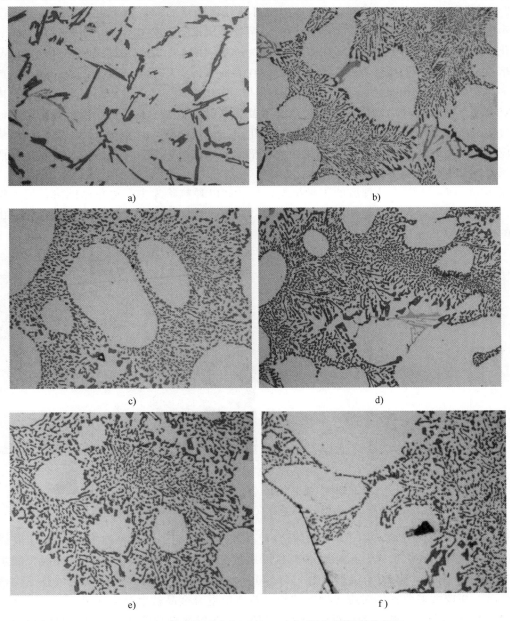

a) b) c) d) e) f)

图 10-3 铸造铝硅合金（AlSi7Mg）锶变质程度参考图

a）未变质 b）变质不足 c）变质正常 d）变质衰退 e）过变质 f）严重过变质

试样抛光后用质量分数为 0.5% 的 HF 水溶液浸蚀 5～10s，然后在 200 倍显微镜下观察试样的整个受检面，按大多数视场对应级别图进行评定。按照共晶硅的形貌将变质效果分为未变质（针状共晶硅）、变质不足（短杆状、针状共晶硅）、变质正常（点状、蠕虫状共晶硅）、变质衰退（共晶硅变粗）、轻度过变质、严重过变质六级。铸造铝硅共晶合金磷变质试样抛光后用质量分数为 0.5% 的 HF 水溶液或混合酸水溶液（0.5mLHF+1.5mLHCl+2.5mLHNO$_3$+95.5mLH$_2$O）浸蚀，变质效果的评定在 100 倍显微镜下进行，根据整个受检面的大多数视场对应标准中的级别图进行评定，分为未变质、变质良好、变质正常、变质不足四级。

2）铸造铝硅合金过烧组织的评定适用于可热处理强化的铝合金。由于铸造合金在凝固过程中存在偏析和低熔点共晶物，在随后的固溶处理温度下，会在合金中出现过烧三角、晶界熔化、复熔球及复熔共晶体等金相组织，即为过烧。所谓过烧三角即晶粒交叉处最后凝固的低熔点共晶物在热处理过程中过烧复熔，并在表面张力作用下形成锐棱三角。如枝晶内低熔点共晶物熔化后液相球化，则为复熔共晶球团。如热处理保温温度过高，在上述区域内的低熔点物质熔化、冷却后会形成二元、三元等复熔共晶。根据金相组织特点，将铸造铝硅合金的过烧分为正常组织、过热组织、轻微过烧组织、过烧组织、严重过烧组织五级。过烧的检验应从随炉试棒上取样，在抛光态下用 400 倍的放大倍数检验整个受检面，并选择最严重的视场对应级别图进行评定。

图 10-4a 所示为固溶处理后的正常组织，共晶硅以颗粒状为主，边角已圆滑，但不聚集长大；图 10-4b 所示为固溶处理后的过烧组织，共晶硅聚集长大，大部分边角平直化，出现典型的复熔球及多元复熔共晶体组织。

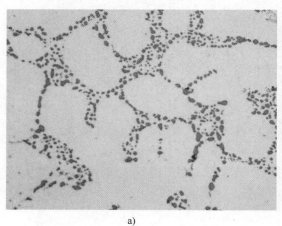 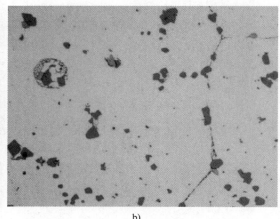

a)   b)

图 10-4　铝硅合金（ZL101）金相组织

a）正常组织　b）过烧组织

3）JB/T 7946.4—2017 用于铸造铝铜合金晶粒度的评定。一般从抗拉试样上切取或按有关技术文件规定要求取样，试样经磨抛后用质量分数为 0.5% 的 HF 水溶液或混合酸水溶液（0.5mLHF+1.5mLHCl+2.5mLHNO$_3$+95.5mLH$_2$O）浸蚀，然后在 100 倍显微镜下检察整个受检面，并按大多数视场对应级别图评级。铸造铝铜合金晶粒度分为八级。

（4）变形铝合金金相检验标准　GB/T 3246.1—2012《变形铝及铝合金制品组织检验方法　第 1 部分：显微组织检验方法》主要用于变形铝及铝合金材料、制品的显微组织检验，包括铸锭的显微组织检验、加工制品淬火及退火试样检验、高温氧化、包覆层、铜扩散和晶粒度检验。

1) 铸锭的显微组织检验指在抛光态观察合金中相的形态和疏松、夹杂物等缺陷，在浸蚀试样上观察枝晶结构、鉴别相组分及观察淬火状态的过烧组织。

加工制品淬火及退火试样的检验通常在 200~500 倍放大倍数下检查晶粒状态和过烧组织。GB/T 3246.1—2012 中分别给出了铸锭正常与过烧组织、铸轧板显微组织、加工制品淬火与过烧组织的显微照片，可供检验时对照比较。

2) 在较高温度处理铝合金材料时，由于炉内空气湿度大，热处理后材料表面气泡或靠近表面内层沿晶出现气孔，此现象称为高温氧化。GB/T 3246.1—2012 中给出了高温氧化的组织特征。

3) 在合金板材的表面，为提高耐蚀性或满足某种工艺的需要，通常会包覆一层铝或铝合金。在检验包覆层的厚度时，应采用板材的横向截面，用夹样或镶嵌法进行抛光，以保护包覆层不被磨损。测量时，应取包覆层 5~10 点的厚度平均值，再除以板材的总厚度，得到包覆层厚度百分数。

4) 对 Al-Cu-Mg 系合金包铝板材，经高温长时间加热处理，合金中的铜原子会沿晶界扩散到包铝层，即产生铜扩散现象。铜扩散深度越大，耐蚀性降低越严重。铜扩散深度检查试样应采用电解抛光，观察两面包铝层中铜扩散的最大深度。

5) 在铝和铝合金中，晶粒度的检查通常是指基体（α铝固溶体）的晶粒尺寸，对于少量的相、夹杂物和其他附加物，在晶粒度测定中不予考虑。铝合金晶粒度的检验方法和其他金属材料的晶粒度检验方法基本相同，其晶粒度的评级可按照标准中的图谱比较确定，也可采用面积法或截距法。

10.2　铜及铜合金的金相检验

10.2.1　概述

铜及铜合金具有优良的导电、导热性能，足够的强度、弹性和耐磨性，良好的耐蚀性，在电气、石油化工、船舶、建筑、机械等行业中有广泛应用。

传统的铜及铜合金可分为纯铜、黄铜、白铜和青铜四大类。依据加工方法的不同，又可分为铸造铜及铜合金和加工铜及铜合金。

10.2.2　铜及铜合金的金相组织

1. 纯铜

纯铜的新鲜表面呈浅玫瑰肉红色，大气下则常常覆有一层紫色的氧化膜，故俗称紫铜。铸态下纯铜的高倍组织为 α 单相晶粒，其低倍组织多为发达的柱状晶。纯铜有很高的塑性，冷作硬化作用突出，冷加工再结晶退火后的纯铜呈明显的退火孪晶特征。

2. 黄铜

普通黄铜是一系列不同锌含量（w_{Zn} 最高不超过 50%）的铜锌二元合金。在普通黄铜的基础上再加入了其他合金元素的铜锌多元合金，称为特殊黄铜或复杂黄铜，如镍黄铜、铁黄铜、铅黄铜、铝黄铜、锰黄铜、锡黄铜、砷黄铜、硅黄铜。实际上 $w_{Zn}=15\%$ 的普通黄铜仍呈红色，其后随着锌含量的增加其色泽才发生向金黄色的改变。

（1）普通黄铜　锌能大量固溶于铜中。如图 10-5 所示，随着黄铜中锌含量的增加，固态下可出现 α、β、γ 三种相。通常把位于 α 相区的合金称为 α 黄铜，位于 α+β 相区的合金称为 α+β 黄铜，位于 β 相区的合金称为 β 黄铜。α 黄铜及 α+β 黄铜的结晶间隔很窄，结晶时易形成柱状晶和集中的缩孔。

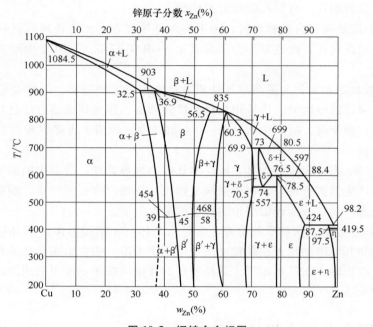

锌原子分数 $x_{Zn}(\%)$

图 10-5　铜锌合金相图

（2）复杂黄铜　在铜锌二元合金中再加入少量其他合金元素构成的多元（三元、四元甚至五元）合金，称为复杂黄铜或特殊黄铜。加入的第三组元为锡的称为锡黄铜，同样的还有铅黄铜、锰黄铜、铝黄铜、硅黄铜、镍黄铜等。第四、第五组元则不在名称或符号中标出，仅以数字表示其名义加入量。复杂黄铜的理化性能及力学性能较普通黄铜有了不同程度的改善和提高。

1）锡黄铜。少量锡固溶于 α 及 α+β 黄铜中可提高铜合金的耐蚀性、强度和硬度。HSn62-1 在显微镜下除了可以看到 α+β 相外，还有亮白色的 γ 相（CuZnSn 化合物）存在。HSn70-1 在平衡态下应为单相 α 组织，但实际铸态下常常会出现由不平衡相 β 分解出的 γ 相，通过扩散退火 γ 相即可消除。

2）铅黄铜。铅在黄铜中以独立的游离铅相存在，铅质点有润滑作用。而在 β 相中可固溶 w_{Pb} 达 0.3% 以上，且 α+β 双相黄铜在加热中会发生 α+β→β 的转变，铅此时可由晶界转入晶内，从而减少了铅对黄铜的危害，提高了材料的高温塑性。

3）铝黄铜。铝的锌当量系数很高，加入铝能显著缩小 α 相区，扩大 α+β 相区，并将出现 γ 相。铝还能显著提高合金的强度，但塑性同时会显著下降，因此铝黄铜中 w_{Al} 多控制在2%左右。

4）锰黄铜。锰的锌当量系数为 0.5，能较多地固溶于 α 黄铜中，产生固溶强化，并能很好地承受热冷态压力加工。铜中 $w_{Zn} = 30\%$ 时，只需使 w_{Mn} 达到 10% 就可以使合金变成类似白铜的银白色。当 $w_{Mn} = 12\%$ 时，即可部分替代白铜。

5）硅黄铜。硅的锌当量系数高达 10，故能急剧地缩小 α 相区。硅含量增高时，高温下出现一种密排六方晶格的 K 相，K 相在高温下有足够的塑性，454℃ 左右分解成 α＋γ（Cu_5Si）共析体。当锌含量增高、硅含量降低时，则为 α＋β 组织。

6）镍黄铜。镍的锌当量系数为负值，加镍后 α 相区扩大，一些高锌黄铜加镍后可获得含量较少的 β 相的高强度合金。

3. 青铜

青铜原指铜与锡的合金，现已泛指除纯铜、黄铜、白铜以外的各类铜合金，包括普通青铜（锡青铜）和特殊青铜（铝青铜、硅青铜、铍青铜等）。

（1）锡青铜 工业上获得应用的大多数锡青铜中 w_{Sn} 大都不超过 14%。如图 10-6 所示，在 w_{Sn} 不超过 50% 的铜锌二元合金中可能出现以下几种相。

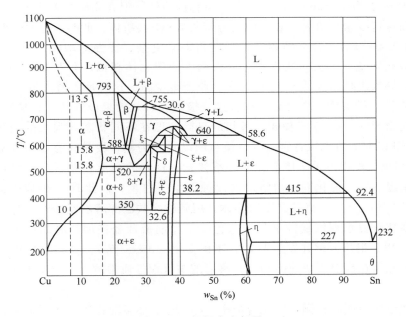

图 10-6 铜锡合金相图

1）α 相：锡溶入铜中的固溶体，面心立方晶格，是锡青铜中最基本的组成相。

2）β 相：以电子化合物 Cu_5Sn 为基的固溶体，体心立方晶格结构。只在高温下存在，温度降至 588℃ 发生 β→α＋γ 的共析转变。若在高温 β 相区淬火急冷，则可得到硬脆的 β′ 马氏体非稳定相。

3）γ 相：只在高温下存在，复杂立方晶格结构。温度降至 520℃ 时发生 γ→α＋δ 的共析转变。

4）δ 相：以电子化合物 $Cu_{31}Sn_{18}$ 为基的固溶体，具有复杂立方晶格。在 350℃ 下又会发生 δ→α＋ε 的共析转变，但实际上这种转变极为困难，故 δ 相也是 Cu-Sn 合金室温下的常见相。δ 相属硬脆相，显微镜下呈浅蓝灰色，不能进行塑性变形，它的出现会导致合金的塑性下降。

5）ε 相：按铜锡合金相图，室温下似应有 ε 相存在，但此相不论由 δ 相的共析分解或自 α 相的析出都极为缓慢，故实际上极难出现。但也有资料表明，$w_{Sn} = 5\%$ 的青铜经大加工率冷轧并做淬火时效处理，即可能出现亚稳定的 ε' 相及 GP 区。

（2）铝青铜　铝青铜又分普通铝青铜和复杂铝青铜两类。前者是普通的铜铝二元合金，后者除加铝外，还有铁、锰、镍等其他合金元素。

铜铝二元合金的金相组织：铜铝二元合金的铜侧凝固范围狭小，流动性良好，铸造时易生成发达的柱状晶和集中的缩孔。铝青铜中 w_{Al} 通常不超过 12%，其可能出现的相有以下三种。

1）α 相：以铜为基的固溶体，面心立方晶格，具有较高的力学性能和塑性变形能力，是铝青铜的基本组成相。

2）β 相：以电子化合物 Cu_3Al 为基的固溶体，体心立方晶格，只在 750℃ 以上稳定，有热塑性，可承受热加工变形。

3）γ_2 相：以电子化合物 $Cu_{32}Al_{19}$ 为基的固溶体，复杂立方晶格结构，性极硬脆。

w_{Al} 在 7.4% 以下的普通铝青铜为 α 单相固溶体；w_{Al} 为 7.4%～9.4% 的铝青铜，按合金相图高温下为 α+β 组织，565℃ 以下应为 α 单相固溶体。但在实际生产中 β→α 的转变往往不能完成，而保留少量的 β 相。β 相随后分解为 α+γ_2 共析体，此时强度增高而塑性降低。

w_{Al} 超过 9.4% 以后，合金的相变过程变得非常复杂，缓慢冷却时，合金在 565℃ 发生β→α+γ_2 的共析转变。产生的共析体与退火钢中的珠光体相似，有明显的层状组织。若冷却非常缓慢而导致出现粗大的 γ_2 相时，合金将严重变脆，这就是所谓"自发退火"现象。

（3）铍青铜　铍青铜是铜合金中综合性能极佳，时效效果极好的一种典型铜合金材料。铍青铜中可能出现 α、β、γ 三种相，各相的显微硬度在不同状态有很大的变化。对于铍的质量分数为 2% 以上的铸态铍青铜，其显微组织以 α 相为基，枝晶间为 α+γ 共析体，如经淬火则为 α+β 组织。β 相为无序体心立方固溶体，有良好的高温塑性，为高温稳定相，经淬火可保留至室温。在二氯化铜氨水溶液的浸蚀下呈亮白色，而此时 α 相基体较暗，从而得以区分。γ 相为体心立方晶格的有限固溶体，用硝酸高铁乙醇溶液浸蚀时颜色发暗。大颗粒的 γ 相在二氯化铜氨水铜液浸蚀下呈浅蓝色。二元铜铍合金在加热时晶粒极易长大，冷却时过饱和的 α 相会很快分解并发生明显的体积变化（3%～9%），易在材料内部形成应力而导致开裂，为此须在高温下快速冷却。淬火后的铍青铜性质柔软，易于冷加工。

4. 白铜

铜镍合金通称白铜。在铜镍二元合金中，w_{Ni} 超过 15% 后其颜色才逐渐呈银白色。若在白铜中再加入锰、铁、锌等合金元素，则分别称为锰白铜、铁白铜、锌白铜。

铜镍二元合金中不论镍含量多少，都均为单一的 α 相组织。但由于液相线和固相线的水平距离较大，加上镍在铜中的扩散速度很慢，因而铜镍二元合金在铸态下呈明显的枝晶状组织。这种组织甚至可一直保持到热加工之后。消除了晶内偏析的铜镍二元合金，其显微组织在各种状态下均与纯铜有相似的特征。

10.2.3　铜及铜合金的金相检验方法

1. 宏观检验

（1）取样与浸蚀　对铜合金铸件或铸锭可以从指定部位取样；对经过变形的加工铜合金可以根据检测目的分别取纵向和横向面试样。切取的试样应将分析截面用精车或磨削加工磨平，并将试样表面的油污去尽，以利于宏观组织或缺陷的清晰显示。宏观检验可以显示铜合金棒（坯）料的整体组织、挤压或锻件中晶粒大小的变化、铸件中各类缺陷等。

铜的宏观检验常采用硝酸水溶液浸蚀：将试样在 10mL/90mL（或 50mL/50mL）硝酸水溶液中浸泡数分钟后取出，再用稀盐酸溶液将观察面上的黑色氧化膜擦除，试样的观察面上就会清晰地显示出铜合金的结晶状态和宏观缺陷。另外，也可以采用 HCl（30mL）+FeCl$_3$（10g）+H$_2$O（120mL），乙醇或硝酸（50mL）+AgNO$_3$（5g）+H$_2$O（50mL）浸蚀。

（2）铸造铜合金中的常见宏观缺陷　铸造铜合金中的常见宏观缺陷如下。

1）疏松。疏松一般呈散乱的小孔，分布在铸件的枝晶间，它是由于合金结晶温度范围较宽，铸件浇注速度太快，浇注温度偏低等原因所引起的。疏松造成铸件的结晶不致密，影响了铸件的强度和致密性。

2）气孔。气孔指铸件内部的表面光滑的圆形空洞。由于熔炼用原材料潮湿，熔炼温度太高，或在高温下停留时间过长，使溶剂未覆盖好的铜液吸收大量气体，而在浇注过程中又未及时逸出，从而在铸件中形成气孔。

3）外来非金属和金属夹杂。由于冶炼场地不洁，有异金属散放在场地上被夹带入金属液中；或因耐火材料强度不高，当熔融的金属液倒入铸型时受到冲刷而掉下，被注入铸件中等原因均会引起非金属或异金属夹杂。这些外来夹杂尺寸较大且呈聚集分布，起着分割金属基体的作用，显著降低铸件的强度。

4）铸造粗晶。在铸件凝固过程中，因为浇注温度较高、冷却速度较慢、晶粒形成的核心较少，因而晶粒不断长大形成粗晶。粗晶的强度较低。

5）冷隔。在铸件浇注过程中，因局部冷却速度较快，或因为金属液供应不足，导致靠近铸型部分的金属首先凝固，在后续的充型过程中先凝固的部分金属被卷入铸件中，形成了铸件中的冷隔缺陷。

目前，铜合金铸锻件的宏观缺陷的检验尚无统一的标准，有关各方应根据产品质量的具体要求，在技术文件中规定各类缺陷及其允许的缺陷尺寸范围。

2. 显微组织检验

（1）金相样品制备技术　应根据需要从有代表性的部位取样，如铸件中的应力集中处、易产生疏松处，以及锻件的纵向或横向界面。铜合金试样可以用手工或机械的方法锯切，这样可以尽量减少制样过程中产生的由形变或热影响而造成的伪组织。可用锉刀先将磨制面锉平，再用金相砂纸由粗到细逐道磨制。要做好各道砂纸间的清洗工作，避免将粗砂粒带到下一道砂纸上。磨样时，应注意手对试样的压力要适中，每一道磨制应将前道磨制所留下的磨痕消除为止。正确地磨样后应得到一个磨痕细密的平整磨面。抛光一般采用机械抛光法，选用丝绒作为抛光织物，可以分为粗抛和精抛两步，即一般先用 W3～W5 的金刚石研磨膏粗抛，然后用 W0.5～W2.5 的金刚石研磨膏细抛。抛光过程中可以沿着抛光盘往复运动，用力要适中，并及时滴入润滑剂。铜合金的抛光也可以采用化学抛光或电解抛光的方法。

铜及铜合金的显微组织显示常用化学浸蚀法或电解浸蚀法。常用的化学浸蚀试剂有三氯化铁盐酸水溶液［HCl（10mL）+FeCl$_3$（5g）+H$_2$O（80mL）］、氢氧化钾/氨过氧化氢水溶液［KOH（1g）+H$_2$O$_2$（20mL）+NH$_4$OH（50mL）+H$_2$O（50mL）］、硝酸铁液溶液［FeNO$_3$（1g）+H$_2$O（100mL）］。三氯化铁盐酸水溶液使黄铜中的 β 相变黑。硝酸铁液溶液适用于显示纯铜的晶界。

（2）铜合金中的非金属夹杂物及铜合金的氢脆　铜及铜合金中的夹杂物数量较多，特别是有害的杂质元素形成的低熔点夹杂或硬而脆的夹杂将严重影响材料的力学性能，因此必须严格控制材料中的夹杂物。常见的夹杂物有 Cu_2O、CuS、MnS、Cu_3P、BeC、Fe、Pb、Bi 等，其中 Cu_2O 和 CuS 常在铜及铜合金中出现，Cu_3P 主要出现在磷青铜中。在光学显微镜明场下观察，Cu_2O 为点状或球状，呈灰蓝色；CuS 为点状或块状，呈青灰色；Cu_3P 为不规则形状，呈深灰褐色；Pb 为点状或网状，呈深灰色；Fe 为星状或点状，呈蓝灰色。

纯铜中氧含量的评定可以参照 YS/T 335—2009《无氧铜含氧量金相检验方法》进行，即根据铜中含氧产生表面裂纹的特征，用金相显微镜检查裂纹的大小，以此来判断氧含量。具体方法是，样品经抛光（机械或电解抛光，以电解抛光为准）后，在 $800 \sim 850℃$ 的氢气气氛中退火 20min，出炉后不经任何处理，在显微镜下检查并与标准图谱比较裂纹的数量，$1 \sim 3$ 级为合格，3 级以上为不合格。

（3）铜及铜合金的晶粒度评定　纯铜和单相黄铜的晶粒度评定可以参照 YS/T 347—2020《铜及铜合金平均晶粒度测定方法》或 GB/T 6394—2017《金属平均晶粒度测定方法》中的第三系列评级图（与美国的 ASTM 标准相当）进行。试样应直接从交货状态的产品上取下，并不得经受热处理或塑性变形。两个标准均可采用比较法、截距法或面积法，一般采用比较法，即以试样中的典型视场与系列评级图比较来评定晶粒的大小。晶粒度用晶粒平均直径（单位：mm）表示。

10.3　钛及钛合金的金相检验

10.3.1　概述

钛及钛合金具有各种优良性能（密度小、比强度高、耐腐蚀性能好、耐高温性能好、无磁、无毒等），已经被广泛应用于航天航空、航海、石油、化工、轻工、冶金、机械、医疗、能源等众多领域。

通常将钛合金分为三大类：α 型、α+β 型和 β 型合金。钛及钛合金的基本组织相对简单，主要有 α 相、β 相及 α+β 相，但在不同工艺条件下，组织形态及分布多变，还可能出现中间相及杂质相。

10.3.2　钛合金的金相组织

工业纯钛属于 α 型合金，此外一般 α 型合金含有 6% 左右的铝和少量中性元素，退火后几乎全部是 α 相，典型合金包括 TA1 ~ TA7 等。近 α 型合金中除含有铝和少量中性元素外，还有质量分数不超过 4% 的 α 稳定元素，如 TA11、TA17 等。

1. α型钛合金及金相组织

α 型钛合金的显微组织基本上完全由 α 相所组成，而当铁、锰等含量较高时可能出现微量 β 相残迹。这种 α 相组织有两种不同的形态——等轴的和片状或针状的。在 α 单相区压力加工和退火都具有类似于工业纯钛的等轴 α 晶粒组织。此合金退火时如果加热温度超过了合金的 α/α+β 转变点（约为 955℃），或超过了合金的 α+β/β 转变点（约为 1040℃），则随后无论炉冷或空冷，高温 β 相都会转变成具有魏氏组织特征的片状或针状 α 组织。随炉冷却时形成大而圆的片状 α 组织，空冷时则形成细而尖的针状 α 组织。片状和针状 α 组织与等轴 α 组织相比较，对合金的抗拉强度性能影响不大，但会降低合金的塑性。

2. α+β 型钛合金及金相组织

α+β 型钛合金含有一定量的铝（$w_{Al}<6\%$）和不同量的 β 稳定元素及中性元素，退火后有不同比例的 α 相及 β 相。这类合金焊接性较好，可热处理强化，一般冷成形加冷加工能力差。典型合金包括 TC4、TC11、TC21 等。

TC4 是应用最广泛的 α+β 型钛合金，一般在热加工后经退火使用，也可在淬火、时效后使用。这种合金组织中 α 相与 β 相的比例、形状、尺寸及分布对于热加工工艺非常敏感。TC4 固溶处理组织如图 10-7 所示。

α+β 型钛合金在淬火或等温过程中，当从 β 相析出 α 相时，有时会形成过渡相——ω 相，是一种通过成核长大形成的一种非平衡亚显微相。

3. β 型钛合金及金相组织

β 型钛合金又可细分为稳定 β 型合金、亚稳定 β 型合金及近 β 型合金。

β 型钛合金的金相组织中，β 相晶粒尺寸、α 相（初生、次生）的数量、尺寸形态和晶界上 α 相的分布等是控制其性能的重要因素。

图 10-7　TC4 固溶处理组织

（1）稳定 β 型合金　稳定 β 型合金中还有足够的 β 稳定元素，可抑制合金淬火至室温过程中发生马氏体转变，退火后及淬火后基体组织为等轴状 β 相，高温蠕变后会形成孪晶。该类合金室温强度较低，冷成形性好，在还原性介质中耐蚀性较好。

（2）亚稳定 β 型合金　亚稳定 β 型合金含有临界浓度以上的 β 稳定元素（钼当量约为 10%），少量的铝（$w_{Al}\leqslant3\%$）和中性元素，从 β 相区固溶处理后，几乎全部为亚稳定 β 相，时效后会析出 α 相，这类合金冷加工性好，时效强度高。在 β 型合金中亚稳定 β 型合金应用最广，典型牌号有 TB2、TB3、TB5 等。TB2 固溶处理单相 β 组织如图 10-8 所示。

（3）近 β 型合金　近 β 型合金含有临界浓度左右的 β 稳定元素和一定量的中性元素及铝，从 β 相区固溶处理后有大量亚稳定 β 相及其他亚稳定相（α 或 ω 相），时效后主要是 α 相和 β 相，这类合金适合加工成锻件产品，具有优良的强韧性匹配。TB6 是典型的近 β 型合金之一。

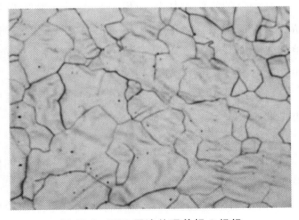

图 10-8　TB2 固溶处理单相 β 组织

10.3.3　钛及钛合金金相样品的准备与浸蚀

1. 样品制备

切取钛合金试样时，应尽量避免过量的变形及过热。镶样时一般采用冷镶。热镶法除了亚稳定的 β 相会分解外，还可能产生氢污染，因为在热状态下镶样材料中的氢可能向试样扩散，尤其是 α 相含量高的试样，由于氢在 α 相中的溶解度极小，当温度升高时溶解度上升，冷却时溶解度下降，从而析出细小、弥散的钛的氢化物。

粗磨通常采用 180#、220#SiC 或 Al_2O_3 砂纸。为防止试样发热，应用湿磨。细磨通常采用 400#、600#SiC 或 Al_2O_3 砂纸，必要时也采用湿磨。

由于机械抛光时易产生金属流动，不但延长了抛光时间，而且金属扰乱层又使浸蚀后的组织显示不清晰。因此，钛合金通常不单独采用机械抛光，而是用机械与化学相结合的抛光方法。所使用的抛光液配比有如下几种。

① 氧化铝或 SiC 粉+皂液+50g/L 铬酸。

② 氧化铝或 SiC 粉+皂液+50g/L 草酸。

③ 氧化铝或 SiC 粉+皂液+1%氢氟酸水溶液。

④ 氧化铝或 SiC 粉+皂液+氢氟酸-硝酸水溶液（氢氟酸、硝酸与水的体积比为 0.5：0.5：99）。

根据抛光时试样表面的浸蚀情况，可改变酸的浓度，使抛光作用略快于浸蚀作用，保证试样表面不受腐蚀。电解抛光是速度快而质量高的抛光方法。

2. 浸蚀试剂

钛合金通常采用化学浸蚀，浸蚀剂可根据合金成分、状态及要求来选择。在钛合金浸蚀用的试剂中，几乎都含有一定浓度的氢氟酸和硝酸，氢氟酸起腐蚀作用，硝酸使腐蚀表面洁净光亮。试剂有水、乙醇、甘油、乳酸等。氢氟酸水溶液试剂浸蚀速度快，难以控制浸蚀程度；乙醇、甘油、乳酸等溶剂起缓蚀作用。

3. 钛合金的浸蚀特征

钛合金的组织中块状 α 相一般在用氢氟酸水溶液浸蚀后略呈暗色，变暗的程度取决于晶粒的位向，被保留的 β 相呈亮白色，转变的 β 相呈黑色。当有氧和氮存在于合金内时，α 相与 β 相难以区分，此时可利用 α、β 相各自的光学特性在偏光下加以区别，α 相为各向异性，而 β 相为各向同性。

当采用一份氢氟酸、一份硝酸和两份甘油组成的溶液时，浸蚀后 α 相常常显得较暗，如要求 α 相着色，可不用硝酸。

4. 钛合金金相检验标准

GB/T 6611—2008《钛及钛合金术语和金相图谱》中规定了相关术语和金相图谱，适用于钛及钛合金金相组织的分析鉴别。

GB/T 5168—2020《钛及钛合金高低倍组织检验方法》规定了两相钛合金高低倍组织的检验方法。

10.4　硬质合金的金相检验

10.4.1　概述

以粉末冶金工艺制得 WC-Co 或 WC-TiC-Co 等类合金，称为金属陶瓷硬质合金，简称硬质合金。硬质合金分为钨钴类（YG）、钨钛钴类（YT）、钨钛钼铌类（YW）、钢结类（YE）、钛镍钼类（YN）、铸造碳化钨（YZ）等。

WC-Co 类合金的一般强度和冲击韧性较高，而 WC-TiC-Co 类合金的耐磨性、热硬性和允许的切削速度则较高。

钢结硬质合金，由 WC 和 TiC 为基与碳素钢、合金钢、高速钢组成。此类合金经热处理退火后，可接受各种切削加工并可进行焊接。淬火并高温回火处理后，钢基体获得索氏体，具有与高钴的 WC-Co 类合金相同的硬度和抗弯强度，故钢结硬质合金可以用来做切削刀具和模具。

10.4.2　硬质合金的金相组织

1）YG 类硬质合金显微组织一般为两相，经铁氰化钾-氢氧化钾水溶液浸蚀呈白色（视场中呈浅天蓝色）为 WC 相（α），暗灰色为黏结相（β），其组织比较均匀。YG3X（K01）、YG（K20）、YG6X（K10）的 α 相比较细密，其中以 YG6X（K10）合金的 α 晶粒为最细，可评为 α-细。YG8、YG8N（K30）则评为 α-细与 α-中之间。以上这些合金大多用于一般切削类工具。

YG 类硬质合金的金相组织如图 10-9 所示。GB/T 3488.1—2014 中 YG11C 以上均为粗晶 WC 相（α）及黏结相（β），则均评定 α-粗。这些粗大的 WC 相及黏结相量多、强度高，硬度稍低些，但韧性相对好些，所以应用于受冲击力大的模具与采矿工具方面。

2）YT 类硬质合金金相组织一般有三种相，即浅灰色块状的 WC 相（α）、黏结相（β）、圆形橙黄（灰）色或褐色的 TiC-WC 相（γ），简称钛相，如图 10-10 所示。各相的色

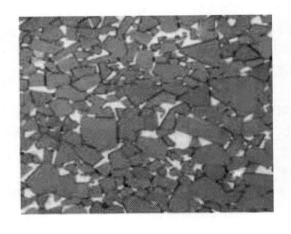

图 10-9　YG 类硬质合金的金相组织

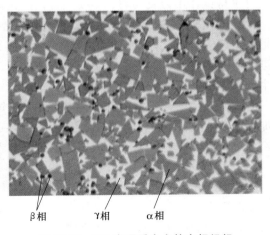

β相　γ相　α相

图 10-10　YT 类硬质合金的金相组织

泽将随着氧化浸蚀的时间或氧化的气氛而略有差异。依据 GB/T 3488.1—2014 评定 α 相晶粒为 α-中，随着钛相含量增加，其 α 晶粒有时也增大，可评定 α-粗。此类合金一般用作低速或中高速切削工具。

3）YG 类和 YT 类合金中加入 TaC、NbC 可以细化原合金中的 WC 相（α）晶粒和 TiC-WC 相（γ）晶粒，又增加一种相——复式碳化物，复式碳化物是不规则细小形状，其硬度比较高。含有复式碳化物的试样在抛光下，用铁氰化钾-氢氧化钾水溶液浅浸蚀 5~7s，即可显示出金黄色的色彩，在随后的较深浸蚀中变深，被其他组织所覆盖。

由于加入 TaC、NbC、CrC 等碳化物，不但提高了这两类合金的硬度和细化 α 及 γ 相晶粒，而且又可大大提高合金的耐蚀性并延长其使用寿命，这是目前硬质合金创新的一个方向。

4）钢结硬质合金有两种，一种为 TiC-钢结硬质合金；另一种为 WC-钢结硬质合金。目前，仍以 TiC-铬钼钢结硬质合金应用比较广泛，TiC-钼为主用于制造模具。该合金压制、烧结成形后，可以进行切削加工，还可以进行热处理退火、淬火、回火处理。其显微组织为烧结后呈白色圆形的 TiC 颗粒硬质相和呈柱状分布较细珠光体黏结相；正火后 TiC 颗粒不变，钢部分为细珠光体和小点粒状碳化物；淬火后钢部分为马氏体、回火马氏体、回火屈氏体及回火索氏体，TiC 圆粒仍均匀分布其中，在热处理过程中 TiC 颗粒组织稳定，基本不变化，可根据性能要求调整钢部分（黏结相）的组织。因此，它具有钢和硬质合金兼有的性能，可以用于多种形状模具与耐蚀零件，实际效果甚好。

10.4.3 硬质合金金相样品的准备与浸蚀

1. 金相样品的制备

硬质合金试样的制备与一般钢材试样不同。因硬质合金制品表面与中心的孔隙和组织均存在较大差异，故通常用合金的折断面作为磨面。试样的截取只能采用线切割，或用锤子击碎取其断面。主要有手工磨抛和机械抛光两种方法。

（1）手工磨抛　手工磨抛适于单个或少量试样。将选定的试样磨面，在粒度为 150~250μm 的碳化硅砂轮上磨制，在磨制过程中要经常用水冷却试样，以免过热产生裂纹。磨制时手持试样用力要均匀，不要经常调换试样磨面的磨制方向，以便得到较平整的磨面。

经砂轮初步磨平的试样用碳化硼或碳化硅粉（粒度为 10μm 或 12μm）研磨。使用时，把碳化硅（或碳化硼）粉用水调成糊状，将此研磨剂撒在转速约为 450r/min 的铸铁磨盘上进行研磨。在研磨过程中不断撒上研磨液，使磨盘上保持一层薄的研磨液，研磨至试样整个磨面出现平滑的灰暗色区域为止。

硬质合金的抛光材料有两种。一种是腐蚀剂抛光，腐蚀抛光液的成分比例为 1000mL 水加 10g 铁氰化钾、10g 氢氧化钾及约 40g 三氧化二铬或氧化铝粉；另一种是人造金刚石研磨膏抛光，后者的抛光速度及制样质量优于前者。

（2）机械抛光　机械抛光可分为粗磨和精磨两个部分。

粗磨：将砂轮磨平的试样面用硫磺镶入约 φ80mm 的镶料圈内，将所有试样放在玻璃板上使磨面在一个平面上，各试样直接保持一定距离，而且最好对称。然后用熔化的硫磺倒入圈内，冷却后即可粗磨。粗磨至消除砂轮痕迹。

精磨：在 $w=85\%$ 的三氧化铝（约 100μm）和 $w=15\%$ 的橡胶混合物特制而成的橡胶盘

上自动旋转进行，并不断将饱和的高锰酸钾溶液滴入盘中金相腐蚀抛光，一般需要 20min 左右。用水将残留的高锰酸钾溶液冲洗干净，磨片表面无磨痕，达到光亮为止。

2. 浸蚀

显示钨钴类及钨钴钛类硬质合金的显微组织的方法有两种：一种为化学浸蚀法；另一种为空气炉中加热的氧化着色法。

（1）化学浸蚀法　化学浸蚀法中常用的化学浸蚀剂如下。

1）新配 $w=20\%$（10%、5%）铁氰化钾水溶液和 $w=20\%$（10%、5%）氢氧化钾水溶液等体积混合液；能显示 WC 相和 TiC-WC 固溶体相，此时钴相变黑。YT 类合金中 TiC-WC 固溶体为橙黄色，WC 相为天蓝色，钴相变黑。

2）新配 $w=10\%$ 铁氰化钾水溶液和 $w=10\%$ 氢氧化钾水溶液等体积混合液。

3）新配 $w=5\%$ 铁氰化钾水溶液和 $w=5\%$ 氢氧化钾水溶液等体积混合液。

2）与 3）中提及的试剂可用以显示 η 相，η 相的颜色呈橙黄至橙红色，如浸蚀时间增加，则 η 相的颜色逐渐变暗。

4）饱和三氯化铁盐酸溶液或复合剂。

（2）氧化着色法　经抛光吹干后的试验置于 450~500℃ 的箱式电炉内加热约 10~15min（加热时间视试样抛光面大小而定）氧化浸蚀至试样抛光面呈浅黄色时取出，空冷至室温即可进行显微观察。这种显示方法能使 YT 类合金中的 WC、TiC-WC、Co 相三种组织明显分开，其效果比化学浸蚀法更优。如炉中氧化时间过长，则抛光面呈深蓝色，已属过氧化，必须重新进行磨抛后再重新加热氧化。

10.4.4　显微组织的鉴别

硬质合金是以粉末冶金方法制得的，是一种固相转变过程。因此这种合金内部和表面就存在着各种具有工艺特征的缺陷，如孔隙、石墨、污垢、η 相等。对这些缺陷进行定性定量分析是确定制品质量的重要一环，而对这些合金内的各种组织进行鉴别也是很重要的。它可以揭示工艺（包括混粉、压制、烧结）过程各个环节的正确与否。另外，对各类合金的缺陷鉴别也是十分必要的。

1. 孔隙度测定

直径小于 $40\mu m$，边界清晰的黑色圆形小孔为孔隙。孔隙会降低合金的强度和耐磨性，孔隙含量越多，影响越大。

孔隙度是指显微镜视场内孔隙所占面积的百分数。抛光后未经浸蚀的试样在显微镜下放大 100 倍或 200 倍进行检测。由于试样内孔隙分布不均匀，故应多观察几个视场，检测时，可逐个视场观察（或从试样截面的边缘至中心），并与 GB/T 3489—2015 规定的级别图进行对照评定，计算出严重孔隙度和一般孔隙度的百分数，但以严重孔隙度为主要依据。

2. 石墨评定

硬质合金中的石墨多数是由于碳含量过高而产生的，其形态多呈巢状、点状，一般比较细小。在 WC-Co 类合金中更是如此。当石墨体积分数达到 2% 时，石墨则呈片状形态。WC-TiC-Co 类合金中的石墨一般呈弥散分布。当石墨体积分数达到 1.5% 时则呈巢状，但较 WC-Co 类合金中的石墨为细。

石墨硬度很低，因此试样磨抛过程中石墨容易剥落，金相观察到的是许多小孔连接或集聚在一起的石墨痕迹。当石墨含量过高时，则会显著降低合金的耐磨性和强度。如在 YG8 刀片中，当石墨体积分数达到 0.2% 时，即能显著降低合金中的切削系数。在硬质合金制品中，石墨有时是与孔隙同时共存的，少量的石墨存在于制品中是允许的。

石墨评级标准应按 GB/T 3489—2015 进行，未经浸蚀的试样在放大 100 倍的显微镜下，选取石墨含量最多的视场与石墨评级图进行比较评定，以百分数表示。若要求更精确些，也可以直接用定量金相进行评定。

3. 污垢度评定

试样经抛光后放大 100 倍下观察，尺寸大于或等于 40μm，形状不规则但边缘清晰的黑色空洞称为污垢。它是在混料和压制工序中带入的灰尘或其他脏物，于烧结后收缩留下的缩孔。试样抛光面上所有的污垢总长度称为污垢度。每一个污垢均应测量其最大长度的尺寸。

在一般刀片中，允许污垢度不超过 150μm，而精密的产品中则不允许出现这种缺陷。污垢会使产品的强度和硬度降低，严重者会使产品脏化而造成废品。

未经浸蚀的试样抛光面，在检查孔隙、石墨的同时，对污垢度可参照粉末冶金金相图谱硬质合金部分进行评定。

4. 缺陷组织

（1）η 相　在 YG 类合金中常出现 η 相。它具有多种形态，有呈条块状的、汉字状的，还有呈聚集状、粒状等形态。η 相性脆、硬度高、强度低，大量的 η 相对合金基体起分割作用，故对合金的性能影响极坏。出现 η 相的原因很多，它是一种贫碳相，除了合金在混料时不均匀或配料不当产生贫碳外，还有混粉后 WC 粉受氧化或烧结时填料及炉内保护气氛不良等原因。抛光试样经试剂浸蚀后要注意观察。有时在基体中会发现均匀分布的细小显微 η 相，这种 η 相对合金性能影响不大。

（2）大块 WC 相　WC-Co 类合金在烧结过程中超过正常温度和保温时间，部分 WC 相晶粒会聚集长大，有时甚至出现大颗粒 WC 相成堆分布。有时合金中出现单个 WC 相大晶粒，可能是 WC 粉料在球磨过程中带入了粗颗粒，于烧结中继续长大和重结晶所致。

（3）分层和裂纹　分层通常位于制品的边角部位，并向内部连续延伸。在显微镜下观察，分层是边缘清楚的长形黑色孔洞，而裂纹则呈细而长的黑色条纹。测定时可用目镜测微尺测量其长度。

（4）欠烧和过烧　硬质合金欠烧和严重过烧，表现为孔隙增加。欠烧所产生的孔隙一般细小，约 5μm 左右，主要集中在产品的中心部位。而严重过烧时，孔隙的尺寸在 10 ~ 20μm，且大部分在表层。过烧的另一个特点是晶粒长大。

5. 相关标准

GB/T 3489—2015《硬质合金　孔隙度和非化合碳的金相测定》适用于硬质合金孔隙度和非化合碳的存在、类型和分布的金相测定方法。

该标准中对孔隙的大小、数量进行了分类定量。孔隙的大小共分三类：第一类为直径不超过 10μm 的孔隙，根据孔隙量的多少分为 4 级，每级都用含量的体积分数表示，如 A02（0.02%）、A04（0.06%）、A06（0.2%）、A08（0.6%）。这一类 4 级图片有两套，一套是放大倍数 100 倍，另一套是放大倍数 200 倍，后者适用于孔隙细小不易分辨清楚时。第二类为直径 10 ~ 25μm 的孔隙，根据孔隙量的多少也分为 4 级，即 B02（0.02%）、B04

（0.06%）、B06（0.2%）、B08（0.6%）。这一类4级图片的放大倍数是100倍。第三类为直径大于25μm的孔隙，在100倍下根据大小分为三个尺寸范围，即 >25 ～ 75μm、>75 ～ 125μm、>125μm，然后用计数法报出单位面积或每个视场中的孔隙数目。

硬质合金中的石墨又称非化合碳，多数是由于碳含量高而过剩。该标准规定选取石墨含量最多的视场与石墨标准图片比较评定，标准图片共分4级，每级都用含量的体积分数表示，即 C02、C04、C06、C08。

若试样中未发现 A 类、B 类孔隙或 C 类非化合碳，则应记为 A00、B00、C00；若孔隙或非化合碳在检验的试样磨面上分布不均匀，则必须鉴定其位置，如顶部、底部、边缘或中心等。

GB/T 3488.1—2014《硬质合金—显微组织的金相测定》适用于硬质合金显微组织的金相测定，该标准主要用于评定碳化物的粗细，分别为（在1500倍的放大倍数下）γ-细、γ-中、γ-粗、α-细、α-中、α-粗，此外，还可以鉴别 η 相和 β 相。

α 相碳化钨细晶粒和粗晶粒如图 10-11 所示。

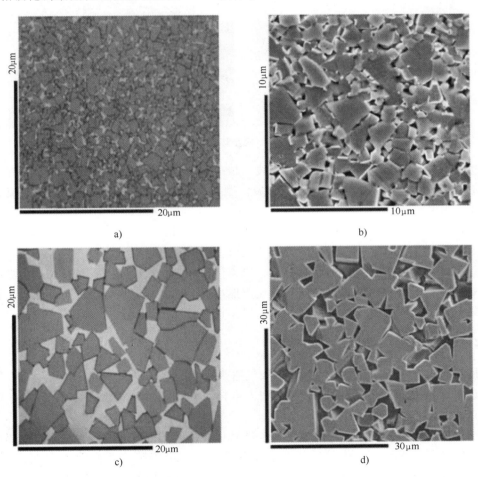

图 10-11　α 相碳化钨细晶粒和粗晶粒

a）细晶粒-光学　b）细晶粒-扫描电镜　c）粗晶粒-光学　d）粗晶粒-扫描电镜

10.5　案例分析

10.5.1　同步环断裂分析

某型号同步环，通过铸造、挤制、锻造、机械加工等工序成形，使用约 10 万次后断裂失效。

从宏观形貌看，同步环于标记槽一侧边缘处存在裂纹，裂纹沿径向分布，完全裂透；断口附近无机械损伤或金属塑性变形等异常情况（见图 10-12）。

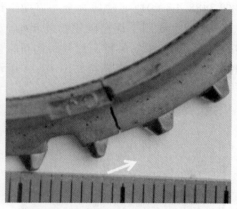

图 10-12　同步环宏观形貌

观察断口微观形貌，断面可见疲劳弧线，根据疲劳弧线的收敛方向判断，裂源位于标记槽一侧拐角部位，由此开裂并向内部扩展。裂纹源侧面存在多条折叠样现状痕迹，如图 10-13 所示。

在裂源附近区域制取金相试样，经铜合金浸蚀剂浸蚀后，裂源附近部位可见楔形凹坑，凹坑底部有裂纹向内部延伸，其中一条裂纹在厚度方向几乎贯穿（见图 10-14）。

综上，同步环断口具有疲劳断裂特征，启裂位置处于标记槽一侧拐角部位。裂源附近可观察到疑似折叠的沟槽状缺陷，即同步环在成形过程中已在标记槽处形成折叠缺陷，使用过程中于缺陷底部萌生疲劳裂纹并向基体内扩展，直至断裂。

10.5.2　增压器吸气弯头开裂分析

增压器吸气弯头，材质为 ZL104，该吸气弯头在使用过程中于底部安装法兰与吸气弯头本体的过渡圆角处出现开裂，即图 10-15 中方框标记处；裂纹单侧长度约 80mm，在壁厚方向上贯穿（见图 10-15）。

观察断口宏观形貌，断面呈银灰色，未见氧化腐蚀，无机械损伤及明显的塑性变形；根据断口形貌判断，裂纹应由本体的过渡圆角附近起始，沿安装法兰面的 R 角向两侧扩展。断面上分布较多发亮的发光小刻面（见图 10-16）；断口微观形貌显示台阶状小平面，类似解理特征（见图 10-17）。该部位的金相组织显示，吸气弯头基体组织为 α 铝基体+针条状共晶硅，呈严重变质不良特征（见图 10-18）。

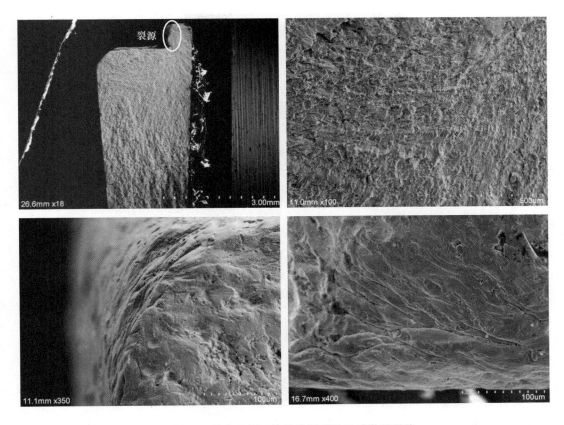

图 10-13　同步环断口及其裂源附近区域微观形貌

图 10-14　标记槽拐角截面组织　200×

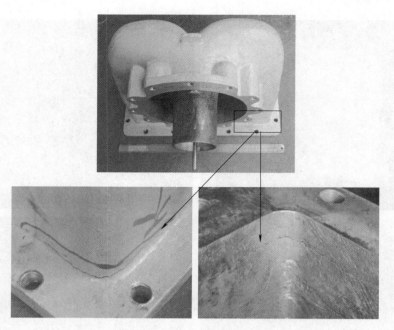

图 10-15　吸气弯头宏观形貌

综合上述分析结果可知，增压器吸气弯头的开裂部位处于底部安装法兰与吸气弯头本体的过渡圆角处，裂源处无机械损伤，未见明显的塑性变形，其微观形貌类似解理特征，裂纹沿硅相扩展；由金相检验结果可知，共晶硅为针条状，呈严重变质不良特征。针条状共晶硅与颗粒状相比，对基体的割裂作用更明显，使材料的力学性能降低，这也是导致其开裂的主要原因。

图 10-16　吸气弯头断口宏观形貌

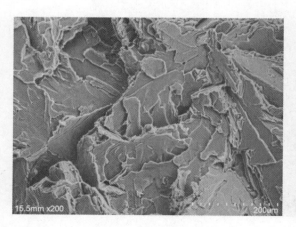

图 10-17　断口微观形貌

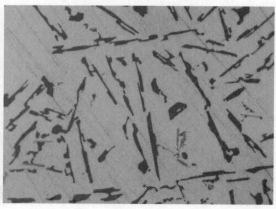

图 10-18　断口金相组织　500×

第11章

金相检验常见问题

11.1　引言

　　金相检验作为理化检验的重要部分，涉及面广，内容繁多。从原材料到中间过程，到成品再到使用失效，贯穿整个产品生命周期。金相检验常规内容如图 11-1 所示，主要包括宏观检验（低倍）、非金属夹杂物、晶粒度、显微硬度和金相组织等五大范畴，其中前三类作为金相检验的基础内容，几乎占到了检测任务的一半，第五类（金相组织）则是根据材料、工艺的不同千差万别。

　　图 11-2 所示为金相检验流程图，包括切割取样、粗磨、细磨、抛光、浸蚀、观察等

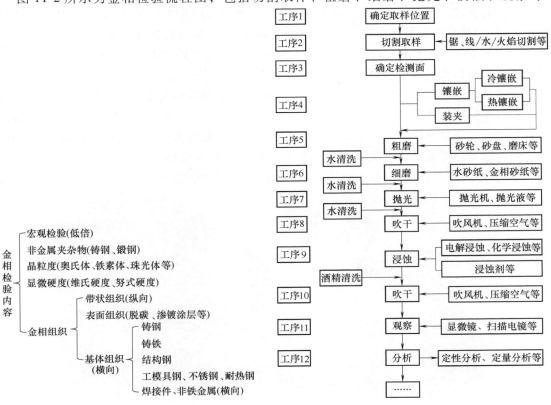

图 11-1　金相检验常规内容　　　　　　图 11-2　金相检验流程图

工序，受人为因素影响很大，每个环节的操作失误都有可能导致评判结果出现误差，这就对金相检验人员的技术水平提出了很高的要求。

11.2　案例分析

本节从制样和检验两个大的方面列举 26 个案例，对金相检验常规内容中容易出现的问题展开讨论。

11.2.1　低倍试片制样

低倍检验又称宏观分析，是通过肉眼或 20 倍以下放大图像来检验钢及其制品的宏观组织和缺陷的方法，判定结果直接反映同一炉号的钢材或制品是否合格，影响范围很大。低倍制样主要包括磨削加工和浸蚀两道工序，下面将分别列举各工序中可能出现的问题。

（1）磨削加工工序　低倍试片一般从钢材、制品的横截面或纵截面切取，根据被加工工件的硬度不同，工厂里多采用锯床和线切割两种加工方式，无论何种方式，均会使加工面产生损伤层，而磨削加工的目的便是去除该损伤层并获得平整的无机械损伤的待检面。磨削加工过程通常会出现磨浅和磨伤两种异常情况，前者不难理解，即在磨削量不足时会残留前道工序产生的切割加工纹路；后者则又可划分为进刀量过大造成的磨伤和被加工工件硬度过高造成的磨伤。图 11-3 所示为轧辊低倍试片，该轧辊经过工频感应淬火，表面硬度高达64HRC，心部调质态硬度仅为 20HRC，工厂在磨制过程中采用普通砂轮片（硬度约60HRC），结果轧辊试片表面因磨不动而导致磨削烧伤，并发生龟裂的现象。

（2）浸蚀工序　GB/T 226—2015 明确规定，检验钢的低倍组织及缺陷可采用热、冷酸浸蚀法和电腐蚀法，仲裁检验时，若技术条件无特殊规定，以热酸浸蚀法为准，同时给出了热酸浸蚀法的建议腐蚀时间，但范围较大，冷酸浸蚀法对时间的要求则未做明确规定，这样就会导致不同的操作人员评价结果存在一定的差异。图 11-4 所示为不同浸蚀程度下的试片形貌，可见浅腐蚀时缺陷特征未显示出，过腐蚀时缺陷被放大，尤其疏松类孔洞缺陷随着腐蚀时间的延长，明显呈"恶化"趋势。另外，碳素钢较合金钢的耐蚀程度低，对腐蚀时间更加敏感。因此，日常检测中务必针对不同材质、不同性质的缺陷制定合适的浸蚀方式和浸

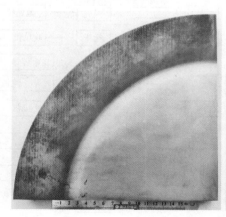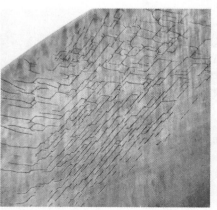

图 11-3　轧辊低倍试片

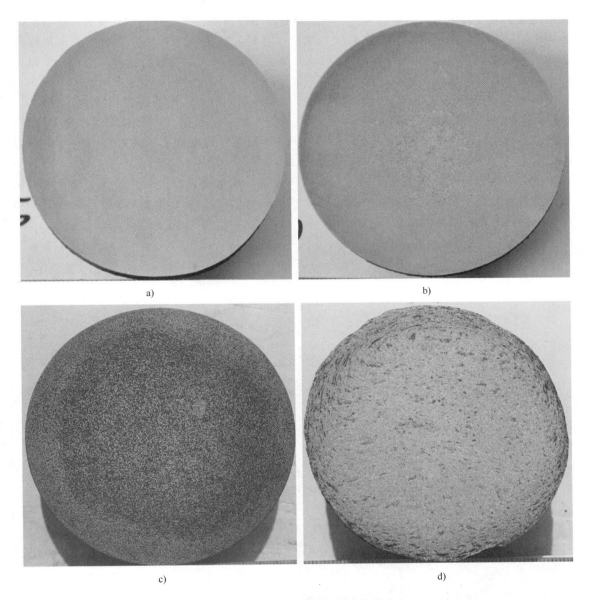

图 11-4　不同浸蚀程度下的试片形貌
a）浅腐蚀　b）正常腐蚀　c）过腐蚀　d）严重过腐蚀

蚀时间，同时定期更换浸蚀介质。

11.2.2　非金属夹杂物检验

　　钢中非金属夹杂物按其来源可分为内生夹杂物和外来夹杂物，前者是由于脱氧、脱硫等化学反应生成的，后者则主要源于耐火材料、炉渣、钢液二次氧化等。它们的类型、大小、数量和分布形态对材料的性能有着不同程度的影响，同时也反映出钢液的冶炼质量，夹杂物一旦产生，通过后续形变加工只能改变其形态，且几乎不受热处理的影响。

　　因为夹杂物的分布是随机的，通常针对熔炼炉次考虑，检测结果直接关系到同批钢材的合格与否，故作为原材料的必检项目。越来越多的研究表明，夹杂物对钢材疲劳性能有着显著的影响，实践证明重载工况下的齿轮（如风电齿轮）的失效与大尺寸夹杂物或聚集性夹杂物的存在密切相关，尤其传动件对大尺寸的 D 类或 DS 类夹杂物的控制愈加严苛，常出现因夹杂物不合格而批量退货的情况。

以图 11-5 中的点状物为例，具有以下三方面特征：第一，平面投影尺寸大，有棱角，根据夹杂物形态评定级别为 DH0.5s（20μm）（见图 11-5a）；第二，顺着磨制方向有拖尾，延长抛光时间拖尾消失（见图 11-5b）；第三，此类点状物常出现在试样磨制方向的末端边缘附近。

值得指出的是，图 11-6 所示的"夹杂物"能谱分析结果显示，上述点状物成分为氧化铝，经与水砂纸表面颗粒物对比发现，其尺寸和成分均与之高度吻合。因此，判断图 11-5 中的颗粒物为制样带来的假象。

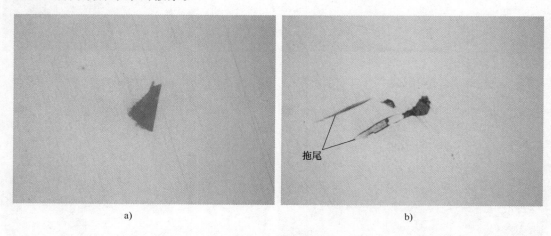

图 11-5　抛光态形貌

a）平面投影　b）拖尾

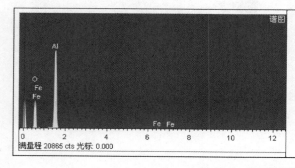

元素	质量分数(%)	摩尔分数(%)
O	50.71	63.84
Al	47.63	35.56
Fe	1.66	0.60
总量	100.00	

图 11-6　"夹杂物"能谱分析结果

11.2.3　线切割制样

金相检验标准中试样制备章节均会明确指出，制样过程中应保证显微组织不发生变化。金相试样的常规制取方式有锯床、火焰切割、水切割、线切割等，多种方式各有优缺点，本小节仅对线切割举例说明。

图 11-7 所示为某轴承内圈低、高倍形貌，低倍形貌显示内圈表面大范围区域呈麻坑状，高倍形貌可见麻坑处挤压变形特征明显。采用线切割方式取样进行金相检验，表面组织如图 11-8 所示，轻微磨制、浸蚀后表面呈弧坑状，最表层组织以淬火马氏体为主，因未回火所以难以浸蚀（呈白色），次表层则因发生了高于基体回火温度的回火而易于浸蚀（呈深色），整体具有局部电蚀特征。需要注意的是，高倍形貌并未发现缺陷处有熔融迹象，且图 11-8a 中基体上局部也出现了类似电蚀特征的"白斑"。因此，将图 11-8a 中的试样继续深磨约 0.5mm 并再次浸蚀，图 11-8b 显示上述特征消失，表面仅存在几微米深度的形变马氏体层，这与高倍形貌也是吻合的。

综上可知，线切割损伤层虽然很浅（一般小于 100μm），但如果制样过程中未进行有效去除，将在分析时出现方向性误判，尤其在电蚀失效经常发生的轴承、齿轮等传动件领域更是如此。

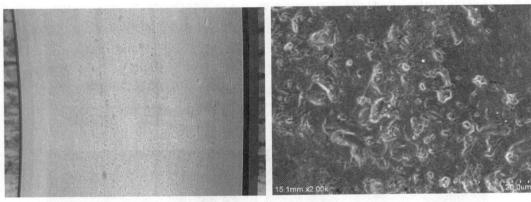

图 11-7　某轴承内圈低、高倍形貌

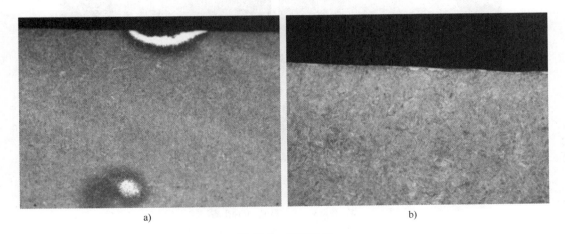

a)　　　　　　　　　　　　　　　　　b)

图 11-8　表面组织

a）浅层磨制　100×　b）正常磨制　500×

11.2.4　平面磨床制样

金相试样有时需要在平面磨床上对粗糙的切割面进行预磨，因为是粗磨，现场经常出现不规范的磨制现象，对进刀量、冷却方式等都没有明确规定，导致磨削烧伤甚至磨裂的情况时有发生。

图 11-9 所示的磨削试样中，齿块预磨后沿磨削方向存在烧伤带，且经过后续精磨、抛光未能将其去除，浸蚀后烧伤带仍然清晰可见。图 11-10a 所示为上述烧伤带处的显微组织，主要表现为两种形式：浅色淬火马氏体和深色过回火组织，前者为磨削过程中发生奥氏体化后在冷却液激冷作用下形成的，因未充分回火使得组织以淬火马氏体为主，硝酸乙醇不易浸蚀而呈发白的浅色特征；后者则是在齿轮回火温度至奥氏体化温度区间内回火，不同位置或同一位置相邻区域都可能表现为不同程度的回火，在硝酸乙醇的浸蚀作用下呈现深浅不一的色泽，但整体易于浸蚀。对比显示未烧伤区域的基体组织为低碳马氏体+贝氏体，为典型的低碳低合金钢的淬火+低温回火组织（见图 11-10b）。

另外，对图 11-9 中不同组织特征区域进行硬度测试，正常基体硬度约 38HRC，淬硬区（浅色）硬度>40HRC，不同区域硬度略有差异；过回火区（深色）硬度<35HRC，不同区域硬度差异明显，这与回火程度有关。需要说明的是，有些磨伤特征并没有本案例中显著，检测人员通过宏观形貌往往无法鉴别，这对于齿轮等特殊产品反而是致命的。根据工况等要求，齿轮产品对有效硬化层深度有着严格的规定，若齿块在磨制过程中发生轻微磨伤，通过金相组织区别困难，但反映在硬度上则可能出现表面硬度不合或者梯度偏浅的现象，从而造成结果误判甚至产品报废，对生产工艺形成错误的方向指导，会造成成本的极大浪费，对生产影响很大。

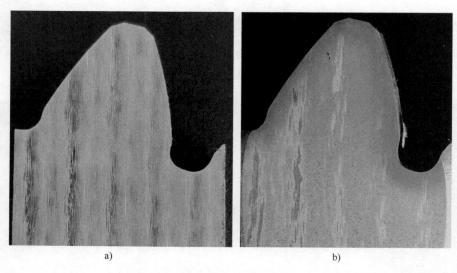

a)　　　　　　　　　　　　　b)

图 11-9　磨削试样

a）预磨后　b）抛光+腐蚀形态

11.2.5　带状组织检验

带状组织是由于钢在凝固时偏析并在随后变形时形成的较有规律性排列的层状结构特征，影响其严重程度的因素主要包括偏析程度和形变程度（形变率），因此一般轴类零件的带状组织特征较为明显且级别相对较高，力学性能的各向异性也更为突出。

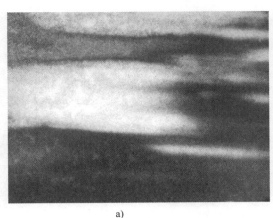

a)   b)

图 11-10 烧伤带处的显微组织

a) 烧伤部位 50×   b) 正常部位 500×

GB/T 34474.1—2017《钢中带状组织的评定 第 1 部分：标准评级图法》较 GB/T 13299—1991《钢的显微组织评定》（已作废）进行了有效的完善和补充，一方面对碳含量范围作了适当调整，由原来的小于 0.5% 修订为目前的 0.6%；另一方面明确了带状组织为铁素体带+第二类组织带，其中第二类组织可以是珠光体、贝氏体、马氏体或其他混合组织，极大地扩大了标准的适用性，解决了一些低碳高合金钢退火难以形成铁素体+珠光体的难题。

图 11-11 所示为 42CrMo 带状组织采集图片，将完全退火后的金相试块磨掉约 0.5mm 后进行带状组织评级（见图 11-11a），珠光体含量仅约 15%，在不考虑合金元素的影响下，根据杠杆定律计算碳的质量分数约为 0.134%，说明该组织采集于脱碳层区域。继续将上述试块磨掉约 0.5mm，图 11-11b 显示铁素体含量约 55%，计算碳的质量分数约为 0.358%，仍低于基体（0.44%），再次说明该组织可能处于脱碳层，且按照标准 C 系列评级带状约 4 级。进一步地，为了保证脱碳层全部去除，将试块切割掉 3mm 后重新制样，如图 11-11c、d 所示，基体珠光体含量较前两者明显增多，其中图 11-11c 评定级别约 1 级，图 11-11d 评定级别约 2.5 级，这是因为采集视场不同所致。

综上，对于 42CrMo 这类中碳低合金钢而言，严重脱碳区易于辨别，轻微脱碳层带状级别可能远高于基体。因此，带状组织评级时须保证脱碳层完全被去除，且应选用检查面上最严重的视场进行评定，否则将出现图 11-11c、d 中两种差异较大的结果。通常带状组织试样须经过退火制取，若采用等温退火方式处理，则脱碳层相对较浅；若采用完全退火方式处理，则脱碳层较深。

11.2.6 彗星拖尾现象

球墨铸铁中石墨呈球状或近球状，其应力集中现象较蠕墨铸铁、灰铸铁等其他几类铸铁小很多，且可通过正火、调质、等温淬火等热处理工艺获得与钢相当的力学性能，因此铸铁中球墨铸铁的应用最为广泛，而石墨的形态检验也备受关注，其中球化率最为关键。

图 11-12 为不同抛光状态下的石墨情况，图 11-12a 中有石墨拖尾现象，经统计有效石墨

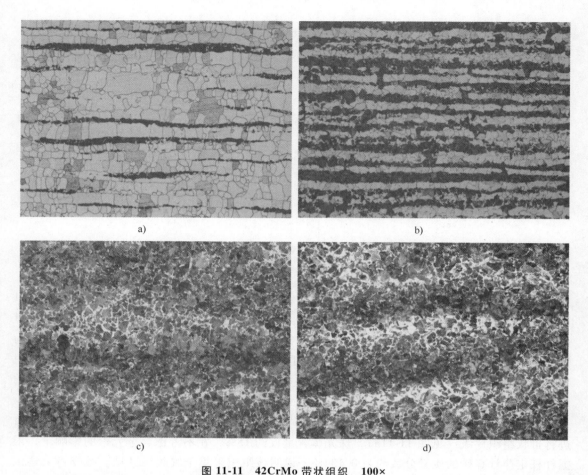

图 11-11　42CrMo 带状组织　100×

a）脱碳层带状之一　b）脱碳层带状之二　c）基体带状之一　d）基体带状之二

数量共 197 颗，圆整度系数为 0.6~0.8 的共 96 颗，0.8~1.0 的共 58 颗，根据 ISO 945-4：2019 计算球化率为 89.4%；将试样重新抛光制样，图 11-12b 中有效石墨数量共 208 颗，圆整度系数为 0.6~0.8 的共 95 颗，0.8~1.0 的共 113 颗，球化率为 92.3%。经过对比发现，前者球化率评定为 3 级，球状石墨（圆整度系数为 0.8~1.0）约占 29.4%；后者球化率评定为 2 级，球状石墨占比高达 54.3%。由此可见，抛光不良的情况下不仅球化率可能存在级别差，球状石墨也因拖尾或边缘不圆滑而导致圆整度系数显著下降。另外，抛光不良可能导致石墨脱落，图 11-12c 中约 30% 的石墨发生脱落。

　　图 11-13 中共晶硅和图 11-5b 中非金属夹杂物在磨抛时也会出现彗星拖尾现象，因此可以推断：当基体中存在与其性质相差较大的第二相时，抛光不良均有可能导致上述现象，而根据不同的材料掌握抛光力度和时间可以有效避免此类问题的发生。

11.2.7　保边不良现象

　　为了提高零件的耐磨性、耐蚀性、导电性、润滑性、疲劳强度、抗咬合性等，一般会采用相应的表面处理技术，表面处理金相试样的制备工序与常规金相试样大致相同，但由于最

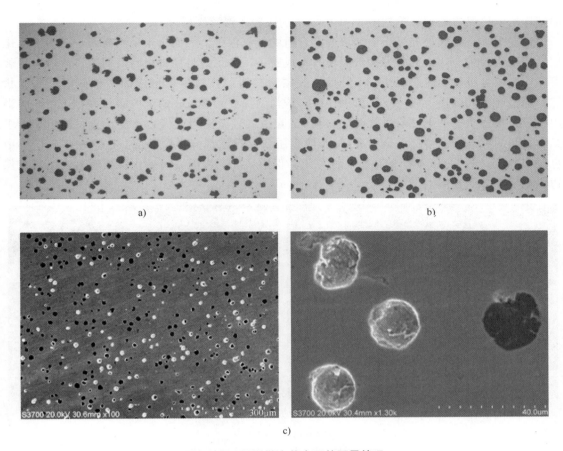

图 11-12　不同抛光状态下的石墨情况

a）石墨拖尾　b）石墨良好　c）石墨脱落

图 11-13　共晶硅拖尾　50×

重要的检验项目是表层显微组织观察和深度测定，一般截取横向试样并用镶嵌法或夹持法保证样品边缘平整、完好，不得有倒边、倒角现象。因此，但凡需要检验表面（组织）形态的试样均需要保边处理，包括图 11-1 中列出的脱碳、渗镀涂层等。

钢在中、高温热处理过程中如果没有合适的气氛保护，表面由于受到高温炉气的氧化作用，造成组织中全部或部分失去碳原子，形成脱碳现象，这将使得材料表面的淬硬能力显著下降，影响其服役性能。图 11-14 所示的脱碳组织为制样过程中形成的两种截然不同的状态，保边磨制的试样表面清晰，可见连续、均匀的深度约 80μm 的全脱碳层和约 80μm 的半脱碳层，塌边状态下则显示总脱碳层为 0。假设试样轻微倒边或保边不良，有可能出现介于二者之间的状态，保留部分全脱碳层+半脱碳层或仅存在部分半脱碳层。这点在渗碳试样中也较为常见，图 11-15 所示的渗碳表面显示，保边情况下表面晶间氧化特征明显，塌边或保边不良则会降低其级别。

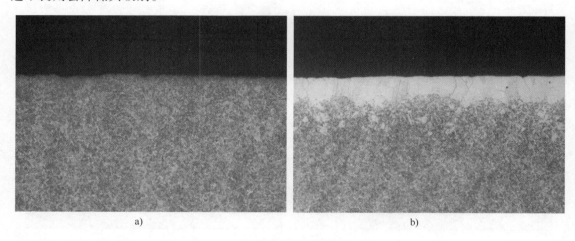

a)　　　　　　　　　　　　　b)

图 11-14　脱碳组织

a）塌边　100×　b）保边　500×

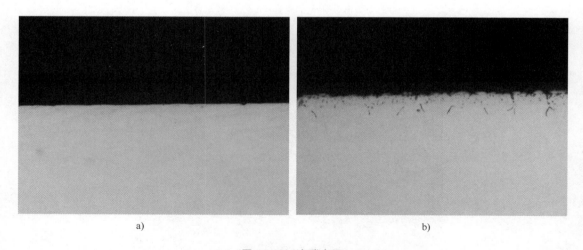

a)　　　　　　　　　　　　　b)

图 11-15　渗碳表面

a）塌边　100×　b）保边　500×

图 11-16 所示为渗氮组织金相图片，保边不良时可能出现白亮组织断续或局部崩落的情况。渗氮作为一种特殊的化学处理方式，由表向内的组织依次为 $\varepsilon \rightarrow (\varepsilon+\gamma') \rightarrow \gamma' \rightarrow (\alpha+\gamma') \rightarrow \alpha$，

浸蚀后最表面薄层即为白色的 ε 相，该组织硬度高（一般大于 800HV）、脆性大，磨制过程中易发生崩落现象。同时因各类产品技术要求不同，有些表面白亮组织深度可能不足 1μm，即使保边的情况下也要细心磨制和仔细观察。

另外，镀铬也是各类轴类零件为了增加表面耐磨性而采用的一种表面硬化措施，尤其镀硬铬时表面硬度可达到 1200HV 以上，对应的脆性极大。需要指出的是，镀铬处理的零件基体状态各不相同，有感应淬火、正火、调质等，图 11-17a 所示为 45 钢基体正火+表面镀硬铬处理工序，这样镀层和基体之间或将存在约 1000HV 的硬度差，二者硬度匹配性很差，磨制试样过程中稍有不慎便会造成镀层崩落或开裂的现象，非常容易在矿山机械、挖掘机等恶劣工况下使用销轴的疲劳失效分析中引起误判。又例如，图 11-17b 所示的镀铬层压溃正好发生于疲劳源附近，那么究竟是先压溃再疲劳，还是先断裂再引起断口边缘压溃则需要进一步研究判断。

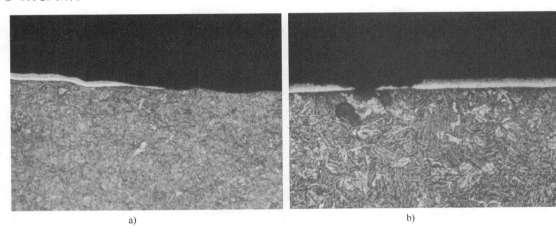

图 11-16　渗氮组织

a）倒边　200×　　b）崩落　500×

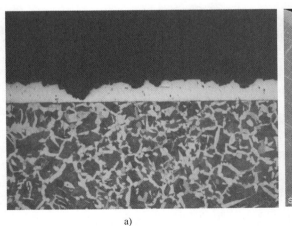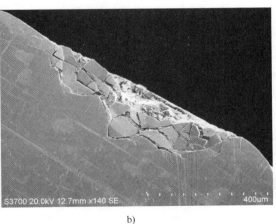

图 11-17　镀铬层

a）崩落　200×　　b）压溃

11.2.8　边缘渗水现象

　　金相试样制备过程中的渗水问题是时常困扰金相检验人员的一大难题，尤其对于失效分析人员而言，裂纹类试样的边缘渗水会直接导致显微组织、形貌的不真实，甚至产生假象等。如何避免或减轻渗水程度是相关工作者需要关注和解决的问题。

　　图 11-18 所示为常见渗水试样，展示了几种较为常见的易发生渗水的情况。第一种情况对于小而薄且需要保边的试样，通常是要经过镶嵌处理的，具体有冷镶和热镶两种，前者在室温下进行，对样品没有回火作用，可同时对多个样品进行镶嵌，但凝固时间比较长，后者一次仅镶嵌一个压块，且镶嵌过程中有 <200℃ 的回火效应。无论采取何种镶嵌方式，样品表面的状态、镶嵌料的质量、镶嵌温度、压力、时间等均有可能对最终的镶嵌效果产生影响，发生渗水最为直接的原因就是样品表面和镶嵌料之间存在间隙。第二种情况在材料缺陷中较为常见，诸如疏松、缩松、缩孔、气泡、气孔、冷隔等铸造缺陷，此类缺陷一般为样品本身携带，制样过程无法避免。第三种情况在断裂失效分析中最为普遍，即对含裂纹试样的观察和分析，一方面要对裂纹的形貌进行观察（如裂纹两侧有无高温氧化质点、氧化皮，裂纹扩展路径是沿晶还是穿晶，裂纹起始位置是否有冶金缺陷或加工缺陷等），另一方面要对裂纹两侧的显微组织进行评定（如裂纹两侧组织是否发生脱碳、增碳，裂纹附近组织与基体之间是否存在明显差异等）。总之，无论是上述哪种情况，在浸蚀过程中均会由于毛细作用而发生所谓的"渗水"现象。

　　那么"渗水"真的是水吗？笔者针对裂纹试样分别进行了三组试验：水中浸泡、乙醇中浸泡、浸蚀剂浸蚀。结果发现，水中浸泡和乙醇中浸泡的裂纹处并未发生"渗水"，这点也可由裂纹试样经抛光收水后不出现渗水的现象来证明。而浸蚀后的样品则出现"渗水"现象。因此，笔者判断：无论是水还是乙醇，都是纯物质且与材料本身不发生化学反应，浸泡后通过吹风机吹干的过程容易挥发。而浸蚀剂则不同，不仅与待检面基体相互反应，而且渗入裂缝后持续与裂纹面上的基体发生进一步的反应，尽管随着反应的不断进行，浸蚀剂的浓度逐渐下降，但最终也会伴随着浸蚀产物逐渐渗出表面，渗出后乙醇很快被吹干挥发，浸蚀产物则可能沉积在裂缝边沿产生花斑，尤其在倒置式显微镜观察时这种现象更为明显。

　　针对上述"渗水"现象，笔者通常采取如下措施：①压缩空气，为了防止渗水速度大于挥发速度，采用强力吹风（压缩空气），将试样倾斜一定角度，压缩空气从上往下与样品浸蚀面呈一定夹角，且在吹风的过程中间断地喷洒无水乙醇将裂纹边沿的浸蚀产物清洗掉；②超声清洗，浸蚀后将试样浸泡在无水乙醇中进行超声清洗，及时清除裂缝内的浸蚀产物，但在超声清洗前必须保证试样表面尽量洁净，超声清洗时浸蚀面垂直放置，避免异物沉积在浸蚀面上；③裂缝填充，中船重工 725 所提出裂纹试样在处理前用 502 胶水填充裂缝，待胶水浸入裂纹并凝固后进行磨制、抛光、浸蚀和吹干，效果良好。

11.2.9　划痕辨别

　　金相制样的关键指标之一是无划痕，用于抛光态形貌的直接观察或浸蚀后显微组织的检查，绝对的无划痕制样非常困难，实际操作中也是不存在的，因为磨削、抛光过程采用的最细抛光料通常也是 1μm 以上的硬质合金颗粒，因此，常说的无划痕一般指划痕横向尺寸在 1μm 以内，光学显微镜下基本观察不到。

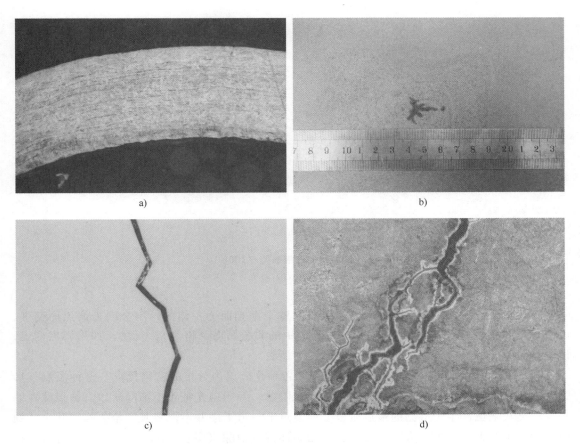

图 11-18 常见渗水试样

a）镶嵌样 b）孔洞缺陷 c）裂纹抛光态 d）裂纹浸蚀态

划痕是样品表面上的线性凹槽，从字面意思看首先是线性，其次是凹槽。线性缺陷的产生缘于试样与颗粒物之间的相对运动，凹槽则说明试样表面被犁削而发生材料损失，在金相制样流程中，无论是粗磨、细磨还是抛光，涉及的磨粒硬度一般都比试样本体高，而磨粒的尺寸则依次减小。因此，制样不同阶段产生的划痕主要差异在于划痕深度、宽度、密度的不同，粗磨阶段划痕宽而深、数量较少，精磨、精抛阶段划痕细而浅、数量较多，但后者在浸蚀后对基体组织的判别无明显影响（见图11-19）。除磨粒因素外，磨抛时间和力度也很关键，时间短、力度小则消除不了前道划痕，时间长、力度大则可能拔出脆性相或因摩擦力太大而造成新的划痕。另外，因为金相试样尺寸小，磨抛半径相对较大，产生的划痕在磨抛面上显得笔直。

对于划痕类缺陷，建议每次磨抛与上一道呈 90°方向进行，保证划痕去除后再进行下一道工序，对已产生的划痕则在上一道工序再加工去除。精抛阶段可定期用洗洁精等清洁产品对抛光绒布进行清洗，将嵌入布上的细小硬质颗粒去除。

11.2.10 黑点辨别

黑点，顾名思义，在光学显微镜下呈黑色点状，可能为基体第二相，也可能为制样缺

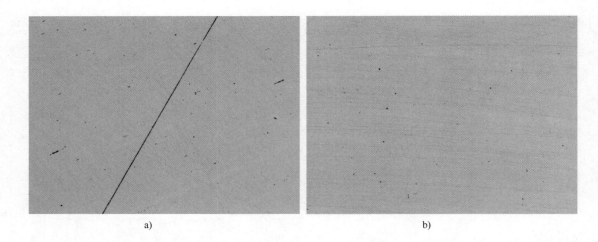

a)   b)

图 11-19　划痕缺陷　100×
a）粗磨　b）抛光

陷。在放大倍数为 500 倍下观察时，若黑点和整个抛光面为一体的，不会因为调焦而变虚，说明是基体第二相（如铜合金中的 Pb 相，钢中的非金属夹杂物等）；反之，如果调焦变虚，说明黑点和基体是分离的，很可能是外来因素所致。

　　图 11-20 列举了两种典型的黑点缺陷，第一种是较均匀分布的密集黑点，这种黑点外形圆滑、分布均匀，尺寸基本相当，产生于精抛阶段，缘于抛光绒布不洁净所致。值得注意的是，此类缺陷虽产生于磨抛的最后阶段，但通过上一道工序并不能将其完全去除，甚至从细磨阶段返工也无济于事，大多需要从头开始制样方可消除（见图 11-20b）。此外，材料组织状态不同对黑点观察产生的效果也不尽相同，图 11-20c、d 所示分别为马氏体基体和回火索氏体基体，可见浸蚀后马氏体基体上黑点依然清晰，严重影响组织观察，回火索氏体基体则因本身含有大量颗粒状碳化物而对组织观察影响较小。第二种是局部集中分布的黑点，图 11-20e 所示为铝合金基体上聚集分布着的黑色细小颗粒物，这些颗粒物容易与基体第二相或残留变质剂等发生混淆，但经重新制样后被完全去除（见图 11-20f），判断其为铝合金磨制过程中产生的磨屑黏附，因基体较软嵌入所致。

11. 2. 11　（较硬）薄壁试样磨削加工

　　薄壁试样要求测试横截面显微硬度。经粗磨后精抛，去除前道遗留的粗大划痕（见图 11-21a）。采用 2.94N（0.3kgf）载荷进行硬度测试，结果显示硬度不均匀，大部分区域硬度为 550HV，局部硬度为 460HV。用 4% 硝酸乙醇溶液浸蚀后观察，发现在试样表面有呈条状分布的深色区域，与磨削方向一致（见图 11-21b）。高倍下观察，正常部位基体组织为回火马氏体（见图 11-21c）；深色区域以回火屈氏体为主（见图 11-21d）。

　　该产品硬度较高，磨削时砂轮上凸起砂粒与材料表层瞬时摩擦，会导致局部产生较大的热量，造成回火烧伤，使硬度下降。因此，对于磨削加工试样表面进行低载荷显微硬度检测时，应在粗磨阶段适当处理以消除局部表面薄层烧伤的影响，同时在下一道磨削时保证上一道产生的划痕被去除。

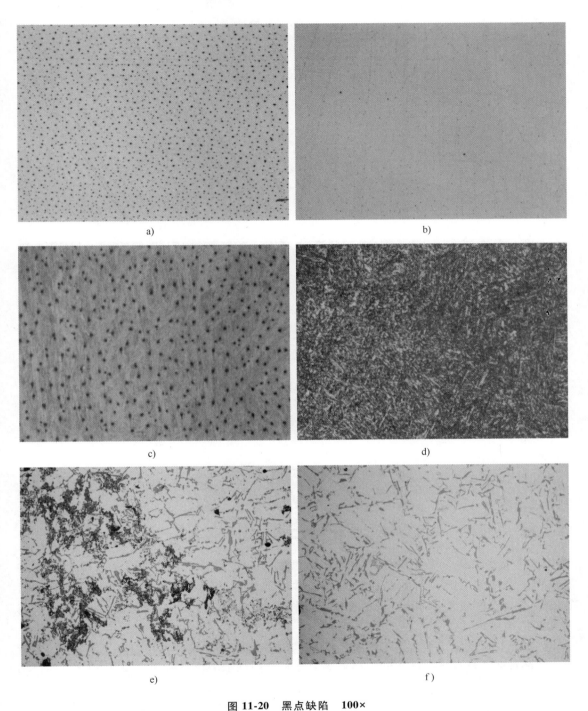

图 11-20 黑点缺陷 100×

a）黑点 b）二次磨抛 c）马氏体基体 d）回火索氏体基体 e）ZL101 磨屑黏附 f）ZL101 正常基体

　　另外，需要说明的是，此类烧伤易在薄壁试样不进行镶嵌且采用手工磨制的过程中发生，因为一方面薄壁试样容易造成偏磨；另一方面在同样力道磨制并产热的情况下，薄壁试样散热能力差。

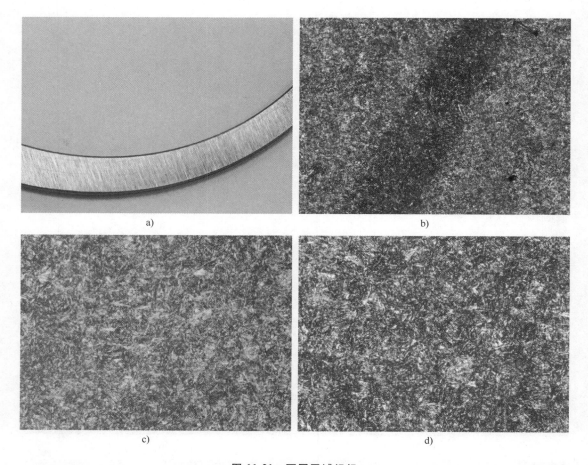

图 11-21　不同区域组织

a）表面宏观状态　b）表面组织　100×　c）正常组织　500×　d）回火区组织　500×

11.2.12　（较软）薄片试样单向磨削加工

11.2.9 小节提及金相制样过程中前后磨制方向应旋转 90°，目的是去除上一道磨制过程中产生的划痕。实际金相检验时经常会遇到薄片试样，这类试样一般具有薄而软的特点，厚度通常<5mm，原料为低碳钢轧制板材或奥氏体不锈钢等，制样时或采用夹具夹持或镶嵌。

倘若制样时既不用夹具也不镶嵌，采用纯手工磨制，那么必然造成制样人员始终沿长方向磨制的现象，最终沿试样宽度方向形成不同深度的磨痕，呈波纹状（见图 11-22）。浸蚀后易造成"带状偏析"的假象。

11.2.13　二次抛光制样

二次抛光制样常指因浸蚀问题（如过深、不均匀等）导致组织不宜观察而需要重新抛光的情况。

当试样浸蚀过深时，将通过二次抛光去除浸蚀层，重新抛光出新的待观察面。倘若仅在

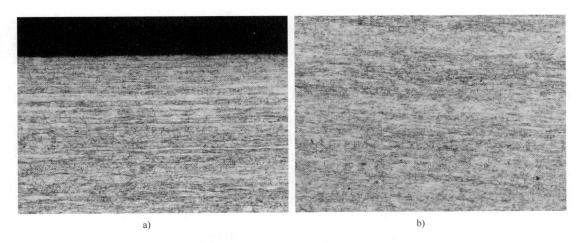

a)　　　　　　　　　　　　　　　　b)

图 11-22　单方向磨制假象　100×

a）表面组织　b）基体组织

精抛阶段轻抛几下而未将前道浸蚀层完全去除，那么在二次浸蚀后组织的衬度将明显下降，甚至模糊。图 11-23a 所示为良好制样的组织，可见回火索氏体颗粒物清晰分明；图 11-23b 所示为二次抛光制样的不良组织，存在虚化现象。

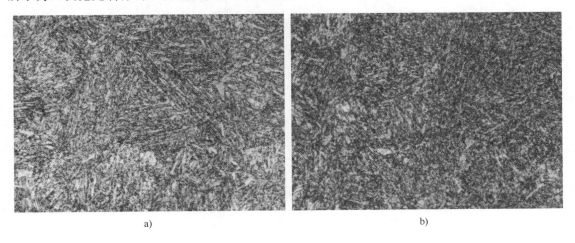

a)　　　　　　　　　　　　　　　　b)

图 11-23　二次抛光制样　500×

a）良好制样　b）二次抛光制样

11.2.14　脱碳层深度测量

脱碳是钢表层的一种碳损失现象，根据损失程度分为完全脱碳和部分脱碳两种，脱碳后钢材表面硬度下降，对应的疲劳强度也会明显降低，尤其对受力较为复杂及表面应力较大的结构件，如弯曲、扭转、旋弯等载荷条件下，工件表面极易发生早期疲劳失效。因此，较为重要的钢件对脱碳层的检验通常都有明确的规范。GB/T 224—2019 中规定了脱碳层取样、测定方法和试验报告的要求等，本小节不再赘述。

　　下面列举一种工程应用中脱碳层的测定案例。图 11-24 所示为脱碳层显微组织，图 11-24a、b 所示分别为低、高倍下的金相照片，由图可知，低倍下次表层存在一条白亮带，该白亮带与表面平行且具有一定宽度，放大后可见组织为半脱碳组织，反观近表面组织为回火索氏体，未见明显脱碳现象。这是因为工件长期在高温炉气中发生了脱碳超标，后又进行了补渗处理，但因渗碳工艺控制不当，造成了"五花肉"形式的低倍形貌，即近表层补渗了碳，而次表层并没有。

　　上述案例中有几个注意事项：第一，表面脱碳情况的观察尽量先在低倍下进行，再选择有代表性的视场高倍测量，否则图 11-24 中高倍下仅观察到最表层深约 $10\mu m$ 的脱碳层而误判为合格；第二，脱碳层的测定无论是最严重视场法还是平均法，均是从表面到其组织和基体组织已无区别的那一点的距离，因此图 11-24a 中总脱碳层的深度应该从表面测量至次表面无铁素体出现后的某处；第三，假设补渗处理较为恰当，从表面至基体均未观察到脱碳组织，此种情况建议采用硬度法进行测量，既不允许脱碳，也不能出现增碳现象，GB/T 3098.1—2010 中对紧固件表面增碳进行了详细说明，其原理和危害类似。

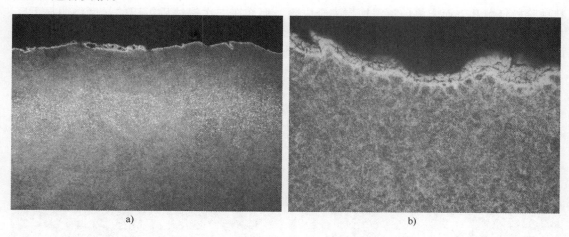

a)   b)

图 11-24　脱碳层显微组织
a）25×　b）500×

11.2.15　表面"假性脱碳"

　　图 11-25a 所示为一根表面镀锌钢丝的横截面低倍腐蚀形貌，金相组织显示距离表面一圈发白，这与脱碳形貌极为相似，然而显微硬度梯度测试则表明该钢丝并未脱碳（见图 11-25b）。这主要是因为镀锌层除在表面起阻隔作用，还起到牺牲阳极保护阴极的作用，将浸蚀铁基体转为浸蚀锌层，而锌层耐蚀能力远高于铁基体。因此，浸蚀后表面发白易造成误判。

　　同理，镀锌螺栓在采用硝酸乙醇浸蚀后显示图 11-26 中的组织形貌，疑似表面（全）脱碳现象。此类白层一般沿螺牙均匀分布，放大后未能观察到铁素体晶界。

　　针对此类假性脱碳现象，一般可通过深浸蚀、测硬度、高倍观察等方法加以区分和判别。

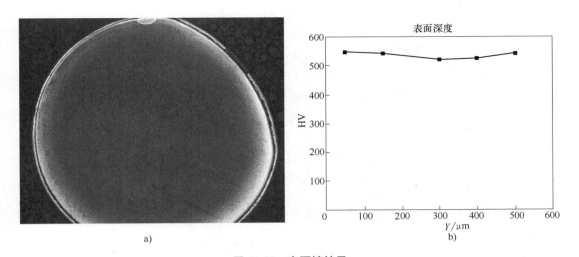

a)

图 11-25 表面镀锌层

a) 横截面低倍腐蚀形貌 25× b) 显微硬度梯度

11.2.16 弹簧局部脱碳的漏检

弹簧的最大受力位置在表面，脱碳往往会导致其发生早期疲劳断裂。尺寸较小的簧丝和簧片通常采用镶嵌处理，保边较为良好，整个样品表面都能被完整观察。尺寸较大的弹簧则往往是直接磨制，容易造成边缘抛光不全或部分区域倒角的情况。检测过程中，有时会遇到弹簧表面局部脱碳的现象，如图 11-27 所示。因此，建议对此类服役时主要承受弯扭载荷的零件进行全截面检查。

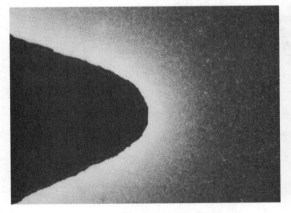

图 11-26 螺栓表面脱碳 50×

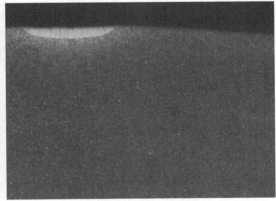

图 11-27 弹簧表面局部脱碳 200×

11.2.17 感应淬火有效硬化层深度测量

感应淬火因为加热速度快、时间短、无污染等优点，被广泛应用于中碳调质钢的表面硬化处理，可有效提高零件的耐磨性、抗咬合性、疲劳强度等。GB/T 5617—2005 规定了有效硬化层深度的测定方法和感应淬火件极限硬度的定义，即零件表面所要求的最低硬度（HV）的 0.8 倍，见式（11-1）。

$$HV_{HL} = 0.8HV_{MS} \tag{11-1}$$

式中　　HV_{HL}——极限硬度；

HV_{MS}——零件表面所要求的最低硬度。

工程上通常规定极限硬度不低于 HRC_{MS}，这样可能出现以下两种检测方式。

$$HV_{HL} = 0.8HV_{MS}（由~HRC_{MS}~转换） \tag{11-2}$$

$$HRC_{HL} = 0.8HRC_{MS}，（HV_{HL}~再由~HRC_{HL}~转换） \tag{11-3}$$

以 $HRC_{MS} = 52HRC$ 为例，若按式（11-2）计算，界线值约 435HV；若按式（11-3）计算，界线值约 408HV，测得的有效硬化层深度存在明显差异（见图 11-28）。然而根据标准，实际检验过程中应按式（11-2）执行。

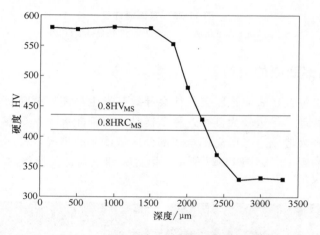

图 11-28　感应淬火有效硬化层深度测量

11.2.18　感应淬火软点

淬火工件在局部区域出现硬度偏低的现象叫作淬火软点，其硬度值与对应的显微组织直接相关。以图 11-29 所示的感应淬火显微硬度梯度为例，软点出现的位置可在近表面、硬化区或过渡区。图 11-30 所示的表面脱碳将造成硬度曲线"抬头"的现象，即硬度值表面最

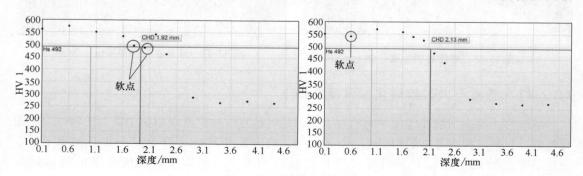

图 11-29　显微硬度梯度

低，随着测试深度的增加，硬度值逐渐升高至平稳。图11-31中由于加热温度不足，在感应区出现大量未熔铁素体，铁素体附近硬度值明显偏低，反应在硬度曲线上随机性较强。此外，淬火冷却不足、组织偏析等亦可导致软点发生。

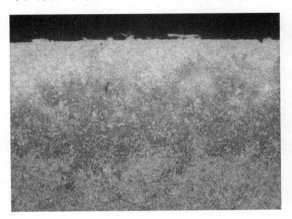

图 11-30 表面脱碳 100×

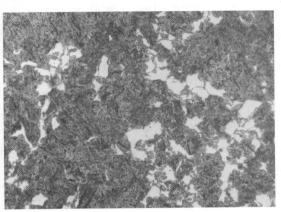

图 11-31 未熔铁素体 500×

11.2.19 浸蚀方法和浸蚀剂的选择

大部分金相试样需要经过不同方法的浸蚀才能显示出各种组织来，常用的金属组织浸蚀法有化学浸蚀法及电解浸蚀法等。化学浸蚀法是利用化学试剂，借助化学或电化学作用显示组织，电解浸蚀的工作原理基本与电解抛光相同，主要用于某些具有较高化学稳定性的合金，如不锈钢、耐热钢等，需要指出的是，电解抛光不适宜多相组织。

图11-32所示为304奥氏体不锈钢机械抛光后采用不同电解方法得到的组织，图11-32a采用草酸电解，组织为单相奥氏体，孪晶形貌清晰可见；图11-32b采用浓硝酸电解，组织同样为单相奥氏体，但仅显示了奥氏体晶界，便于奥氏体晶粒度的评定。

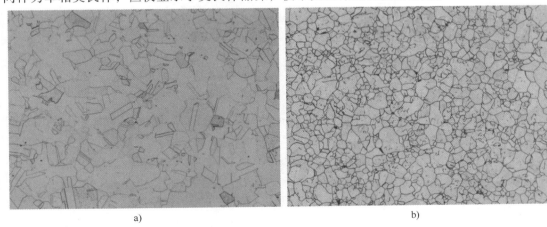

a) b)

图 11-32 不同电解方法得到的组织 500×

a）草酸电解 b）浓硝酸电解

图11-33所示为W6Mo5Cr4V2高合金钢淬火未回火状态下不同浸蚀剂的作用结果，经硝酸乙醇长时间浸蚀仍未见基体组织显现，仅可见奥氏体晶界和颗粒状碳化物（见图11-

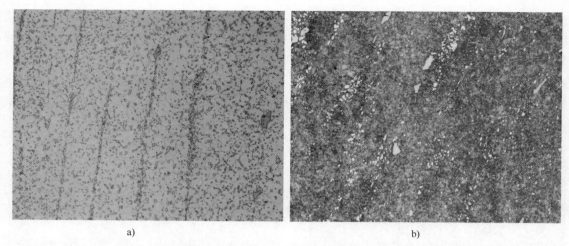

a)　　　　　　　　　　　　　　　　　　　　b)

图 11-33　W6Mo5Cr4V2 高合金钢淬火未回火状态下不同浸蚀剂的作用结果　500×

a) 硝酸乙醇　b) 硫酸铜

33a)；而用硫酸铜溶液浸蚀数秒后基体组织便清晰显现（见图 11-33b）。

因此，针对不同材料、不同处理状态、不同用途，应选用最适宜的浸蚀方法和浸蚀剂。

11.2.20　晶粒度检验

晶粒度几乎是所有金属材料金相检验的必检项目，细化晶粒是目前唯一既能提高强度又能增加韧性的有效途径，同时直接与零件的疲劳强度相关，因此也广受设计和工艺人员关注，其重要性不言而喻。常见的晶粒度包括奥氏体晶粒度、铁素体晶粒度、珠光体团，其中奥氏体晶粒度最为常用。

晶粒度检验面临的两大难题分别是晶界的显示和晶粒度的评定，GB/T 6394—2017 明确规定了奥氏体晶粒度的常用显示方法和评定原则。笔者认为该标准涉及的几种显示方法（铁素体网法、氧化法、直接淬硬法、渗碳体法等）均经过了奥氏体化加热处理，所得晶粒度仅代表在这一加热条件下的实际奥氏体晶粒度大小，并不能完全等同于送检状态的奥氏体晶粒度。因此，如何通过新型浸蚀剂的研发直接显示送检状态的奥氏体晶粒度是当前金相检验人员应该关注的。

下面列举晶粒度检验过程中容易误判的两种情况。

第一种情况是高低倍配合观察，图 11-34a 中模具钢低倍（50 倍）组织可清晰观察到"奥氏体晶界"，根据 GB/T 6394—2017 也可直接评定；图 11-34b 可见放大后前述"奥氏体晶界"实为原奥氏体晶界，晶界上析出大量颗粒状碳化物，而晶内实际奥氏体晶粒则细小均匀。经热处理试验验证表明：该网状碳化物为锻造后冷却过程中析出形成，后续热处理未将其消除。另外，图 11-34c 中锻造铝合金组织在低倍下存在"双重晶粒度"现象，级差达5 级以上，但图 11-34d 显示大晶粒内为细小均匀的小晶粒。以上情况均表明晶粒度的观察须在高低倍下配合进行。

第二种情况是根据（马氏体）位向观察，这在马氏体及其回火组织状态下较为常用。笔者认为该方法不够严谨，以钢中较为典型的板条马氏体组织为例，板条马氏体由板条群组成，一个原奥氏体晶粒内常有 3~5 个板条群，每个板条群由若干个尺寸大致相同的板条在空间位

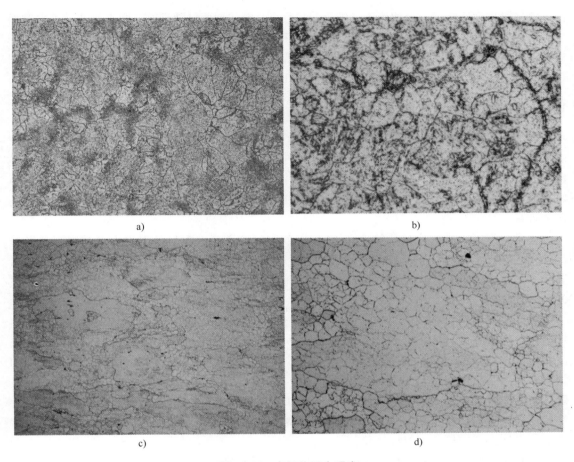

图 11-34　高低倍配合观察

a）模具钢　50×　b）模具钢　500×　c）锻造铝合金　50×　d）锻造铝合金　500×

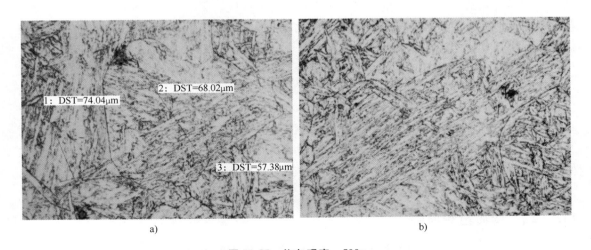

图 11-35　位向观察　500×

a）位向评定晶粒度级别偏高　b）位向评定晶粒度级别偏低

向大致平行排列所组成，金相作为二维形态，每个晶粒的剖面是随机的，既有可能沿最大截面也有可能仅切割一角，这也是 GB/T 6394—2017 中所说的平均晶粒级别评定的概念。图 11-35a 中清晰可见一个奥氏体晶粒内的两个板条群，若以位向评定必然造成晶粒度级别偏高；又如图 11-35b 中两个相邻的奥氏体晶粒中板条群位向几乎相同，则晶粒度级别明显偏低。

11.2.21 残留奥氏体含量检验

残留奥氏体一般指钢在奥氏体化后进行淬火，发生马氏体转变而残留下来的未发生转变的奥氏体，因为 Mf（马氏体转变终了温度）低于室温，因此钢在淬火后总会保留一部分残留奥氏体，残留奥氏体的存在使得钢的强度、硬度下降，弹性极限下降，零件的尺寸不稳定。对于工模具钢等精度等级要求高的产品，常采用深冷处理进一步降低室温下的残留奥氏体的含量。

通常情况下，碳的质量分数达 0.4% 以上的钢材淬火后，在显微组织中可观察到残留奥氏体，且碳含量越高，残留奥氏体的数量越多，相同碳含量的条件下合金钢比碳素钢的残留奥氏体数量多，随着淬火温度的提高，马氏体针变长，残留奥氏体数量也会增多，其含量在 0% ~ 40% 之间波动。

渗碳零件在机械领域应用相当广泛，为了保证其表面强度和硬度，残留奥氏体含量必须控制在一定范围内（通常 <20%）。传统检验方法是采用目视法对比标准图谱，对于同一张图片，评定结果在 ±5% 误差范围内已经是比较理想的结果。常用的金相检验标准在级别的划分方面也是定性半定量为主，以轨道交通行业较为常用的 TB/T 2989—2023 为例，1 ~ 6 级残留奥氏体含量分别对应 ≤5%、≤10%、≤20%、≤30%、≤50%、>50%，相邻级别的含量差值高达 10%，很难为热处理过程控制提供可靠保证。而这种方法在工模具钢等高精度要求的工件生产中更不具有应用价值。

X 射线衍射法是目前测量钢铁中残留奥氏体含量最准确的方法，其测试原理简单，可操作性和可重复性强，由布拉格方程 $2d\sin\theta = n\lambda$ 可知，由于奥氏体相结构与其他相的结构不同，在不同的测试点，便会产生与其他相不同的衍射峰值。简单来说，残留奥氏体总的含量与奥氏体峰值的强度和其他相峰值强度比有关，通过峰值强度的对比可以获得样品中残留奥氏体的含量百分数，这种方法可以测量含量低至 0.5% 的残留奥氏体百分数。

图 11-36a 所示为硝酸乙醇正常腐蚀状态下的显微组织图片，目视法默认白色区域为残留奥氏体，评估其含量为 20% ~ 25%，二值化后测得白色区域占比为 22%（见图 11-36b），二者较为接近。但通过 X 射线衍射法测定结果为 16.0%，可见目视法和衍射法输出结果存在明显差异。值得注意的是，X 射线衍射法所测结果并非测试面上的面积含量，而是测试面及以下一定深度范围内的体积含量，前述白色区域内含有针状马氏体隐藏其中，这点可通过硝酸乙醇深腐蚀证实。需要指出的是，并非传统的目视法或二值法测试含量就比衍射法高，不同残留奥氏体含量区间内二者的对应关系需要进一步研究确定，尤其是低含量的情况下。

11.2.22 调质组织检验

GB/T 13320—2007 将钢制模锻件的调质组织划分为 8 个级别，并建议没有约定时以 1 ~ 4 级为合格，有争议时参考力学性能进行综合判断。该标准中第三评级图显示 1 ~ 4 级对应的组织依次为回火索氏体、回火索氏体+铁素体、回火索氏体+铁素体、回火索氏体+条状

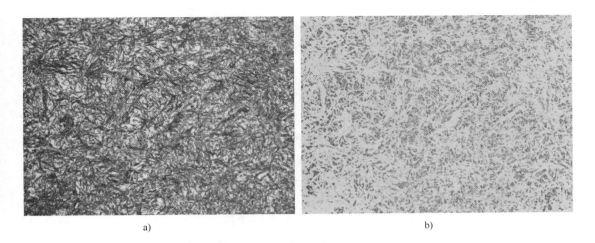

a)　　　　　　　　　　　　　　　b)

图 11-36　残留奥氏体观察　500×

a）硝酸乙醇正常腐蚀状态　b）二值法

及块状铁素体，可以看出该标准的表述并不准确。首先，调质的第一阶段为淬火状态，通过连续冷却转变图可以看出，常见的中碳低合金钢（如 40Cr、42CrMo、40CrNiMo 等）淬火过程中必然会产生贝氏体组织，但该标准中并未提及贝氏体，与实际不符。其次，标准中将 2 级和 3 级均描述为回火索氏体+铁素体，对其含量或差异没有区分，这容易对检验人员造成误导。

以图 11-37 为例，图 11-37a 所示为常见的调质组织，根据上述标准评定级别为 2 级，即回火索氏体+（少量）铁素体，可推断调质工艺良好。图 11-37b 所示为前者高温回火前的组织状态，为贝氏体+马氏体+极少量铁素体，根据组织形态判断贝氏体含量占比大于 50%，且图中贝氏体以上贝氏体为主。但对比图 11-37a 可知，经过高温回火后贝氏体的组织特征很难辨别，甚至误认为是回火索氏体。因此，对于调质组织级别的判断，建议结合高温回火前后的两个维度对比裁定。

a)　　　　　　　　　　　　　　　b)

图 11-37　调质组织　500×

a）调质态　b）淬火态

11. 2. 23　下贝氏体和马氏体辨别

图 11-38 所示为轴承钢基体组织，其中图 11-38a 所示为 GCr18Mo 经过等温淬火+低温回火的组织，图 11-38b 所示为 GCr15 经过淬火+低温回火的组织，单从工艺来讲，前者形成的组织为下贝氏体+残留奥氏体+细小弥散颗粒状碳化物，后者形成的组织为回火马氏体+残留奥氏体+细小弥散颗粒状碳化物，因为二者对应的奥氏体晶粒较小，且主要组织均为细针状（针长通常小于 $10\mu m$），这在普通光学显微镜（500 倍）下不易辨别，再加上二者硬度接近，经常对金相检验人员造成困惑。图 11-38c 所示为低倍腐蚀形貌。

那么，是否有另外的途径来鉴别呢？在本小节中，笔者提供以下三种方法区分轴承钢中的下贝氏体和马氏体。

（1）电镜形貌观察　将两种组织放入扫描电子显微镜，在数千倍（一般大于 5000 倍）下进行观察，下贝氏体中可以清晰地观察到与铁素体中轴线约呈 55° 的细小碳化物，此为下贝氏体的典型特征。

（2）硝酸乙醇深腐蚀形貌观察　回火马氏体组织耐蚀性相对较强，稍微过腐蚀并不会造成试样颜色的明显变化，整体泛黄，而下贝氏体组织试样则明显发黑，该方法操作简单、对比效果明显。

（3）染色法　有研究表明，采用 1% 焦亚硫酸钠水溶液和 4% 苦味酸+96% 乙酸以 1∶1 混合，对试样表面浸蚀后下贝氏体被染黑，再通过二值法可定量计算其含量。

至此，笔者从显微组织、电镜形貌、低倍腐蚀、染色等方面对二者进行了较为全面的区分。反之，在了解材质和热处理工艺的条件下，测试者则可通过金相组织形态快速并准确地做出判断。因此，每一类组织的定性判别须结合材质、工艺、硬度、组织形态、电镜形貌等多方面综合考虑。

11. 2. 24　硬度试样检测面的选择

钢铁材料的力学性能指标中，抗拉强度与硬度有相关性，为了便于取样，硬度试样通常要求在拉伸试样的端头切取。日常检测中偶尔会出现硬度结果异常偏高的情况，复测则发现试样两端硬度差异较大。将硬度试样的两端制样进行金相检验，以调质件为例，发现硬度较高的一端为回火索氏体，硬度较低的一端为回火索氏体+贝氏体+少量铁素体（见图 11-39）。

调研发现，上述拉伸试样取自 $\phi 120mm \times 300mm$ 的调质轴，由于受材料淬透性的影响，淬火时近表面完全形成马氏体，基体则部分形成马氏体，另有贝氏体及少量铁素体产生。而拉伸试验时测量段位于试样的基体部分，对应的硬度测试也应该在靠基体一端进行。但硬度试样经加工后，肉眼无法分辨近表面或基体，所以当测试面取近表面端时，硬度将明显偏高。为避免这种情况的发生，在试样加工时应标明表面位置，在基体一端制样测试硬度。

11. 2. 25　铸态遗传影响组织与残余铸态组织的区分

铸态遗传影响组织和残余铸态组织是轨道交通用铸钢中较为常见的两类组织，其中遗传影响组织多表现为已重结晶细化但仍保留一次奥氏体晶界或针条状铁素体等特征，属于合格组织。残余铸态组织则是因为加热温度不足，将铸态组织特征保留下来，属于不合格组织。

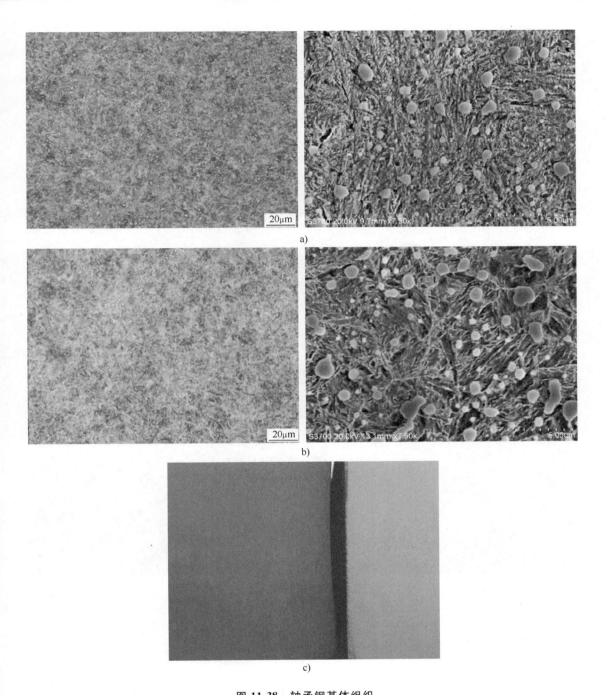

图 11-38 轴承钢基体组织
a) GCr18Mo 等温淬火+低温回火 b) GCr15 淬火+低温回火 c) 低倍腐蚀形貌

在检验过程中，如果制样不良，重结晶处晶界显示不清楚，容易造成误判。低倍下二者均可见针条状特征，但放大后明显可以观察到遗传影响组织中针条内的晶界（见图 11-40 和图 11-41）。因此，在制备此类样品时，一方面必须保证磨抛质量，另一方面浸蚀时间可适当延长，并在较高倍数下进行观察。

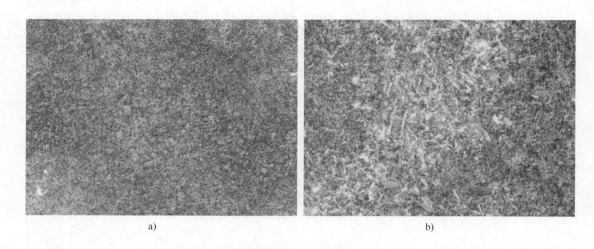

图 11-39　硬度试样两端组织　500×
a）硬度较高侧　b）硬度较低侧

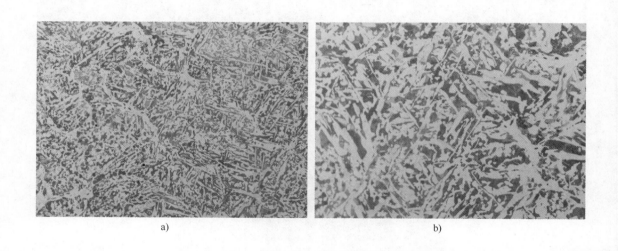

图 11-40　残余铸态组织
a）100×　b）200×

11.2.26　铝合金焊接组织检验

6×××铝合金焊接工艺评定金相检验时，经氢氧化钠溶液浸蚀后，在热影响区位置可见较深且连续的黑色条痕，而远离熔合线的母材上未显示类似条痕或晶界，所以该条痕容易被误判为裂纹（见图 11-42）。最简单的鉴别方法是样品抛光后不进行浸蚀，直接在显微镜下观察。

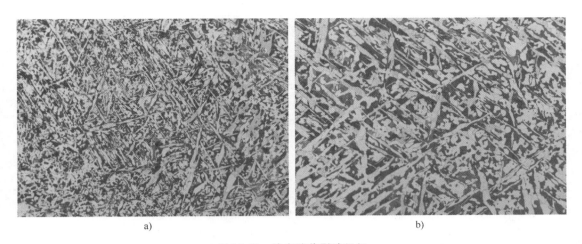

a)   b)

图 11-41 铸态遗传影响组织

a) 100×   b) 200×

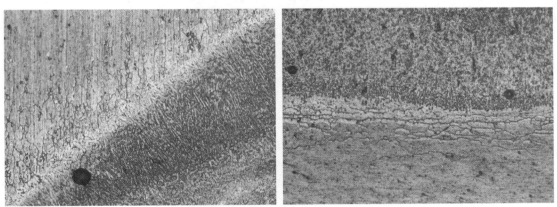

图 11-42 热影响区组织 200×

11.3 结论

本章从金相检验内容和检验流程入手，列举了 26 个方面的典型案例，通过深入的分析和讨论，明确了各类缺陷产生的原因和机理，提供了有效的预防措施。进一步地，总结出金相检验必须遵循的四大原则。

（1）结论准确性 无论采用何种制样方法，都必须保证制样过程中不引入新的缺陷，不发生显微组织变化。

（2）操作规范性 严格按照金相检验流程，下一道工序必须保证去除前一道工序产生的缺陷，步步推进。

（3）方法多样性 浸蚀方法多样、检测方法多样，正确选择浸蚀剂和浸蚀方式，灵活应用光学（明、暗场，偏振光，微分干涉）、电镜扫描、显微硬度、激光共聚焦等多种检测方法。

（4）照片观赏性 需要富有技术性和艺术性，既能准确表达图片的含义，又能保证图片的完整性、清晰度、方向性等。

所得结论和相关经验可供广大金相检测相关从业者参考学习。

参 考 文 献

［1］　胡赓祥，蔡珣，戎咏华. 材料科学基础［M］. 3 版. 上海：上海交通大学出版社，2010.

［2］　李泉华. 材料热处理工程师资格考试指导书［M］. 北京：中国机械工程学会热处理分会，2005.

［3］　刘庆璟，郭汝华. 理化检测实用手册［M］. 北京：航空工业出版社，2004.

［4］　徐洲，赵连城. 金属固态相变原理［M］. 北京：科学出版社，2004.

［5］　机械工业理化检测人员技术培训和资格鉴定委员会，中国机械工程学会理化检验分会. 金属材料金相检验［M］. 北京：科学普及出版社，2015.

［6］　李炯辉，林德成. 金属材料金相图谱［M］. 北京：机械工业出版社，2006.

［7］　李平平，陈凯敏. 机械零部件失效分析典型 60 例［M］. 北京：机械工业出版社，2016.

［8］　姜锡山，赵晗. 钢铁显微断口速查手册［M］. 北京：机械工业出版社，2010.

［9］　任颂赞，叶俭，陈德华. 金相分析原理及技术［M］. 上海：上海科学技术文献出版社，2013.

［10］　杨玉林，范瑞清，张立珠，等. 材料测试技术与分析方法［M］. 哈尔滨：哈尔滨工业大学出版社，2014.

［11］　田荣璋. 金属热处理［M］. 北京：冶金工业出版社，1985.